スマリヤン 数理論理学講義

|上巻|

不完全性定理の理解のために

著＝レイモンド・M・スマリヤン
監訳＝田中一之　訳＝川辺治之

Raymond M. Smullyan
Lectures on Mathematical Logic
For Understanding the Incompleteness Theorems

日本評論社

A BEGINNER'S GUIDE TO MATHEMATICAL LOGIC
by Raymond M. Smullyan

［目次］

［下巻目次］

[第Ⅰ部]

一般的な予備知識

第 I 章

数理論理学の起源

数理論理学とは，いったい何だろうか．もっと一般的には，「数理」論理学に限らず，論理とは何だろうか．ルイス・キャロルの『鏡の国のアリス』に登場するトウィードルディーによれば，こういうことだ．

> そうだったのなら，そうかもしれない．そして，そうだとしたら，そうだろう．しかし，そうではないからそうでない．これが論理というものよ．

『13 個の時計』では，著者のジェームズ・サーバーがこう言っている．

> 止まっている時計を動かすことなしに触ることができるのだから，逆に触ることなしに動かすことができる．これが私の考える論理だ．

とくに愉快な論理学の描写はアンブローズ・ビアスによるもので，『悪魔の辞典』に書かれている．これは，一読を薦める実に素晴らしい本であり，さまざまなものに愉快な定義が与えられている．たとえば自己中心主義者の定義は次のとおりだ．「自己中心主義者とは，自分自身に対する関心がこの私に対する関心よりも多い者のことだ」．ビアスによる論理学の定義は次のとおりである．

> 論理学〔名詞〕: 人間の誤解力のもつ限界と無能さに厳密に従って，思考と推論を行う技術．論理学の基礎をなすのは，次のような大前提，小前提と結論から構成される三段論法である．

大前提：　60 人の男性は，一人の男性がする仕事の 60 倍速く仕事をすることができる．

小前提：　一人の男性は，60 秒で柱を立てる穴を一つ掘ることができる．それゆえ，

結　論：　60 人の男性は，1 秒で柱を立てる穴を一つ掘ることができる．

哲学者でもあり論理学者でもあるバートランド・ラッセルは，数理論理学を「何について述べているのか，そして言っていることが真かどうか誰にもわからない学問領域」と定義している[訳注 1]．

多くの人が，数理論理学とは何か，そしてその目的は何かと私に質問する．残念なことに，単純な定義では，この学問領域がいったい何であるかを伝えることはまったく無理である．この領域に進み入った後でのみ，その本質があきらかになるだろう．**目的**についても，数多くの目的があり，この領域である程度研究した後でのみそれを理解することができる．しかしながら，今ここで言うことのできる目的が一つある．それは，**証明**の概念を明確にすることである．

証明の概念を明確にする必要があることを，次の例で説明しよう．幾何学を勉強している生徒が，たとえば三平方の定理を証明するように求められて，それを先生に提出したとする．先生は，それに「これは証明ではない」とコメントをつけて生徒に返した．その生徒が小賢しければ，先生にこう言うこともありうるだろう．「どうしてこれが証明ではないとわかるんですか．先生は，**証明**が何を意味するのか定義したことはありませんよね．たしかに，先生は，素晴らしいほどの正確さで，三角形や合同や直角といった幾何学的概念を定義しました．しかし，授業で**証明**が何を意味するかを定義したことはけっしてありません．僕が提出したものが証明でないということを，どうやって**証明**するんですか」

[訳注 1]　ラッセルは「数学と形而上学者たち」の中で，「数学とは，何について語っているかを知らず，語っていることが真であるかどうかも知りえないところの学科である」（邦訳は江森巳之助訳『神秘主義と論理』（みすず書房，1959）による）と述べているが，この文脈において「数学」はジョージ・ブールの研究に端を発する形式論理学を指している．

この生徒の指摘は，まさにそのとおりである．**証明**という言葉はいったい何を意味するのか．私の理解では，これには一般的な意味がある一方で，非常に厳密な意味もあるが，後者はいわゆる**形式的**な数学体系に相対的なものであり，したがって，形式体系ごとに**証明**の意味は異なる．日常で一般的に使われる場合には，証明は単に信念を伝える論拠にすぎないように思われる．しかしながら，その概念はかなり主観的である．なぜなら，それぞれの人はそれぞれ異なる論拠によって納得するからである．ある人がかつて私に「私は，自由主義が間違った政治哲学であることを**証明**できた」と言ったのを思い出す．私は，こう答えた．「その証明で，あなたが満足し，あなたと価値を共有する人たちも満足させられるのは確かでしょうが，あなたの言うところの**証明**では，それを聞くまでもなく，自由主義を哲学とする人たちにはその信念のごく一部さえ伝わらないと請け合いますよ」 そこで，彼はその「証明」を示した．それは，実際，完璧に妥当だと彼には思えていたが，自由主義にかすり傷一つつけられていないことはあきらかだった．

論理といえば，読者に少し考えてもらいたいことがある．かつて，あるレストランの看板に次のように書かれているのを見たことがある．「おいしい料理は安くない．安い料理はおいしくない」

問題 1　この二つの文は異なることを述べているだろうか，それとも同じことを述べているだろうか．

問題の解答は，それぞれの章末にまとめて示す．

数理論理学は，**記号論理学**と呼ばれることもある．実際，この分野のもっとも著名な学術誌の一つの題名は「記号論理学ジャーナル」である．この分野はどのようにして始まったのだろうか．それより前には，記号を使わないたぐいの論理学があった．すぐに**アリストテレス**の名前が思い浮かぶ．この有名な古代ギリシアの哲学者は，三段論法の概念を導入した人物である．**妥当**な三段論法と**健全**な三段論法の違いを理解しておくことは重要である．妥当な三段論法は，前提が真であるかどうかにかかわらず，結論が前提の論理的帰結になっているものである．**健全**な三段論法は，妥当なだけでなく，それに加えて，前提が真であるような三段論法である．健全な三段論法の例としては次のものがよく知られている．

すべての人間は死すべき運命にある．
ソクラテスは人間である．

それゆえ，ソクラテスは死すべき運命にある．

次の三段論法の例は，健全ではないが，それにもかかわらず妥当である．

すべてのコウモリは飛ぶことができる．
ソクラテスはコウモリである．

それゆえ，ソクラテスは飛ぶことができる．

あきらかに，この小前提（2行目）は偽であり，もちろん，その結論も偽である．それにもかかわらず，この三段論法は妥当，すなわち，結論はまさに二つの前提からの論理的帰結になっている．ソクラテスがコウモリであったならば，本当に飛ぶことができただろう．

私が面白いと思うのは，一見するとあきらかに妥当でないが，実際には妥当である三段論法だ．まず，一つ目の例だ．

すべての人は私の赤ちゃんを愛す．
私の赤ちゃんは私だけを愛す．

それゆえ，私は私自身の赤ちゃんである．

これが馬鹿げているように思えるだろうか．しかし，実際には，これは妥当である．その理由は，次のとおり．

すべての人が私の赤ちゃんを愛するので，私の赤ちゃんもまた人であるから，私の赤ちゃんを愛す．すなわち，私の赤ちゃんは私の赤ちゃんを愛す．しかし，また，私の赤ちゃんが愛するのは私だけである（小前提）．私の赤ちゃんは私**だけ**を愛するので，私の赤ちゃんが愛する人は一人だけ（それは私である）であり，その一人というのは私の赤ちゃんでなければならない．すなわち，私は私自身の赤ちゃんでなければならない．

次の例も，妥当でないように見える妥当な三段論法である．**愛ある人**を，少なくとも一人の人を愛する人と定義する．

誰もが，愛ある人を愛す．
ロミオは，ジュリエットを愛す．

それゆえ，イアーゴはオセロを愛す．

この三段論法が妥当である理由は次のとおりである．ロミオはジュリエットを愛するので（小前提），ロミオは愛ある人である．ロミオは愛ある人なので，（大前提によって）誰もがロミオを愛す．誰もがロミオを愛すので，誰もが愛ある人である．したがって，（大前提によって）誰もがすべての人を愛す．とくに，イアーゴはオセロを愛す．

かつて，著名な論理学者であり哲学者でもあるバートランド・ラッセルは，「三段論法の結論には，何か新しいことがあるのか」と質問された．ラッセルはこう答えた．「**論理的**には，結論に何ら新しいことは含まれない．しかし，それでもなお，結論には**心理的**な目新しさがある」そして，その要点をわかりやすく説明するために次のような話をした．

とあるパーティーで，ある男性が際どい話をした．ほかの者は彼に「気をつけたほうがいい．そこに大修道院長がいる」と言った．すると，大修道院長はこう言った．「我々聖職者は，あなた方が考えるほど純真ではない．というのも，私が懺悔室で聞いてきたことといったら……．私の最初の悔悟者は人殺しだったしね」ほどなくして，ある貴族が遅れてそのパーティーにやってきた．主催者は貴族を大修道院長に紹介したかったので，大修道院長を知っているかと貴族に尋ねた．貴族は言った．「もちろん，知っているとも．彼の最初の悔悟者は私だ」

アリストテレスの論理学は，古くから繁栄してきた．17 世紀に哲学者ライプニッツは，数学的，哲学的，そして社会学的な問題さえもすべて解決する記号計算機械の可能性を思い描いていた．そうすれば，言い争う必要はなくなる．なぜなら，双方が争うことなく「席について計算しよう」と言えばよいからである．

伝えられている話によると，ライプニッツはある女性と結婚すべきかどうかを決めきれないでいた．そこで，彼は，その結婚のよい点の一覧と悪い点の一覧を作った．そして，悪い点の一覧のほうが長くなったので，その女性と結婚しないことにした．

本書を読み進めるとわかるように，論理学者クルト・ゲーデルの驚くべき発見 [8] は，純粋な数学においてさえもライプニッツの夢は実現不可能であることを示した．

厳密な意味での記号論理学は，ピアース，ジェヴォンズ，シュレーダー，ベン，ドモルガン，そしてとくにブール代数にその名を冠しているジョージ・ブールなどの思想家によって，19 世紀に始まったと言われている．ブールは，まったくの独学で学んだ学校教師であり，『思考の法則の研究』[1] を著した．この本の冒頭で，ブールはこの本を執筆する目的について次のように述べている．

> この論考の意図は，推論を遂行する知性の基本法則を研究し，その基本法則を記号計算の言語で表現し，この基礎の上に論理の科学を確立しその方法論を構築することである．また，その方法論によって，確率の数学的原理に適用する一般的手法の基礎となし，最終的には，この探求の過程に現れるさまざまな真理の断片から，人間の知性の本質と形成に関する有望な兆候を収集することである．

この本は，記号を用いた数学的に厳密な推論と哲学的考察が混在していて興味深い．ブールは，とくに哲学者クラークとスピノザに関する章で，純粋に哲学的な論証を記号を使った形式にしようと試みた．それを行った章の冒頭のあたりで，ブールは次のように述べている．

> 偶発的に，彼らの名高い作品群で述べられている形而上学的原理がどれほど信用に値するかを調べることになるかもしれないが、これらの対象の探求において私に課せられていることは，与えられた前提からどの結論が正当に導かれているかの解明のみである．

すなわち，この章でのブールの目的は，哲学者の前提が（したがってその結論も）真であるかどうかを決定することではなく，その結論が本当に前提の論理的帰結であるかどうかだけを決定することであった．言い換えると，哲学者の論証が**健全**かどうかではなく，妥当かどうかだけを決定しようとしたのだ．

この本の最後の章では，ブールはきわめて理性的になっている．非常に嬉しいことに，彼は次のような素晴らしい文章を記している．

> 物質を捉える知識構造に数学的な部分があったとしても，それだけから形成されているのではない．知識が形式的推論において数学的法則

に従うとしても，意識的であろうと無意識であろうと，そのほかの感情や行動の能力，美の認識や道徳への適性，そして感性や愛情を生む深い源泉を通じて，さまざまな物事の秩序との関係を保つことを要求する．果てしなき大きさ，隅々まで行き渡る秩序，普遍的な法則をもつ物質世界からもたらされる啓示は，その偉大なる証しの跡を綿密な正確さでたどる者が必ずしももっとも理解するわけではない．そして，この世の利益と責務を含めて調査するなら，それらが提示する重要な問題ほど，単なる推論行為だけではほとんど理解できないのだ．それゆえ，数学的あるいは演繹的能力の修養は，知的鍛錬の一部であるのは確かだが，ごく一部に過ぎないのである．

集合論

数理論理学の起源は，19 世紀の**集合論**の発展，とくに，卓越した数学者**ゲオルク・カントル**が基礎を築いた**無限集合**の理論と密接に関連している．無限集合について論じる前に，まず，一般の集合に関する基礎的な理論を少し見ておかなければならない．

集合は，対象が何であれ，それを集めたものである．集合論の基礎となる概念は，**属する**ことである．集合 A はものの集まりであり，あるもの x が A の**元**である，あるいは，A の**要素**である，あるいは，x が A に**属する**，あるいは，A が x を**含む**というのは，x が集合 A として集められたものの一つということだ．たとえば，S が 1 から 10 までのすべての正整数からなる集合ならば，数 7 は（そして数 4 も）A の元であるが，12 は A の元ではない．元であることの標準的な表記には記号 $\in$ を用いて，「x は A の元である」を $x \in A$ と表記する．

集合 A のすべての元が集合 B の元でもあるならば，A は B の**部分集合**であるという．残念ながら，集合を学ぶ多くの初心者は，**元**と**部分集合**を混同する．それらの違いの一例として，H をすべての人間の集合とし，W をすべての女性の集合とする．あきらかに，すべての女性は人間でもあるので，W は H の**部分集合**である．しかし，W は H の**元**ではない．それは，W は，あきらかに個々の人間ではないからである．部分集合は，いわゆる

「包含」記号 $\subseteq$ を用いて表記する．したがって，任意の集合 A と B に対して，「A は B の部分集合である」は $A \subseteq B$ と表記する．A が B の部分集合であれば，B は A の**上位集合**と呼ばれる．したがって，A の上位集合は A のすべての元を含んでいて，そのほかの元も含んでいるかもしれない．B の部分集合 A は，A が B 全体ではない，言い換えると，A に属していないある元が B に属しているならば，**真**部分集合と呼ばれる．

集合 A と B は，それらに属する元がまったく同じであるとき，そしてそのときに限り，同じ集合である．言い換えると，A と B は，それぞれが互いにもう一方の部分集合であるとき，そしてそのときに限り，同じ集合である．二つの集合が異なるのは，それらの一方がもう一方には属さない元を少なくとも一つ含むときに限る．集合 A が集合 B の部分集合に**ならない**のは，A が B には属さない元を少なくとも一つ含むときに限る．

たとえば，全員が帰ったあとの劇場にいるすべての観客の集合のように，属する元がまったくない集合を**空集合**と呼ぶ．空集合はただ一つだけしかない．なぜなら，A と B が空集合ならば，それらに属する元はまったく同じで，具体的には，どちらも元を一つも含まないからである．言い換えると，A と B がともに空であれば，どちらの集合ももう一方に含まれない元を含まない．なぜなら，どちらの集合もまったく元を含まないからである．したがって，A と B がともに空集合ならば，A と B は同じ集合である．すなわち，空集合はただ一つしかなく，本書ではそれを記号 $\emptyset$ と表記する．

空集合には，それにはじめて遭遇した人には極めて奇妙に感じるであろう一つの特徴がある．その前置きの説明として，ある同好会の会長が，この会のフランス人は全員がベレー帽を被っていると言ったとしよう．しかし，この会にはフランス人は一人もいないということがわかったとする．このとき，この会長の発言は真とみなすべきか，偽とみなすべきか，それとも，そのいずれでもないのか．より一般的には，ある任意の性質 P が与えられたときに，空集合のすべての元は性質 P をもつというのは，真とみなすべきか，偽とみなすべきか，それとも，そのいずれでもないのか．その答えはきっちりと決めなければならないが，数学者と論理学者の間で広く合意されている答えは，そのような言明は**真**とみなすべきだというものだ．そのように決めた理由の一つは次のとおりである．任意の集合 S と任意の性質 P が与えられたときに，S のすべての元に対して P が成り立つということはないのは，P が成り立たない S の元が少なくとも一つ存在する場合だけである．このことに対して，空集合も例外にはならないと考えるべきである．すなわち，空集合のすべての元に対して P が成り立つということはないのは，性質 P が成り立たない空集合の元が少なくとも一つ存在する場合だけである．しかし，空集合には元が一つもないので，そのような場合にはなりえない．（今は亡き数学者ポール・ハルモスなら，「空集合のすべての元に対して P が成り立つと信じないのならば，P が成り立たないような空集合の元を見せてくれ」と言ったであろう．）こうして，以降では，**任意**の性質 P に対して，空集合のすべての元は性質 P をもつというのは正しいと考える．これはまた別の見方をすると，本書の第 2 部で述べる命題論理の重要な原則を先取りすることになるが，論理学における「含意」または「……ならば……」という用語の使い方とも関係する．

古典論理で使われている「……ならば……」という表現は，これに初めて遭遇した人を少し驚かせるし，それも無理はない．なぜなら，この表現の一般的な使われ方と本当に合致しているかどうかは大いに疑問だからである．

男性が女の子に「今度の夏に就職したら，結婚しよう」と言ったとしよう．彼が今度の夏に就職して彼女と結婚すれば，彼はあきらかに約束を守ったことになる．また，今度の夏に就職して彼女と結婚しなければ，あきらかに約束を破っている．それでは，就職はしなかったにもかかわらず，彼女と結婚したしよう．彼は約束を破ったと誰もが言うかどうかは疑わしい．そして，この場合にも，彼は約束を守ったと言うことにする．**重要**なのは，彼が就職も彼女との結婚もしなかった場合である．この場合には，彼は約束を守ったと言うことができるだろうか．それとも，約束を破ったのだろうか．あるいは，そのどちらでもないのだろうか．女の子が「あなたは就職したら私と結婚してくれるって言ったのに，あなたは就職せず，私と結婚もしてくれないのね」と文句を言ったとしよう．男性は当然ながらこう答えるだろう．「私は約束を破っていない．私は，結婚しようとはけっして言っていない．私が言ったのは，私が就職**したら**結婚しようということだけだ．私は就職していないのだから，私は約束を破ってはいない」

さて，すでに述べたように，この場合に男性が約束を破っていないと言うことに読者は居心地の悪さを感じていないと信じている．しかし，男性が**約束を守った**と言うことに多くの読者は居心地の悪さを感じていると推測する．

そこで，「……ならば……」の形のすべての文を，その「ならば」の前後の部分が真である場合も偽である場合も，真か偽のどちらかに決めたい．それに従えば，男性は約束を破っていないと決めたので，奇妙であるように見えたとしても，彼が約束を守ったという以外の選択肢はない．

したがって，古典論理においては，任意の命題 p と q に対して，文「p ならば q」（これは「p は q を含意する」と読むこともできる）は，p が真であり，q が偽であるときのみ，偽とみなすべきである．すなわち，「p は q を含意する」は，「p が真であり q は偽であるという場合ではない」，あるいは，これと同値な「p は偽であるか，p と q はともに真である」の言い換えである．また，後者は「p は偽であるか，または，q は真である」と同値である．

この形の含意は，もっと詳しく言えば**実質含意**と呼ばれ，偽な命題は任意の命題を含意するという奇妙な性質をもつ．たとえば，文「パリが英国の首都ならば，$2+2=5$ である」は，真とみなされる．

ここで愉快な出来事を話さずにはおれない．ある人がバートランド・ラッセルにこう尋ねたことがあった．「偽な命題は任意の命題を含意するとあなたは言うが，たとえば，$2+2=5$ という命題からあなたが教皇であることを証明できるのか」 ラッセルは「できる」と答えて，次のような証明を示した．「$2+2=5$ であるとしよう．また，$2+2=4$ であることもわかっている．これらから $5=4$ を導くことができる．この等式の両辺から 3 を引くと，$2=1$ になる．さて，教皇と私は二人の人間である．2 は 1 に等しいのだから，教皇と私は一人の人間である．それゆえ，私は教皇である」

このような変わった性質があるにもかかわらず，実質含意には，実のところ利点もある．それは，次のように説明するとよいだろう．私は，カードの束から 1 枚のカードを取り出して，それを表を下にして机上に置く．そして，「このカードがスペードのクイーンならば，それは黒札である．これに同意しますね」と言う．あなたは，確実に同意するだろう．そして，私がそのカードを表返すと，そのカードは赤札，たとえば，ダイヤのジャックであったとしよう．このとき，あなたは，私の発言が真だとみなすのは間違っていると言うだろうか．これは私の言ったとおりではないか．

この含意に関するすべてのことが，空集合のすべての元に対して任意の性質 P が成り立つという命題とどのように関係するだろうか．与えられた集合 S と性質 P に対して，S のすべての元は性質 P をもつというのは，任意の元 x に対して x が S に属するならば x は性質 P をもつということである．とくに，空集合 $\emptyset$ のすべての元は性質 P をもつというのは，任意の元 x に対して x が $\emptyset$ に属するならば x は性質 P をもつということである．そして，任意の x に対して，x が $\emptyset$ であるというのは偽である．そして，偽な命題は任意の命題を含意するので，x が $\emptyset$ に属するならば x は性質 P をもつというのは真である．すなわち，任意の x に対して $x \in \emptyset$ ならば $P(x)$ である．これは，$\emptyset$ のすべての元に対して P が成り立つという意味である．

問題2　空集合は，すべての集合の部分集合になるか．

有限集合は，しばしば，その元を中括弧で囲んで表記されることがある．たとえば，$\{2, 5, 16\}$ は，3個の数2, 5, 16を元とする集合である．空集合を $\{\}$ と表記することもある．そして，本書でも，中括弧に囲んで列挙することで集合の元を記述するような文脈では，この表記法を用いることがある．

集合に対するブール演算

◉和集合

任意の集合 A と B に対して，A と B の和集合は，A または B またはその両方に属する元すべてからなる集合のことであり，$A \cup B$ と表記する．たとえば，P をすべての負でない整数の集合（すなわち，正整数または0），N をすべての負の整数の集合，I をすべての整数の集合とするとき，$P \cup N = I$ である．

また，別の例では，$\{1, 3, 7, 18\} \cup \{2, 3, 7, 24\} = \{1, 2, 3, 7, 18, 24\}$ となる．

問題3　次の主張のうち，成り立つものがあるとすれば，それはどれか．

（1）　$A \cup B = B$ ならば $B \subseteq A$

（2）　$A \cup B = B$ ならば $A \subseteq B$

（3）　$A \subseteq B$ ならば $A \cup B = B$

（4）　$A \subseteq B$ ならば $A \cup B = A$

$A \cup B$ は，集合 B に A のすべての元を追加した結果，あるいは同じことだが，集合 A に B のすべての元を追加した結果と考えることもできる．したがって，$A \cup B = B \cup A$ である．また，あきらかに，3 個の任意の集合 A, B, C に対して，$A \cup (B \cup C) = (A \cup B) \cup C$，すなわち，集合 $B \cup C$ に A のすべての元を追加すると，集合 C に $A \cup B$ のすべての元を追加した場合と同じ集合が得られる．また，同じくあきらかなように，$A \cup A = A$ となる．そして，$A \cup \emptyset = A$ という事実もあきらかである．（$\emptyset$ は空集合であることを思い出そう．）

◉共通部分

任意の集合 A と B に対して，それらの**共通部分**とは，A と B の両方に属するすべての元からなる集合のことであり，$A \cap B$ と表記する．たとえば，$A = \{2, 5, 18, 20\}$，$B = \{2, 4, 18, 25\}$ とすると，$A \cap B = \{2, 18\}$ となる．なぜなら，2 と 18 だけが，A と B に共通する元だからである．あきらかに，次の事実が成り立つ．

（a）　$A \cap A = A$

（b）　$A \cap B = B \cap A$

（c）　$A \cap (B \cap C) = (A \cap B) \cap C$

（d）　$A \cap \emptyset = \emptyset$

問題 4　次の主張のうち，成り立つものはどれか．

（1）　$A \cap B = B$ ならば $B \subseteq A$

（2）　$A \cap B = B$ ならば $A \subseteq B$

（3）　$A \subseteq B$ ならば $A \cap B = B$

（4）　$A \subseteq B$ ならば $A \cap B = A$

問題 5　A と B を $A \cap B = A \cup B$ となるような集合とする．このとき，A と B は必然的に同じ集合にならなければならないだろうか．

◉補集合

議論のために集合 I を固定して考える．この集合を**論議領域**と呼ぶ．この集合 I が何であるかは，これを何に適用するかによって変わる．たとえば，平面幾何学では，I は平面上のすべての点の集合になるだろう．数論では，集合 I はすべての整数の集合になるだろう．社会学に適用する場合には，集合 I はすべての人の集合になるだろう．これから取り組もうとしているブールによる集合の**一般**理論を論じる場合には，集合 I はまったく任意の集合である．この I のすべての部分集合について考える．

I の任意の部分集合 A に対して，（I に関する）A の**補集合**とは，A に属さない I の元すべてからなる集合のことである．たとえば，I がすべての整数の集合で，E がすべての偶数の集合ならば，E の補集合はすべての奇数の集合である．集合 A の補集合を A' と表記するが，$\overline{A}$ や $\widetilde{A}$ と表記する場合もある．

あきらかに，A''（A の補集合の補集合）は A そのものである．

問題 6　次の主張のうち，成り立つものがあるとすれば，それはどれか．

（1）　$A \subseteq B$ ならば $A' \subseteq B'$

（2）　$A \subseteq B$ ならば $B' \subseteq A'$

和集合，共通部分，補集合は，集合に対する基本的なブール演算である．ほかの演算は，これらの基本演算を組み合わせることで定義することができる．たとえば，$A - B$ と表記する集合（いわゆる A と B の**差**）は，B の元ではない A の元すべてからなる集合であり，3 種類の基本演算によって，$A - B = A \cap B'$ と定義することができる．

ベン図

集合のブール演算は，**ベン図**として知られているものによって図示することができる．このとき，論議領域 I は，正方形内部のすべての点によって表現され，I の部分集合 A, B, C などは，正方形内の円で表現される．そして，ブール演算は，円の適切な部分を網掛けすることによって表現される．次の図はその一例である．

$A \cup B$

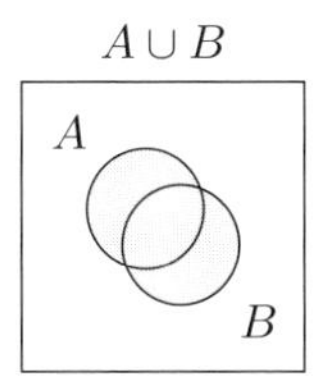

$A \cap B$

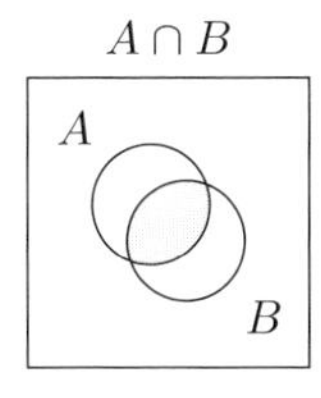

A'

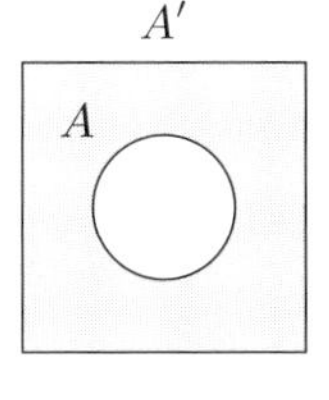

$A \cap B'$

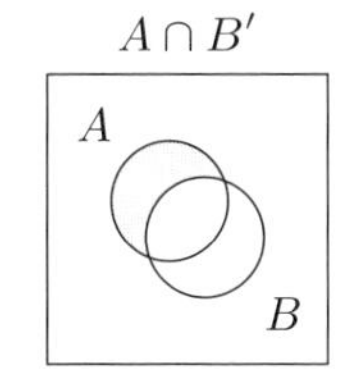

ブール等式

英大文字 A, B, C, D, E やそれに添字をつけたもので，任意の集合を表す（代数で，英小文字 x, y, z やそれに添字をつけたもので任意の数を表すのと同様である）．これらの英大文字やそれに添字をつけたものを**集合変数**と呼ぶ．**項**とは，次の規則に従って構築される任意の式のことである．

（1）　集合変数は，それぞれが単独で項である．

（2）　任意の項 t_1 と t_2 に対して，式 $(t_1 \cup t_2)$, $(t_1 \cap t_2)$, t_1' は，それぞれ項である．

$A \cup (B \cap C')$, $A' \cup (B \cap A'')$, $(A \cup B)'$ は項の例である．

曖昧さを避けるためには括弧を使う必要がある．たとえば，括弧を使わずに $A \cap B \cup C$ という式を書いたとしよう．このとき，この式が $A \cap B$ と C の和集合を意味するのか，それとも A と $B \cup C$ の共通部分を意味するのかわからなくなる．この式は，前者を意味するのであれば $(A \cap B) \cup C$ と書き，後者を意味するのであれば $A \cap (B \cup C)$ と書くべきである．曖昧さが生じない場合には，括弧を取り除いてもよい．たとえば，前述の式は $((A \cap B) \cup C)$ ではなく $(A \cap B) \cup C$ と書いて，一番外側の括弧を省略できる．

ブール**等式**とは，t_1 と t_2 を項とするとき，$t_1 = t_2$ の形式の式のことである．その例として，次のようなものがある．

（1）　$A \cup B = A \cap B$

（2）　$A' = B$

（3）　$A \cup B = B \cup A$

（4）　$A \cup B' = A' \cup B'$

（5）　$(A \cup B)' = (A \cup B) \cap C$

（6）　$A \cup (B \cap C) = (A \cup B)' \cup (C \cap (A \cap B))$

ブール等式は，その集合変数がどのような集合を表していても真であるならば，**恒真**という．たとえば，等式(3)は恒真である．なぜなら，二つの**任意**の集合 A と B に対して，$A \cup B = B \cup A$ は真だからである．前述の等式のうち，残りの五つは恒真ではない．

◉ブール等式の恒真性判定

与えられたブール等式が恒真かどうかを判定したいとしよう．それを行うための系統的な方法があるだろうか，それとも創意工夫が要求されるのだろうか．それは系統的に行うことができるというのが，答えである．よく知られた方法の一つは，ベン図を用いる方法であるが，私は次に紹介する**番号づけ**の方法という別のやり方を見つけた [26].

まず手始めに，A と B を I の部分集合とする．

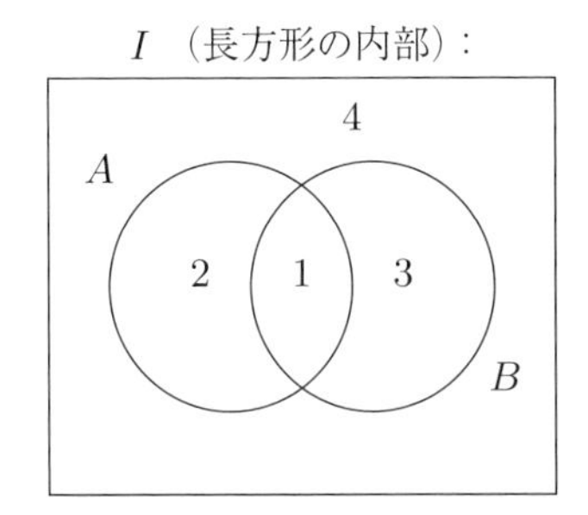

このベン図では，I は，$A \cap B$, $A \cap B'$, $A' \cap B$, $A' \cap B'$ という 4 個の集合に分割されている．それらの集合に，それぞれ 1, 2, 3, 4 と番号をつける．I のすべての元 x は，これら 4 個の領域のいずれかに属する．この 4 個の領域を**基本**領域と呼ぶ．

そして，基本領域の任意の和集合を，その基本領域の番号を元とする集合と同一視する．たとえば，

$$A = (1, 2)$$

$$B = (1, 3)$$

のようになる．

もちろん，実際には，$A = 1 \cup 2$ や $B = 1 \cup 3$ と書くことができるが，番号に注目しやすいように和集合の記号は省略する．

このとき，$A \cup B = (1, 2, 3)$ である．そして，(1) は A と B に共通する唯一の領域なので，$A \cap B = (1)$ である．また，$A' = (3, 4)$ であり，$(1, 2)$ と $(3, 4)$ に共通する領域はないので，$A \cap A' = \emptyset$，すなわち，$A \cap A'$ は空集合である．さらに，$A \cup A' = (1, 2) \cup (3, 4) = (1, 2, 3, 4)$ なので，$A \cup A' = I$ となる．

それでは，番号づけの方法によって，ドモルガンの法則 $(A \cup B)' = A' \cap B'$ を検証してみよう．その考え方は，まず $(A \cup B)'$ の番号の集合を見出し，つぎに $A' \cap B'$ の番号の集合を見出す．そして，その二つの集合が同じであるかどうかを調べる．

$A \cup B = (1, 2, 3)$　　　　$A' = (3, 4)$ および $B' = (2, 4)$

したがって $(A \cup B)' = (4)$　　　　したがって $A' \cap B' = (4)$

すなわち，(4) は $(A \cup B)'$ の番号の集合でもあり，$A' \cap B'$ の番号の集合でもある．したがって，$(A \cup B)' = A' \cap B'$ が成り立つ．

つぎに，3 個の集合 A, B, C を含む等式の場合はどうなるだろうか．これら 3 個の集合によって，I は次の図に示すような 8 個の基本領域に分割される．

I （正方形の内部）:

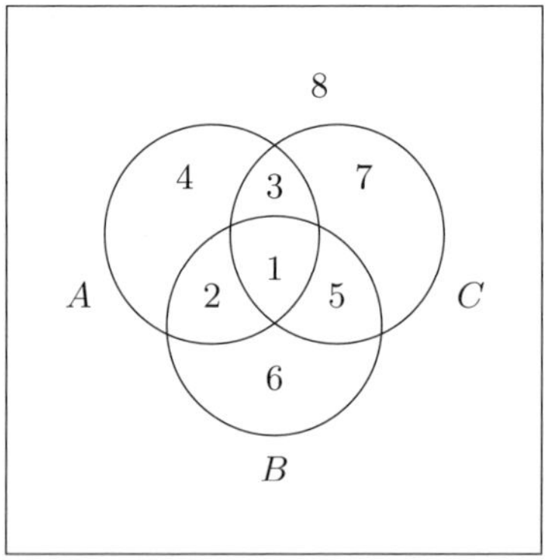

したがって，

$$A = (1, 2, 3, 4)$$

$$B = (1, 2, 5, 6)$$

$$C = (1, 3, 5, 7)$$

となる．

それでは，$A \cup (B \cap C) = (A \cup B) \cap (A \cup C)$ を示したいとしよう．この場合も，等号の両辺それぞれを番号の集合に帰着させ，その二つの集合が同じかどうかを調べる．

$$(B \cap C) = (1, 5) \qquad (A \cup B) = (1, 2, 3, 4, 5, 6)$$
$$A \cup (B \cap C) = (1, 2, 3, 4, 5) \qquad (A \cup C) = (1, 2, 3, 4, 5, 7)$$
$$(A \cup B) \cap (A \cup C) = (1, 2, 3, 4, 5)$$

こうして，この等式の両辺は $(1, 2, 3, 4, 5)$ に帰着され，等式が恒真であるとわかる．

それでは，等式 $A \cap (B \cup C) = (A \cap B) \cup (A \cap C)$ を調べてみよう．

$$(B \cup C) = (1, 2, 3, 5, 6, 7) \qquad (A \cap B) = (1, 2)$$
$$A \cap (B \cup C) = (1, 2, 3) \qquad (A \cap C) = (1, 3)$$
$$(A \cap B) \cup (A \cap C) = (1, 2, 3)$$

こうして，この等式は，$(1, 2, 3) = (1, 2, 3)$ に帰着され，恒真であるとわかる．

それでは，4 個以上の変数，たとえば，A, B, C, D がある場合はどうすればよいだろう．もはや，円を描くことはできないが，4 個の集合は I を 16 個の基本領域に分割するので，それらに次にように番号をつけることができる．

$$A = (1, 2, 3, 4, 5, 6, 7, 8)$$
$$B = (1, 2, 3, 4, 9, 10, 11, 12)$$
$$C = (1, 2, 5, 6, 9, 10, 13, 14)$$
$$D = (1, 3, 5, 7, 9, 11, 13, 15)$$

基本領域に番号をつけたら，問題にしている集合が基本領域の和集合としてどのようになるかわかるので，すでに見たように，これら 4 個の集合を番号の集合として演算できる．

5 個の変数 A, B, C, D, E の場合には，32 個の基本領域がある．一般に，2 以上の任意の n に対して，集合 A_1, A_2, $\cdots$, A_n は I を 2^n 個の基本領域に分割する．そして，A_1 には整数 1, 2, $\cdots$, 2^n の前半を，A_2 には全体の 4 分の 1 を（先頭から始めて）一つおきに，A_3 には全体の 8 分の 1 を（先頭から始めて）一つおきにとなるように，それぞれの基本領域に番号を割り当てる．たとえば，$n = 5$ の場合は次のようになる．

$$A_1 = (1 - 16)$$
$$A_2 = (1 - 8, 17 - 24)$$
$$A_3 = (1 - 4, 9 - 12, 17 - 20, 25 - 28)$$
$$A_4 = (1, 2, 5, 6, 9, 10, 13, 14, 17, 18, 21, 22, 25, 26, 29, 30)$$
$$A_5 = (1 \text{ から } 31 \text{ までのすべての奇数})$$

練習問題 1　番号づけの方法を用いて，次のブール等式が恒真であることを証明せよ．

$$(A \cup B)' \cap C = (C \cap A') \cup (C \cap B')$$

ブール演算には，このほかにも次のものがある．

- $A \to B$　（これは $A' \cup B$ に等しい）
- $A \equiv B$　（これは $(A \cap B) \cup (A' \cap B')$ に等しい）

練習問題 2　番号づけの方法を用いて，次のブール等式が恒真であることを証明せよ．

（1）　$A \to B = (A - B)'$
（2）　$A \equiv B = ((A \to B) \cap (B \to A))$
（3）　$(A \cap (A - B)') = A \cap B$
（4）　$(A \equiv (A \to B)) = A \cap B$

しかし，集合のブール理論は，**集合論**として知られる領域の入り口にすぎない．集合論のさらに深い側面には**無限集合**が関わっていて，これが次章の主題である．

問題の解答

問題 1　論理的には，これらは同じこと，すなわち，おいしくて安い料理はないと言っている．しかし，心理的には，これらはきわめて異なる印象を与える．「おいしい料理は安くない」という文は，おいしくて高価な料理の印象を与えがちであり，一方，「安い料理はおいしくない」という文は，安くてまずい料理を連想させる．

問題 2　空集合はすべての集合 S の部分集合であるというのは真である．なぜなら，すでに見たように，S の元であるという性質は，（ほかの任意の性質と同じく）空集合のすべての元に対して成り立つからである．すなわち，空集合のすべての元は S の元であり，これは空集合が S の部分集合であることを意味する．

問題 3　成り立つのは，(2) と (3) である．

(2) の証明：はじめに，任意の集合 A と B に対して，集合 A はあきらかに $A \cup B$ の部分集合である．また，$B \subseteq A \cup B$ でもある．ここで，(2) で仮定されているように $A \cup B = B$ であるとする．A は $A \cup B$ の部分集合なので，B の部分集合である．なぜなら，B は $A \cup B$ と同じ集合だからである．すなわち，$A \subseteq B$ である．

(3) の証明：$A \subseteq B$ であるとする．（あきらかに）$B \subseteq B$ も真である．すなわち，A と B はともに B の部分集合であり，したがって，和集合 $A \cup B$ も B の部分集合である．

問題 4　成り立つのは，(1) と (4) である．

(1) の証明：$A \cap B = B$ であるとする．x を B の任意の元とすると，$B = A \cap B$ なので，x は $A \cap B$ の元である．これは，x は A にも B にも属することを意味するので，とくに $x \in A$ である．これで，B の任意の元 x には A の元でもあり，$B \subseteq A$ が証明できた．

(4) の証明：$A \subseteq B$ であるとする．x を A の任意の元とすると，$A \subseteq B$ なので，$x \in B$ でもある．すなわち，$x \in A$ かつ $x \in B$ なので，$x \in A \cap B$ である．したがって，A の任意の元は $A \cap B$ であり，これは $A \subseteq A \cap B$ を意味する．また，$A \cap B$ はあきらかに A の部分集合である．すなわち，A と $A \cap B$ は互いの部分集合になり，$A \cap B = A$ が証明できた．

問題 5　$A \cap B = A \cup B$ ならば，A と B は等しくならなければならない．A と B が異なっていたとしよう．すると，この二つの集合のうちの一方，たとえば，A には，もう一方の集合 B には属さない元 x が属している．$x \in A$ なので，$x \in A \cup B$ である．また，$x \notin B$ なので，$x \notin A \cap B$ である．すなわち，x は，$A \cup B$ に属するが，$A \cap B$ には属さない．これで，A と B が異なれば，$A \cup B$ と $A \cap B$

は異なることが証明できた．しかし，$A \cup B$ と $A \cap B$ は異ならないことがわかっているので，A と B が異なることはない．すなわち，$A = B$ である．

問題 6　成り立つのは，(2)である．

(2)の証明：$A \subseteq B$ であるとする．このとき，B' の任意の元 x は B に属さないので，A にも属さず，したがって，A' に属さなければならない．すなわち，B' のすべての元は A' に属する．これは，$B' \subseteq A'$ を意味する．

第 2 章

無限集合

ゲオルク・カントルの無限集合の理論によって，数学における全面的な改革が 19 世紀末に起こった．集合が有限であるとか無限であるというのは，いったいどういう意味なのか．その背後にある基本的なアイディアは，**1 対 1 対応**である．

ある劇場は満席で，立っている人やほかの人の膝に座っている人はいなかったとしよう．このとき，観客の数や座席の数を数えなくても，この二つの数が同じでなければならないことがわかる．なぜなら，観客の集合は座席の集合と 1 対 1 対応している，具体的には，それぞれの観客はその観客が座っている座席と対応づけられているからである．より一般的には，**集合 A と集合 B の間の 1 対 1 対応**とは，A のそれぞれの元 x は B の一つ，そしてただ一つの元 y と対になり，それと同時に，B のそれぞれの元 y は A の一つ，そしてただ一つの元 x と対になることを意味する．すなわち，二つの集合の元は対になっていて，どちらの集合のそれぞれの元にも，もう一方の集合にただ一つの対応する相棒がいるということだ．

いわゆる**自然数**には誰もが慣れ親しんでいる．自然数とは $0, 1, 2, \cdots, n, \ldots$ という整数である．すなわち，自然数は，0 と正の整数をあわせたものである．（少し冗談を言わせてもらおう．ある会話の中で，私は「自然数」という言葉を使ったとき，ある人が戸惑いの表情を見せてこう尋ねた．「**不自然**数の例を教えていただけませんか」）

任意の正の自然数 n に対して，集合 A がちょうど n 個の元をもつというのは，A は 1 から n まで正整数の集合と 1 対 1 対応をつけられるということとである．一例として，左手に5本の指があるというのは，たとえば，親指に1，人差し指に2，中指に3，薬指に4，小指に5というように，左手の指の集合は1から5までの整数の集合と1対1対応をつけられるということである．この集合を1からある正整数nまでの正整数の集合と1対1対応させるという行為には，一般的な名前がある．普通，これは，**数える**と呼ばれている．そう，数えるというのは，まさしくこういうことである．また，集合がまったく元をもたない，言い換えると，その集合が空集合であるならば，**ゼロ**個の元をもつという．

これで，集合がn個の元をもつということの意味を定義したので，つぎは，ある自然数nが存在して，集合が（ちょうど）n個の元をもつとき，その集合を**有限**と定義する．そして，集合が有限でないならば，その集合を**無限**と定義する．無限集合のわかりやすい例として，すべての自然数の集合Nがある．最大の自然数というものはないので，どのような自然数nに対しても，Nがちょうどn個の元をもつということはありえない．任意の自然数nに対して，集合Nは，あきらかにnよりも多くの元をもつ．

問題1　集合Aがちょうど3個の元をもつならば，（Aそのものと空集合も含めた）Aの部分集合は何個あるだろうか．それでは，5個の元をもつ集合の場合はどうだろう．一般に，集合Aがn個の元をもつとき，Aの部分集合の個数をnを用いて表せ．

無限集合の大きさ

空でない二つの集合AとBが数の上では同じ大きさということをどのようにして定義すればよいだろうか．その自明でかつ正しい答えは，AはBと1対1対応させうるということである．

空でない二つの集合AとBが与えられたとき，集合Aは個数に関して集合Bよりも小さい，あるいは，集合Bは個数に関して集合Aよりも大きいということをどのように定義すればよいだろうか．すぐに思いつくのは，AがBの**真部分集合**（Bの部分集合で，B全体ではないもの）と1対1対応しうるならば，Aは（個数に関して）Bより**小さい**と定義することである．この定義は，**有限集合**に対しては申し分ないだろうが，残念ながら，無限集合に対しては役に立たない．なぜなら，二つの無限集合AとBについては，

A は B の真部分集合と 1 対 1 対応しうるが，その一方で B は A の真部分集合と 1 対 1 対応しうるということが起こりうるからである．これでは，A は B より小さく，B は A よりも小さいことがともに成り立ってしまうが，もちろん，こうなってほしくはない．たとえば，E をすべての偶数の自然数の集合とし，O をすべての奇数の自然数の集合とする．このとき，0 と 5 を対にし，2 と 7，4 と 9 というように，それぞれの偶数 x を $x+5$ と対にすることによって，E を O の**真部分集合**と 1 対 1 対応させることができる．すなわち，E は，1 と 3 を除くすべての奇数から構成される O の**真部分集合**と 1 対 1 対応している．一方，1 と 4 を対にし，3 と 6，5 と 8 というように，それぞれの奇数 x を $x+3$ と対にすることによって，O を E の真部分集合と 1 対 1 対応させることもできる．すなわち，O は，2 と 4 を除くすべての偶数から構成される E の真部分集合と 1 対 1 対応している．

このように，前述の定義では，無限集合に対してはうまくいかない．空でない集合 A が空でない集合 B よりも小さいことの正しい定義は，A は B のある部分集合と 1 対 1 対応させることができるが，A は B 全体とは 1 対 1 対応させることはできないというものだ．すなわち，A が B よりも小さければ，B の元をどのように 1 対 1 対応させても，B のある元が残ってしまうのである．

無限集合において不思議なのは，それぞれの無限集合はそれ自体の**真部分集合**と 1 対 1 対応させることができるということだ．後ほど，一般の無限集合についてこのことを証明するが，ここでは，自然数の集合 N に対してもこれが成り立つことを見ておこう．N は，次のように正整数の集合と 1 対 1 対応させることができる．

$$\begin{array}{llllllll} \text{自然数} & 0 & 1 & 2 & 3 & \cdots & n & \cdots \\ & \updownarrow & \updownarrow & \updownarrow & \updownarrow & & \updownarrow & \\ \text{正整数} & 1 & 2 & 3 & 4 & \cdots & n+1 & \cdots \end{array}$$

実際には，N は，次のように偶数の自然数とも 1 対 1 対応させることができる．

$$\begin{array}{llllllll} \text{自然数} & 0 & 1 & 2 & 3 & \cdots & n & \cdots \\ & \updownarrow & \updownarrow & \updownarrow & \updownarrow & & \updownarrow & \\ \text{偶数の自然数} & 0 & 2 & 4 & 6 & \cdots & 2n & \cdots \end{array}$$

おそらく，さらに驚かされるのは，1630 年にガリレオが見つけた，自然数の集合 N は，先に進むにつれてどんどんまばらになる平方数（0, 1, 4, 9, 16, 25, $\cdots$）の集合とも 1 対 1 対応させられるという事実である．

$$\begin{array}{cccccccc} \text{自然数} & 0 & 1 & 2 & 3 & \cdots & n & \cdots \\ & \updownarrow & \updownarrow & \updownarrow & \updownarrow & & \updownarrow & \\ \text{平方数} & 0 & 1 & 4 & 9 & \cdots & n^2 & \cdots \end{array}$$

平方数の集合はすべての自然数の集合 N よりも小さいような感じがするのではないだろうか．そのとおり，ある意味で，平方数の集合は，N の**真部分集合**でしかないのである．それにもかかわらず，平方数の集合は，**個数に関して** N と同じ大きさなのである．

◉可算集合

無限集合についてカントルが考えた最初の基本的な問いは，無限集合はすべて同じ大きさなのか，それとも，異なる大きさになるのかということである．この時点で，思い切ってこの答えを推測してみてはどうだろうか．

集合は，正整数の集合と 1 対 1 対応させることができる，あるいは，それと同じことであるが，自然数の集合と 1 対 1 対応させることができるならば，**可算**または**可算無限**という．

集合 A と正整数の集合の間の 1 対 1 対応は，A の**数え上げ**と呼ばれる．A の数え上げは，無限列 $a_1, a_2, \cdots, a_n, \cdots$ と考えることもできる．この無限列では，N のそれぞれの n が，A の元 a_n と対になっている．数え上げにおいて，数 n を，a_n の**指標**と呼ぶこともある．

ここでの大きな問題は，すべての無限集合は可算かどうかである．私の知るところでは，カントルはすべての無限集合は可算だろうと数年間は考えていたが，ある日，まったくそうではないことに気づいたのである．カントルが行った（と私が何年か前に聞いた）ことは，表面的には可算ではないように見えるさまざまな集合を調べることであった．しかし，その度に，カントルはその集合を数え上げるうまいやり方を見つけた．そのうまい数え上げを，次のようなやり方で具体的に示そう．

私もあなたも永遠の命があると想像してみよう．私は，紙片にある正整数を書いておく．そして，あなたは，毎日，その数がいくつであるかを一回だけ推測する．もし，あなたがその数を言い当てたならば，すばらしい賞品をあなたに差し上げよう．あなたがとることのできる，遅かれ早かれ賞品を獲得できることが保証された戦略はあるだろうか．答えはあきらかである．1 日目には，その数は 1 かと尋ね，2 日目には，その数は 2 かと尋ねるというように続けることである．私の書いた数が n であれば，あなたは n 日目に賞品を得ることができる．

それでは，少しだけ難しい問題を出そう．今度は，私が書くのは正の整数 $1, 2, 3, \cdots, n, \cdots$ か負の整数 $-1, -2, -3, \cdots, -n, \cdots$ のいずれかである．今度も，あなたに許されているのは，毎日その数を一つ推測することだけである．

問題 2　どのような戦略であれば，遅かれ早かれ賞品を確実に勝ち取ることが保証されるだろうか．

次の試練は，間違いなく難しい．今度は，二つの整数（同じ数を二つでもよい）を書く．そして，今度も毎日一度だけ推測して，同じ日のうちに両方の数を言い当てなければならない．ある日に二つの数の一方だけを言い当て，別の日に残りの数を言い当てるということは許されない．これでは，言い当てる望みはなさそうに思える．なぜなら，私の書いた一つ目の数には無限に多くの可能性があり，そのそれぞれの可能性に対して，二つ目の数も無限に多くの可能性があるからである．すなわち，あなたが賞品を勝ち取る確実なやり方はなさそうに思える．しかし，そのやり方はあるのだ．

問題 3　どのような戦略をとればうまくいくだろうか．

その次の試練では，私は分数 x/y を書く．ただし，x と y はともに正整数である．今度も，あなたは私が書いた分数が何かを毎日一度だけ推測する．

問題 4　どのような戦略であれば，私の書いた分数を遅かれ早かれ確実に言い当てることができるだろうか．

これで，すべての分数の集合は可算であること，すなわち，すべての正整数の集合と同じ大きさであることがわかった．なぜなら，問題 4 の解答で示した方式に従って，それぞれの数 n を n 日目に推測する分数と対にすることができるからである．分数の集合が可算であるというカントルの発見は，数学界に大きな衝撃を与えた．

次の試練では，私は正整数の有限集合を書く．私はあなたに何個の整数を書いたかは教えないし，その整数の最大値が何であるかも教えない．今度も，あなたは，私の書いた整数の集合を毎日一度だけ推測する．

問題5　どのような戦略であれば，私の書いた集合を遅かれ早かれ確実に言い当てることができるだろうか．

カントルの大発見

正整数のすべての**有限**集合からなる集合は可算であることがわかった．それでは，整数の（有限集合も無限集合も含めた）**すべて**の集合からなる集合はどうだろうか．その集合は可算だろうか．正整数のすべての集合からなる集合は可算**ではない**というのが，カントルの大発見である．これからこの重要な事実の証明に取り組むが，それは**集合論**として知られる数学の一分野を興したのである．

この証明をわかりやすく示すために，ページ 0，ページ 1，ページ 2，$\cdots$，ページ n，$\cdots$ という可算無限のページがある本を考えよう．それぞれのページには，自然数の集合を定める記述が書かれている．もし自然数の集合が**すべて**この本のどこかのページの記述によって定められているならば，それは途方もないお宝である．しかし，その本の中を見るまでもなく，どのページの記述で定める集合にもなりえない自然数の集合を示すことができる．

問題6　それはどのような集合か．どのページの記述で定める集合にもなりえない集合とはどのようなものか．（ヒント：数 n は，それが n ページ目の記述によって定まる集合の元であれば，**特異**と呼び，それが n ページ目の記述によって定まる集合の元でなければ，**普通**と呼ぶ．すべての特異な数からなる集合を定める記述は，いずれかのページに書かれているだろうか．すべての普通の数からなる集合を定める記述は，いずれかのページに書かれているだろうか．）

任意の集合 A に対して，A のすべての部分集合の集合を A の**べき集合**と呼び，$\mathscr{P}(A)$ と表記する．すなわち，問題 6 の解答において示したのは，N をそのべき集合 $\mathscr{P}(N)$ と 1 対 1 対応させることはできないということだ．しかしながら，N を $\mathscr{P}(N)$ の**部分集合**と 1 対 1 対応させることは，たしかに可能である．

問題 7　なぜ，N を $\mathscr{P}(N)$ の部分集合と 1 対 1 対応させることができるのか．

N は $\mathscr{P}(N)$ と 1 対 1 対応させることはできないが，$\mathscr{P}(N)$ の部分集合とは 1 対 1 対応させることができるので，定義によって，集合 $\mathscr{P}(N)$ は個数に関して N よりも大きい．これは，次のカントルの定理の特別な場合である．

カントルの定理　任意の集合 A に対して，そのべき集合 $\mathscr{P}(A)$ は個数に関して A よりも大きい．

問題 8　カントルの定理を証明せよ．（その証明は，N に対する特別な場合の証明とほとんど違いはない．）

連続体問題

これで，任意の集合 A に対して，そのべき集合 $\mathscr{P}(A)$ は，個数に関して A よりも大きいことが証明された．とくに，$\mathscr{P}(N)$ は N よりも大きい．しかし，$\mathscr{P}(\mathscr{P}(N))$ は $\mathscr{P}(N)$ よりも大きく，$\mathscr{P}(\mathscr{P}(\mathscr{P}(N)))$ はさらに大きくと，どこまでも続く．したがって，無限集合には無限に多くの異なる大きさがある．集合 $\mathscr{P}(N)$ は，直線上のすべての点の集合と同じ大きさであることが知られていて，このことによって，集合 $\mathscr{P}(N)$ は**連続体**として知られている．そして，もっとも興味深い問いはこれだ．N と $\mathscr{P}(N)$ の中間の大きさをもつ集合 S は存在するか．言い換えると，N よりも大きく，$\mathscr{P}(N)$ よりも小さい集合 S は存在するかということだ．あるいは，$\mathscr{P}(N)$ は N よりも大きい次の大きさなのだろうか．カントルは，その中間の大きさはないと予想した．この予想は**連続体仮説**として知られている．カントルは，より一般的に，すべての無限集合 A に対して，A と $\mathscr{P}(A)$ の中間の大きさをもつ集合は存在しないと予想した．この予想は，**一般連続体仮説**として知られている.

今日に至るまで，どちらの形式の連続体仮説も，真か偽のいずれであるかは誰も知らない．これこそが，数学の根幹にある未解決問題だと考えている人もおり，私もその一人である．しかしながら，かなりのことがわかっている．1930年代，クルト・ゲーデルは，今日知られているもっとも強力な数学的体系においても連続体仮説は反証できないことを示した．そして，1960年代には，ポール・コーエンが，その体系では連続体仮説を証明することができないことを示した．連続体仮説とその否定は，いずれも現代の集合論の公理と矛盾しない．したがって，現代の集合論の公理は，この問題を解決するには不十分なのである．**形式主義者**として知られているある数学者らは，このことが連続体仮説はそれ自体真でも偽でもなく，どのような公理系が使われるかに依存していることの証拠だと考える．また，**プラトン主義者**と呼ばれる（私も含めた）別の数学者らは，一般連続体仮説は，いかなる公理系ともまったく無関係に，真か偽のいずれかであるが，単にそのいずれであるかがわかっていないだけだと信じている．興味深いことに，ゲーデル自身は，連続体仮説が集合論の公理と無矛盾であることを証明したにもかかわらず，集合についてもっとわかれば連続体仮説は偽であることがわかるだろうと信じていた.

問題 9　二つの可算集合の和集合は必ず可算になるか.

問題 10　問題5の解答から，自然数のすべての有限集合の集合は可算であることをすでに知っている．（問題5の解答では，実際には正整数の場合について証明したが，自然数の場合でも証明に違いはない.）それでは，自然数のすべての無限集合の集合はどうだろうか．その集合は可算だろうか.

問題 11　可算集合の可算列 $D_1, D_2, \cdots, D_n, \cdots$ を考え，S をそれらの和集合とする．すなわち，S は，集合 $D_1, D_2, \cdots, D_n, \cdots$ の少なくとも一つに属する元 x すべてからなる集合である．集合 S は可算だろうか.

問題 12　与えられた可算集合 D に対して，D の元のすべての**有限列**の集合を考える．この集合は可算だろうか.

問題 13　1と0からなるすべての**無限列**の集合を考える．この集合が

$\mathscr{P}(N)$ と同じ大きさであることを証明せよ．

練習問題　D が可算集合ならば，D の任意の無限部分集合もまた可算でなければならないことを証明せよ．

◉考察

可算集合と非可算集合には著しい違いがある．私もあなたも永遠の命があると想像してみよう．私はあなたに「どこかの銀行で支払い可能」と書かれた小切手をあげる．この世界に有限の銀行しかなければ，もちろん，あなたはそれをいつかは換金できるだろう．銀行 1，銀行 2，$\cdots$，銀行 n，$\cdots$ という可算無限の銀行があったとしても，どれほどの時間がかかるかはわからないものの，いつかは確実に換金できるだろう．しかしながら，非可算無限の銀行があったならば，換金できる見込みは限りなく小さい．

問題 14　すべての無限集合は可算部分集合をもつことを証明せよ．

問題 15　すべての無限集合は，非可算無限集合であっても，それ自体の真部分集合と 1 対 1 対応させられることを証明せよ．

ベルンシュタイン-シュレーダーの定理

男性の無限集合 M と女性の無限集合 W を考える．それぞれの男性は一人，そしてただ一人の女性を愛し，二人の男性が同じ女性を愛することはない（しかし，愛されていない女性がいるかもしれない）．また，それぞれの女性は，一人，そしてただ一人の男性を愛する（しかし，必ずしも彼女を愛している男性とは限らない）が，二人の女性が同じ男性を愛することはない（しかし，愛されていない男性がいるかもしれない）．

ここで，一夫一婦になるようにすべての男性とすべての女性を結婚させ，そして，それぞれの夫婦は，夫が妻を愛しているか妻が夫を愛しているかのいずれかであるようにできることを証明するのが問題である（しかし，残念ながら夫婦の相思相愛を保証することはできない．実際，ある男性または女性が誰にも愛されていなければ，相思相愛を保証することはあきらかに不可能である）．

どうすれば，このようなことが可能だろうか．ここでヒントを出そう．すべての人々を次のようにして3個の集まりに分ける．与えられた人xに対して，xから始まる**道**を次のように定義する．xが誰にも愛されていなければ，その道はそこで終わる．xが誰かに愛されているならば，x_1を，xとは異なる性別でxを愛している者とする．x_1が誰にも愛されていなければ，その道はそこで終わる．そうでなければ，x_2を，x_1を愛している者とする．このように次々と続けると，与えられたxに対して次の3通りの結果がありえる．道が愛されていない男性で終わる場合，xは第1群に属するといおう．道が愛されていない女性で終わる場合，xは第2群に属するといおう．そして，道がどこまでも続く場合，xは第3群に属するといおう．

問題16　このヒントを使って，証明を完成させよ．

この問題の数学的な意義は次のとおりである．

ベルンシュタイン-シュレーダーの定理　任意の二つの無限集合AとBに対して，AをBの一部（すなわち，Bの部分集合）と1対1対応させることができ，BをAの一部と1対1対応させることができるならば，A全体はB全体と1対1対応させることができる．

さらに，C_1がAとBの部分集合の間の1対1対応であり，C_2がBとAの部分集合の間の1対1対応であるならば，A全体とB全体の間の1対1対応Cで，次のようなものが存在する．任意のAの元xとBの元yに対して，Cの下でxとyが対になるならば，xはもともとC_1の下でyと対になっていたか，yはもともとC_2の下でxと対になっていたかのいずれかである．

問題17　AはBの部分集合と同じ大きさの無限集合で，BはAの部分集合であるとする．このとき，Aは必ずBと同じ大きさになるだろうか．

問題の解答

問題 1　任意の正整数 n に対して，I_n を 1 以上 n 以下のすべての整数の集合 $\{1,\cdots,n\}$ とする．I_{n+1} の部分集合の総数は I_n の部分集合の総数の 2 倍であることに注意する．なぜなら，I_{n+1} の部分集合は，I_n の部分集合か，その部分集合それぞれに数 $n+1$ を付け加えたものとして得られるからである．集合 S に元 x を追加した集合を $S\cup\{x\}$ と表記する．したがって，S_1, $\cdots$, S_k が I_n の部分集合であれば，I_{n+1} の部分集合は，次の $2k$ 個の集合になる．

$$S_1,\quad \cdots,\quad S_k,\quad S_1\cup\{n+1\},\quad \cdots,\quad S_k\cup\{n+1\}$$

このようにして，I_{n+1} の部分集合の総数は，I_n の部分集合の総数の 2 倍であることがわかる．

そして，$\{1\}$ には，空集合 $\{\}$ と $\{1\}$ そのものの 2 個の部分集合がある．これらの二つの集合それぞれに数 2 を追加すると，$\{2\}$ と $\{1,2\}$ が得られる．したがって，$\{1,2\}$ には $\{\}$, $\{1\}$, $\{2\}$, $\{1,2\}$ という 4 個の部分集合がある．すなわち，I_2 の部分集合の総数は 2^2 である．これら 4 個の集合と，それぞれの集合に 3 を追加したものをあわせると，I_3 の $2^3(=8)$ 個の部分集合が得られる．

$$\{\},\quad \{1\},\quad \{2\},\quad \{1,2\},\quad \{3\},\quad \{1,3\},\quad \{2,3\},\quad \{1,2,3\}$$

このように続けると，任意の正整数 n に対して，n 元の集合には 2^n 個の部分集合がある．

もちろん，空集合には $1\ (=2^0)$ 個の部分集合があり，それは空集合そのものである．

問題 2　この問題に間違って次のように答えた人がいた．「まず，すべての正の整数を探し終えて，つぎに負の整数を探す」 私の書いた数が正整数であったならば，これでうまくいくが，私の書いた数が負の整数であったならば，彼はけっしてそれを言い当てることができない．なぜなら，彼ははじめに無限個の正の整数を推測しなければならないからである．

そうではなく，疑う余地のない戦略は，正の整数と負の整数を交互に推測することである．1 日目には，その数が $+1$ かどうかを尋ね，次の日には -1 かどうかを尋ねる．そして，その次の日には $+2$ かどうかを尋ね，その次の日には -2 かどうかを尋ねるというように続けるのだ．

問題 3　二つの数の最大値が 1 である場合は，$(1,1)$ の 1 通りだけである．二つの数の最大値が 2 である場合は，$(1,2)$ と $(2,2)$ の 2 通りある．一般に，それぞれの正整数 n に対して，私が書いた二つの数の最大値が n である場合は，対 $(1,n)$, $(2,n)$, $\cdots$, $(n-1,n)$, (n,n) の n 通り，すなわち，有限個だけである．したがって，まず最大値が 1 である場合をすべて推測し，つぎに最大値が 2 である場合をすべて推測するというように続ければよい．

問題 4　それぞれの正整数 n に対して，分母と分子の最大値が n になる分数は，$\frac{1}{n}, \frac{2}{n}, \cdots, \frac{n-1}{n}, \frac{n}{n}, \frac{n}{1}, \frac{n}{2}, \cdots, \frac{n}{n-1}$ の $2n-1$ 通りである．したがって，まず分母と分子の最大値が 1 になる分数をすべて推測し，つぎに分母と分子の最大値が 2 になる分数をすべて推測するというように続ける．ここでは，分数は正整数を正整数で割ったものを意味するので，2/3 と 4/6 は，どちらも同じ有理数を表しているが，異なる分数と見なすことに注意しよう．

問題 5　問題 1 の解答で見たように，任意の正整数 n に対して，最大値が n の正整数の集合は，ちょうど 2^{n-1} 個ある．それは，具体的には，$\{1, \cdots, n-1\}$ のすべての部分集合それぞれに n を追加したものであり，すでにわかっているように $\{1, \cdots, n-1\}$ の部分集合は 2^{n-1} 個ある．

したがって，最大値が 1 の集合をすべて推測し，つぎに最大値が 2 の集合をすべて推測するというように続ければよい．

問題 6　どのページにも書かれえないのは，すべての普通の数からなる集合を定める記述である．この集合を S と呼ぶ．

それぞれの数 n に対して，S_n を n ページ目の記述によって定まる自然数の集合とする．すべての普通の数からなる集合 S は，集合 $S_0, S_1, S_2, \cdots, S_n, \cdots$ のいずれとも異ならなければならない．なぜなら，それぞれの n に対して，数 n は集合 S_n か S のいずれかに属さなければならないが，その両方に属することはないからである．その理由は次のとおりである．数 n は普通の数か特異な数のいずれかである．n が普通の数ならば，定義によって，n は S_n に属さないが，すべての普通の数からなる集合 S には属さなければならない．したがって，この場合には，n は S に属するが S_n には属さない．一方，n が特異な数ならば，「特異」の定義によって n は S_n に属するが，普通の数だけが属する S には属しえない．したがって，この場合には，n は S_n に属するが S には属さない．これで，n は二つの集合 S_n と S のいずれかに属するが，その両方には属さないことが示せたので，S はすべての S_n と異なることが証明できた．

問題 7　自然数のすべての有限集合からなる集合 $\mathscr{F}$ は可算であることはすでにわかっている．そして，$\mathscr{F}$ は $\mathscr{P}(N)$ の部分集合である．

また別のやり方としては，それぞれの自然数 n を，n を唯一の元とする単元集合 $\{n\}$ と対にすることもできる．

問題8　カントルの定理は，有限集合でも無限集合でもすべての集合に対して成り立つ．問題1の解答では，有限集合に対して証明した．（そして，空集合とそのべき集合はともに有限であり，前者の元は0個であり，後者は空集合を唯一の元とすることを思い出してほしい．）したがって，ここでは，無限集合に対してだけこの定理を証明しよう．

与えられた無限集合 A に対して，A のそれぞれの元 x に A の部分集合を対応させるような任意の1対1対応を考える．そして，x と対になる A の部分集合を S_x と呼ぶ．ここでも，x が S_x に属さないならば，x を**普通**と定義する．A のすべての普通の元の集合 S は，$\mathscr{P}(A)$ のそれぞのれ元 S_x とは異なる．なぜなら，x が普通ならば，x は S に属するが S_x には属さず，x が普通でなければ，x は S_x に属するが S には属さないからである．したがって，A は $\mathscr{P}(A)$ と1対1対応させることができない．ただし，A は，A のそれぞれの元 x を単元集合 $\{x\}$ と対にすることで，$\mathscr{P}(A)$ の部分集合と1対1対応させることができる．

問題9　もちろん，可算集合になる．可算集合 A の数え上げ $a_1, a_2, \cdots, a_n, \ldots$ と，可算集合 B の数え上げ $b_1, b_2, \cdots, b, \cdots$ が与えられたとき，$A \cup B$ は，$a_1, b_1, a_2, b_2, \cdots, a_n, b_n, \cdots$ と数え上げることができる．

問題10　N のすべての有限部分集合からなる集合は可算なので，N のすべての無限部分集合からなる集合が可算だとしたら，これら二つの集合の和集合は（前問でみたように）可算になる．しかし，この和集合は $\mathscr{P}(N)$ であり，非可算である．それゆえ，N のすべての無限部分集合からなる集合は可算にはなりえず，非可算でなければならない．

問題11　D を可算個の可算集合 $D_1, D_2, \cdots, D_n, \cdots$ の和集合とする．それぞれの n に対して，$d_n(1), d_n(2), \cdots, d_n(m), \cdots$ を集合 D_n の数え上げとする[訳注1]．分数の集合が可算であることはわかっているので，分数を数え上げたのと同じ順序で D の元を数え上げることができる．すなわち，n と m の最大値が1であるようなすべての元 $d_n(m)$ から始め，つぎに，n と m の最大値が2であるようなすべての元というように続ける．（それぞれには可算個の相異なる元をもつ）集合 D_i が互いに素であることは前提ではないので，数え上げのそれぞれの段階において生じるかもしれない重複を取り除く．

問題12　まずはじめに，任意の（m 個の元をもつ）有限集合 F と任意の正整数 k に対して，F の元の（重複を許した）長さ k のすべての列からなる集合は有限

[訳注1]　無限個の集合 D_n それぞれに対してその数え上げ関数 d_n を対応させるためには，選択公理を仮定する必要がある．

集合であることに注意する．具体的には，そのような列の総数は m^k である．（なぜなら，列の第1項の選び方は m 通りあり，そのそれぞれの選び方に対して，第2項の選び方は m 通りあるので，最初の2項の選び方は $m \times m = m^2$ 通りある．そして，そのそれぞれの選び方に対して，第3項の選び方は m 通りあるので，最初の3項の選び方は $m^2 \times m = m^3$ 通りあるというように続くからである．）

ここで，可算集合 D を考える．D の元のすべての有限列の集合は可算であることを示そう．それぞれの正整数 n に対して，$(S_k)_n$ を $\{a_1, \cdots, a_n\}$ の元の長さ k のすべての列の集合とする．ただし，それぞれの列には，a_n が少なくとも一度は現れるものとし，S_k を D の元の長さが k のすべての有限列の集合とする．それぞれの集合 $(S_k)_n$ は（すでに示したように）有限である．すべての k に対して，それぞれの集合 $(S_k)_n$ は，$m \neq n$ であるすべての $(S_k)_m$ とは異なり，それぞれの S_k は，$j \neq k$ であるすべての S_j と異なることに注意しよう．S_k のすべての元は，$(S_k)_1$ の元（これは一つしかない）から始め，これに $(S_k)_2$ の有限個の元（どのような順序でもよく，重複を除く）が続き，その次に $(S_k)_3$ というように続く．すなわち，それぞれの S_k は可算である．

集合 $S_1, S_2, \cdots, S_n, \cdots$ のそれぞれは可算なので，（問題11によって）それらの和集合も可算である．そして，その和集合は，D の元のすべての有限列の集合である．

問題 13　0と1からなるそれぞれの無限列 θ と，θ の第 n 項が1であるようなすべての正整数 n の集合を対にする．たとえば，列 $(1, 0, 1, 0, 1, 0, \cdots)$ は，奇数の無限集合 $\{1, 3, 5, 7, \cdots\}$ と対にする．また，列 $(1, 0, 1, 1, 0, 1, 0, 0, \cdots, 0, 0, 0, \cdots)$ は，有限列 $\{1, 3, 4, 6\}$ と対にする．

あきらかに，異なる列は正整数の異なる集合と対になり，正整数のそれぞれの集合 A に対して，A と対になる一つ，そしてただ一つの列が存在する．そして，すべての n に対して，その列の第 n 項は，n が A に属せば1，n が A に属さなければ0である．このように対を作ることによって，0と1からなるすべての列の集合と正整数のすべての集合からなる集合は1対1対応している．正整数のすべての集合からなる集合は，自然数のすべての集合からなる集合 $\mathscr{P}(N)$ と同じ大きさである．なぜなら，正整数の集合は，自然数の集合と同じ大きさだからである．

問題 14　あきらかに，無限集合 A から元 x を取り除くと，その結果として得られる集合 $A - \{x\}$ は無限集合でなければならない．なぜなら，もしそれが有限だったとすると，ある自然数 n に対して n 個の元があることになり，もとの集合 A は $n+1$ 個の元をもつことになるが，これは A が無限集合であるという仮定に反するからである．

ここで，無限集合 A を考える．A はあきらかに空ではないので，そこからある元 a_1 を取り除くことができる．その残りは無限集合であり，またそこから別の元 a_2 を取り除くことができる．これを続けると，A の要素の可算列 $a_1, a_2, \cdots, a_n, \cdots$ が得られる．

付記　この証明の背後には選択公理として知られる原理が隠されている．残念ながら，本書では，選択公理について考察することはできない．

問題 15　無限集合 A を考える．すでにみたように，A は可算部分集合 $D = \{d_1, d_2, \cdots, d_n, \cdots\}$ を含む．この集合 D は，それぞれの d_n を d_{n+1} と対にすることで，その真部分集合 $\{d_2, d_3, \cdots, d_{n+1}, \cdots\}$ と 1 対 1 対応させることができる．

このA の部分集合の対応づけをほかの A の部分集合にまで拡大して A 全体から A の部分集合への対応づけを得るために，D に属さない A のそれぞれの元にはその元そのものを対応させる．これで，A は $A - \{d_1\}$ と 1 対 1 対応になる．

問題 16　あきらかに，愛されていないすべての男性は第 1 群に属し，愛されていないすべての女性は第 2 群に属する．それゆえ，第 3 群に属するすべての者は愛されている．さらに，

（a）　第 1 群に属するすべての男性に対して，彼が愛している女性は第 1 群に属する．そして，第 1 群に属するすべての女性は，ある男性に愛されている．（なぜなら，彼女は第 2 群に属してはいないからである．）そして，この男性もまた第 1 群に属している．したがって，第 1 群に属するすべての男性が彼が愛している女性と結婚すれば，その女性は全員が第 1 群に属し，また第 1 群に属するすべての女性を含んでいる．

（b）　同様にして，第 2 群に属するすべての女性が彼女が愛している男性と結婚すれば，第 2 群の女性は全員が第 2 群に属する男性と結婚し，第 2 群に属するすべての男性は第 2 群に属する女性の夫になるだろう．

（c）　第 3 群に属するすべての男性は第 3 群に属する女性を愛し，また第 3 群に属する女性に愛されている．そして，第 3 群に属するすべての女性は第 3 群に属する男性を愛し，また第 3 群に属する男性に愛されている．それゆえ，第 3 群に属するすべての男性は彼が愛している女性と結婚するか，第 3 群に属するすべての女性は彼女が愛している男性と結婚するかのいずれかを選択することになる．（どちらのほうがよりよい選択であるかという問題は，心理学者に任せたほうがよい．）いずれの場合も，第 3 群のすべての男性とすべての女性は結婚することができる．

問題 17　B は A の部分集合なので, B はあきらかに A の部分集合（具体的には B そのもの）と同じ大きさである．そして，A は B の部分集合と同じ大きさなので，ベルンシュタイン-シュレーダーの定理によって，A は B と同じ大きさになる．

第 3 章

問題発生！

パラドックス

カントルの集合論が作られてからほどなくして，無限集合の理論全体の妥当性を脅かすいくつかのパラドックスが出現した．

そのようなパラドックスのうちの一つは次のようなものだ．すべての集合からなる集合 S を考える．そのべき集合 $\mathscr{P}(S)$ は，S の部分集合である．なぜなら，$\mathscr{P}(S)$ のすべての元は集合であり，したがって，すべての集合からなる集合 S の元であるからである．また，（第 2 章の問題 7 の解答での N の代わりに S とした同様の証明によって）S は $\mathscr{P}(S)$ の部分集合と同じ大きさである．したがって，S は，S の部分集合 $\mathscr{P}(S)$ の部分集合と同じ大きさである．すると，第 2 章の問題 17 によって，S は $\mathscr{P}(S)$ と同じ大きさになるが，これはカントルの定理に反する．

もう一つは，有名なラッセルのパラドックスである．（ツェルメロもこれを独立に発見した．）集合は，それ自体の元でなければ**普通**と呼び，それ自体の元であれば**特異**と呼ぶ．特異な集合が存在するかどうかわからないが，普通の集合はあきらかに存在する．M をすべての普通の集合からなる集合とする．M は普通の集合なのか，あるいは，そうではないのか．いずれの場合にも矛盾が生じる．M は普通の集合であるとしよう．このとき，M は**すべて**の普通の集合からなる M に属するが，これは定義によって特異な集合である．すなわち，M が普通の集合だという仮定からは矛盾が生じた．一方，M は特異な集合であるとしよう．これは，M がそれ自体の元であること，すなわち，M は M に属することを意味する．しかし，集合 M に属する集合は普通の集合だけである．これで，またしても矛盾が生じた．

後に，ラッセルはこのパラドックスをわかりやすくしたものを作った．ある街の床屋の男性は，その街の自分で髭を剃らない男性全員，そして，そのような男性だけの髭を剃る．したがって，この街の男性が自分で髭を剃らないならば，この床屋がその男性の髭を剃り，この街の男性が自分で髭を剃るならば，この床屋はその男性の髭を剃らない．それでは，この床屋は自分の髭を剃るか剃らないか，どちらだろう．この床屋が自分の髭を剃るならば，彼は自分で髭を剃る男性の髭を剃ることなるが，この床屋はそうはしないことになっている．この床屋が自分の髭を剃らないならば，彼は自分で髭を剃らない男性の髭を剃らないことになり，彼が自分で髭を剃らない男性全員の髭を剃るという与えられた条件に反する．こうして，いずれにしても矛盾が生じてしまう．

問題 1　この床屋のパラドックスは，実はきわめて単純に解決できる．それはどのようなものか．

床屋のパラドックスについて非常に愉快な出来事を話しておかなければならない．このパラドックスをすばらしいユーモアのセンスをもつ友人に話したら，その友人はこう言った．「その床屋は，おそらく隣町に住む兄弟の家に行って，自分の髭を剃ったんでしょうね」

集合の概念を伴わないラッセルのパラドックスの変形はいくつかある．たとえば，形容詞は，それが記述している性質をそれ自体がもつならば，自己記述的といい，そうでなければ非自己記述的という．たとえば，形容詞「多音節的（polysyllabic）」はそれ自体が多音節的であり，したがって，自己記述的である．一方，形容詞「単音節的（monosyllabic）」は単音節的でなく，したがって，非自己記述的である．それでは，形容詞「非自己記述的」はどうだろう．これは非自己記述的だろうか，それとも自己記述的だろうか．いずれにしても，矛盾が生じてしまう．

また，ベリーのパラドックスというのもある．次の記述を考えてみよう．（ここで，「数」というのは，「自然数」を意味する．）

17 文字以下で記述できない最小の数

この記述は17文字しか使っていない．

問題2　ベリーのパラドックスはどのように解決すればよいだろうか．

ここで，最近思いついた楽しいパラドックスを話しておきたい．無限に多くのページがあり，それぞれのページには自然数の集合を定める記述が書かれているような本（第1章 カントルの大発見）に立ち戻ろう．普通の数（数 n で n ページ目の記述によって定まる集合に属さないもの）の集合は，どのページの記述によって定まる集合にもなりえないことを思い出そう．しかし，ここで，あるページ，たとえば，13ページに「すべての普通の数からなる集合」と書かれていたとしよう．13は普通の数だろうか．13が普通の数だとしたら，それは普通の数すべての集合に属しているが，その集合は13ページの記述によって定まる集合であり，このことによって13は特異な数になってしまう．13が特異な数だとしたら，定義によって，13は13ページの記述によって定まる集合の元であるが，その集合は普通の数すべての集合であり，それゆえ，13は普通の数でなければならない．いずれにしても，矛盾が生じてしまった．

問題3　このパラドックスをどう解決すればよいだろうか．

ハイパーゲーム

1987年に，数学者ウィリアム・ツヴィッカーは「ハイパーゲーム」と呼ばれるすばらしいパラドックスを発表した．後に，ツヴィッカーはこれをカントルの定理の興味深くまったく新しい証明に仕立て上げた．

二人で対戦するゲームだけを考える．ゲームは，有限の手数で必ず終了するならば，**正常**という．たとえば，3目並べは，あきらかに正常である．チェスも，競技会規則で対戦すれば，正常なゲームである．ここで，**ハイパーゲーム**というのは次のようなものだ．ハイパーゲームの第1手は，どの正常なゲームで対戦するかを選ぶことである．たとえば，私とあなたがハイパーゲームで対戦していて，私が先手だとしよう．このとき，私は，どの正常なゲームで対戦するかを宣言しなければならない．私が「チェスで対戦しよう」と言ったとすると，チェスであなたが先手となり，チェスのゲームで終了するまで対戦を続ける．あるいは，私が「三目並べで対戦しよう」と言ったとすると，あなたは三目並べの先手を打つ．私は，**正常**なゲームならばどんなゲームを選んでもよいが，正常でないゲームを選ぶことは許されていない．そして，後手は，先手が選んだゲームの先手になり，二人は正常なゲームで対戦をするので，そのゲームはいつかは終了しなければならない．これが，ハイパーゲームの規則についてのすべてである．

ここで，ハイパーゲームは正常なゲームかというのが問題である．まず，ハイパーゲームは正常でなければならないことを証明しよう．先手はある正常なゲームを選ばなければならない．この正常なゲームは，n をある正整数として，n 手のうちに終了する．したがって，このハイパーゲームは，$n+1$ 手で終了する．すなわち，ハイパーゲームは正常でなければならない．これでハイパーゲームが正常なゲームだと立証されたので，私が先手として「ハイパーゲームで対戦しよう」と言う状況を考えてみよう．このとき，あなたは，ハイパーゲームの先手として，「ハイパーゲームで対戦しよう」と言うかもしれない．すると，私は，「ハイパーゲームで対戦しよう」と言うことができ，これが限りなく続く．このゲームはけっして終了しないので，ハイパーゲームは正常なゲームではないことが証明できた．すなわち，ハイパーゲームは，正常なゲームであり，正常なゲームではないのだ．これはパラドックスである．

問題 4　このパラドックスをどのようにして解決すればよいのか．

ある人がかつてこう言ったことがある．「パラドックスは，注意を引くために逆立ちをした真理である」たしかに，ツヴィッカーは，ハイパーゲームの中から，次のようなカントルの定理の驚くべき別証明を取り出してみせた．

ふたたび，無限集合 A と，A とそのべき集合 $\mathscr{P}(A)$ の間の 1 対 1 対応で A のそれぞれの元 x に対して A の部分集合を割り当てるものを考えよう．この x に割り当てられた A の部分集合を S_x と表記する．問題は，A の部分集合 S で，どの S_x とも異なるものがあるのを示すことである．カントルの集合 S は，A の普通の元すべて（x が S_x の元でないような元 x すべて）からなる集合である．ツヴィッカーは，そのような集合 S で，カントルの集合とはまったく異なるものを作ってみせたのだ．その集合は次のように作られる．

道とは，次のようにして作られる有限列または無限列のことである．A の

任意の元 x から始め，集合 S_x に進む．S_x が空集合ならば，この道はこれで終わりである．S_x が空集合でないならば，S_x からある元 y を選び，集合 S_y に進む．S_y が空集合ならば，この道はこれで終わりである．S_y が空集合でなければ，S_y からある元 z を選び，というように続ける．そして，いつかは空集合に達するか，そうでなければ果てしなく道は伸び続ける．ここで，A の元 x は，x から始まる**すべて**の道が有限，すなわち，x から始まるすべての道が空集合で終わるならば，**正常**と定義する．

そして，ツヴィッカーが証明したように（そして，その証明はそれほど難しくない），A のすべての**正常**な元からなる集合 M は，どの x に対しても S_x には一致しないのである．

問題5　これを証明せよ．

前に述べたように，ラッセルのパラドックスを一般の人にもわかりやすくした床屋のパラドックスの解決は，きわめて単純である．そのような床屋は存在しえないのである．しかし，ラッセルのパラドックスは，はるかに深刻である．提案されているその対処法を論じる前に，問題3の私のパラドックス，すなわち，本のあるページに「すべての普通の数からなる集合」と書かれているというパラドックスの楽しい（そして悩ましい）変形を紹介したい．このパラドックスは，この本に「すべての普通の数からなる集合」と書かれていると，それは真正な記述ではなく，擬似記述にすぎないということで解決した．ここで，さらに話を複雑にするために，無限に多くのページをもつまた別の本を考える．しかし，今度は，それぞれのページに書かれているのは，真正な記述か擬似記述のいずれかである．そして，次のような記述を考えてみよう．

n ページ目の記述は，
真正でないか，または，
真正であってその記述によって定まる集合に n が属さないような，
すべての数 n からなる集合

S を，この記述によって定まる集合とする．任意の n に対して，n ページ目の記述が真正でないならば，n は自動的に集合 S に属する．n ページ目の記述が真正であれば，n が S に属するのは，n が n ページ目の記述によって定まる集合に属さないとき，そしてそのときに限る．

したがって，この記述は，それぞれの n に対して n が集合 S に属するかどうかを規定している．すなわち，この記述は真正に違いない．ここまでは，いいだろうか．それでは，この記述が 23 ページに書かれていたとしよう．このとき，何が起こるだろうか．

問題 6　このパラドックスからどうやって抜け出せばよいだろうか．

集合論の二つの体系

集合論のパラドックスに話を戻すと，それらに対して提案された解決法は，集合論の二つの重要な体系につながった．その二つとは，型理論と，のちにフレンケルにより拡張されたツェルメロによる集合論の体系である．

型理論は，バートランド・ラッセルとアルフレッド・ノース・ホワイトヘッドによる不朽の 3 巻本『プリンキピア・マテマティカ』[32] で詳しく述べられた．型理論では，それぞれは必ずしも集合ではない個々の要素からなる集合から出発する．これらの要素は，型 0 に分類される．型 0 の要素からなる任意の集合は型 1 の集合と呼ばれる．型 1 の集合からなる任意の集合は型 2 の集合と呼ばれるというように，どこまでも続く．任意の n に対して，型 n の集合からなる集合はすべて型 $n+1$ の集合である．すべての集合の集合というようなものはない．その代わりに，それぞれの n に対して，型 n のすべての集合からなる集合がある．（これはもちろん型 $n+1$ である）この体系においては，ラッセルのパラドックスは述べることさえできない．なぜなら，この体系では，すべての普通の集合からなる集合といったものはないからである．（もちろん，この体系において，すべての集合は普通である．なぜなら，任意の集合 S はある型 n であり，したがって，型 $n+1$ の集合の元にしかなりえず，それ自体が型 n である S の元にはなりえないからである．）

エルンスト・ツェルメロは，型理論とはまったく異なり，それほど複雑ではないアプローチをとった．それは，ゴットローブ・フレーゲの初期の体系の上に構築されたもので，まず，このフレーゲの体系を論じなければならない．

フレーゲの体系で鍵となる公理は，与えられた任意の性質に対して，その性質をもつすべてのものからなる集合が存在するというものだ．この原理は，**内包公理**として知られていて，これがまさにラッセルのパラドックスという矛盾を導くのである．なぜなら，この原理をそれ自体の元ではないという集合の性質に適用すると，すべての普通の集合からなる集合の存在がえられ，すでにみたようにこれから矛盾が生じる．

悲しいことに，フレーゲが集合論に関する素晴らしい成果を完成させた後に，ラッセルがフレーゲの体系に矛盾を発見し知らせてきた．フレーゲは，ラッセルの発見にすっかり意気消沈し，彼の体系全体が完全な失敗だと考えた．実際には，彼の悲観的な見方はいきすぎたものだった．なぜなら，彼のほかの公理はすべてきわめて妥当であり，今日の数学的体系においても非常に重要だからである．修正が必要だったのは内包公理だけであり，それはツェルメロによって修正された．ツェルメロは，内包公理を次の公理に置き換えた．

Z_0（**分出公理（制限された内包公理）**）　任意の性質 P と任意の集合 S に対して，性質 P をもつ S の**元すべてからなる集合**が存在する．

こう修正すると，どんな矛盾も生じないようにみえる．

ツェルメロの体系のそのほかの公理をいくつか見てみよう．

Z_1（**空集合の存在**）　まったく元を含まない集合が存在する．

ツェルメロのそのほかの公理を述べる前に，Z_1 にまつわる愉快な出来事をお話ししよう．大学院生のとき，私は集合論の講義をとっていた．その教授が公理を説明しようとしたとき，最初の公理が空集合の存在であった．そのとき，生意気な学生だった私は，手をあげてこう言った．「空集合は存在しなければならない．なぜなら，空集合が存在しないとしたら，すべての空集合からなる集合は空集合になってしまい，矛盾してしまうからである」そのとき，教授は，いくつかの公理を使わなければ，すべての空集合からなる集合の存在を証明することはできない，実際には，どんな集合の存在も証明することはできないと説明した．実際，教授の言うことは正しい．ただ興味深いのは，Z_1 の代わりに，「ある集合が存在する」という公理をツェルメロが採用したとしても，そこから（分出公理 Z_0 によって）空集合の存在が導けるということだ．

問題7　なぜ，空集合の存在が導けるのだろうか．

次の公理もツェルメロの体系の公理である．

Z_2（**対の公理**）任意の集合 x と y の対に対して，x と y を元にもつ集合が存在する．

問題8　任意の集合 x と y に対して，元が x と y だけの集合が存在することを証明せよ．（この集合を，$\{x, y\}$ と表記する．）

問題9　任意の集合 x に対して，元が x だけの集合（$\{x\}$ と表記する）が存在することを証明せよ．（そのような集合は，**単元集合**（**シングルトン**，**1元集合**）と呼ばれる．）

公理 Z_0, Z_1, Z_2 だけから導くことのできる興味深いことがいくつかある．その一つは，自然数のモデルが得られることだ．ツェルメロは，0として空集合を用いた．そして，1として，$\{0\}$，すなわち，空集合だけを要素とする集合を，2として，$\{1\}$（これは $\{\{0\}\}$ である），3として $\{2\}$（これは $\{\{\{0\}\}\}$ である）というように続く．したがって，それぞれの自然数 n に対して，数 $n+1$ は単元集合 $\{n\}$ になる．すなわち，n は，n 重の中括弧で囲んだ0によって表記される．

のちに，ジョン・フォン・ノイマンは，ツェルメロの自然数の構成法を修正し，それが今日使われている体系である．フォン・ノイマンは，それぞれの自然数がそれよりも小さい自然数すべての集合になるように，自然数を定義した．したがって，0は空集合，1は（ツェルメロと同じく）集合 $\{0\}$ だが，2は集合 $\{0, 1\}$（これは0と1だけを元とする集合），3は集合 $\{0, 1, 2\}$，$\cdots$，$n+1$ は集合 $\{0, 1, \cdots, n\}$ になる．フォン・ノイマンの体系がもつ技術的に使いやすい性質は，それぞれの自然数 n はちょうど n 個の元からなることである．（これに対して，ツェルメロの体系では，0には元がないが，それぞれの正の n に対しては，数 n の元は数 $n-1$ の一つだけである．）しかしながら，さらに重要なことは，フォン・ノイマンによる自然数の定義は，**無限**序数の定義にまで簡単に拡張されるという事実である．無限序数は，集合論で重要な役割を演じる．

問題の解答

問題 1　私があなたに「背が 6 フィートよりも高く，かつ，背が 6 フィートよりも低い人がいる」と言ったとしよう．あなたは，これをどのように説明するだろうか．

もっともな答えは，私は勘違いをしているか，嘘をついているにちがいないというものだ．あきらかに，こんな人がいるわけがない．同じように，与えられた床屋についての矛盾する情報に基づけば，そのような床屋は存在しえない．したがって，「そのような床屋はいない」というのが，このパラドックスの答えである．

問題 2　**記述可能**という概念がきちんと定義されていないというのが答えである．

問題 3　あるページ，たとえば 13 ページに，この「記述」といわれるものが書かれているならば，その「記述」によって定まる集合はきちんと定義されていないというのが答えだ．なぜなら，その「記述」は，13 がその集合に属するかどうかについて矛盾した情報を提供するからである．すなわち，この「記述」は真正な記述ではなく，**擬似記述**と呼ばれるものである．

奇妙で興味深いことに，同じ記述がこの本のいずれかのページに書かれているのでなければ，この「記述」は真正な記述であるということだ．しかし，この本のあるページに書かれていると，擬似記述になってしまう．

問題 4　ハイパーゲームがきちんと定義されているとしたら，矛盾が生じる．したがって，ハイパーゲームはきちんと定義されていない．もちろん，ハイパーゲームを含まないゲームの集合が与えられたとき，**その集合に対する**ハイパーゲームはきちんと定義できる．しかし，ハイパーゲームをすでに含んでいる集合に対するハイパーゲームは，きちんと定義できないのだ．

問題 5　A と $\mathscr{P}(A)$ の間の 1 対 1 対応において，A の元 a に対応する S_a が，すべての正常な元からなる集合であるとしよう．まず，S_a は空集合 $\emptyset$ とはなりえないことがわかる．もし S_a が空集合だとしたら，a から始まる道には要素が一つしかなく，具体的には，a だけからなる道であり，その道は直ちに終了する．したがって，a は正常でなければならない．しかし，a は正常にはなりえない．なぜなら，正常な元は空集合である S_a に属していることになるが，空集合に属する元はないからである．したがって，S_a が空集合であるという仮定からは矛盾が生じた．

一方，S_a が空集合でないならば，この場合も a は正常でなければならない．なぜなら，a から始まる任意の道において，その道の次の項は S_a の元 a_1 でなければならず，（S_a の元はすべて正常であると仮定しているので）a_1 は正常でなければならないからである．すなわち，a_1 から始まるすべての道は終了し，したがって，a 自体も正常でなければならない．a は正常なので，a は S_a の元でなければならない．（A の正常な元はすべて S_a に属するからである．）すると，$a, a, a, \cdots, a, \cdots$ という無限の道を構成することができるが，これは a が正常ではないということだ．結果として，S_a はすべての正常な元からなる集合とはなりえず，それは，A のすべての正常な元からなる A の部分集合（すなわち，$\mathscr{P}(A)$ の元）に対応する $a \in A$ はないというのと同じことである．すべての正常な元からなる集合は A の部分集合としてきちんと定義されているので，A と A のべき集合 $\mathscr{P}(A)$ 全体は 1 対 1 対応しえない．これで，任意の集合 A に対するカントルの定理が証明できた．

問題 6　真正な記述の概念そのものがきちんと定義されていないというのが答えである．

問題 7　P をどのような集合 x に対してもけっして成り立たない性質（たとえば $x \neq x$）とする．ある集合 S の存在を仮定すると，分出公理によって，この性質 P をもつ S のすべての元からなる集合が存在する．そして，その集合は空集合である．

問題 8　x と y を元にもつ集合 S の存在が与えられたとき，分出公理によって，$z = x$ または $z = y$ となる S のすべての元 z からなる集合が存在する．この集合が $\{x, y\}$ である．

問題 9　x と y を元にもつ集合 S が与えられたとき，$z = x$ となる S のすべての元 z からなる集合が存在する．この集合が $\{x\}$ である．あるいは，この集合の存在は，x と y を同じ元とすることによって前問から導くこともできる．

第 4 章

数学の基礎知識

数理論理学の主題に本格的に取り組む前に，基本的な数学の話題を順を追ってもう少し見ておこう．

関係と関数

x と y だけを元とする集合を，$\{x, y\}$ と表記する．x と y の**順序**は重要ではない．すなわち，集合 $\{x, y\}$ は集合 $\{y, x\}$ と同じものである．これとは対照的な，x と y を二つの元とする**順序対** (x, y) の概念も必要になる．（中括弧ではなく丸括弧を使うことに注意せよ．）この順序対の **1 番目**の元として x が指定され，この順序対の **2 番目**の元として y が指定されている．このとき，元の順序は重要である．一般に，順序対 (x, y) は，(y, x) と**区別**される．（実際，この二つの順序対は，x と y が同一の元であるときだけ同じになる．）

状況は，3 個以上の元の場合も同様である．集合 $\{x, y, z\}$ は，x, y, z を元とするが，その順序は気にしない．しかし，**三つ組** (x, y, z) では，元の順序は重要である．（この場合も，中括弧ではなく丸括弧を用いる．）x, y, z は，三つ組のそれぞれ 1 番目，2 番目，3 番目の元として指定される．

つぎに，**2 項**関係 R，すなわち，二つの元 x と y の間の関係（「x は y を愛す」や「x は y よりも大きい」や「$x = y + 1$」や「$x = y^2$」など）を考えよう．この関係 R は，順序対の一意な集合を定める．具体的には，順序対 (x, y) で，x が y と R の関係にあるようなものすべての集合である．$R(x, y)$ と書いたときには，x が y と R の関係にあることを意味する．場合によっては，$R(x,y)$ を xRy と書くこともある．たとえば，二つの数の間の「より小さい」という関係は，$<(x,y)$ ではなく，$x<y$ と書く．また，等しいという関係 $=$ も，$=(x,y)$ ではなく，$x=y$ と書く．

集合論の現代的な取扱いの多くでは，2 項関係 R を，x が y と R の関係にあるような順序対 (x,y) すべての集合と同一視する．本書でも，このように扱う場合がある．

3 項関係 R（次数 3 の関係ともいう）については，$R(x,y,z)$ と書くと，R という関係にある三つ組 (x,y,z) を意味する．この場合も，3 項関係 R を，R の関係にあるすべての三つ組の集合と同一視することがある．n 項関係，すなわち，n 次の関係についても，同様である．三つ組 (x,y,z) は，3 個組と呼ぶこともあり，同様に $(x_1,x_2,\cdots,x_n)$ は n 個組と呼ぶことがある．

◉関数

1 引数の関数 f とは，ある集合 S_1 のそれぞれの元 x に対してある集合 S_2 の中で $f(x)$ によって指示される一意な元を対応させる対応付けのことである．多くの場合，集合 S_1 と S_2 は同一である．S_1 と S_2 がそれぞれ自然数の集合である関数の例として，$f(x)=x+5$ や，$f(x)=x^2$ や，$f(x)$ は x より大きい最初の素数に等しい（この場合，$f(8)=11$，$f(12)=17$ である）などがある．

また，数値関数 f は，入力として数 x を与えると $f(x)$ によって指示される数を出力する計算機械と考えてもよい．

集合論の現代的な取扱いでは，1 引数の関数 f は，単一の値をもつ関係，すなわち，それぞれの x に対して，(x,y) がその関係にあるような y は一つそして一つだけである関係である．この一意な y を $f(x)$ と表記する．

さらに一般的には，任意の正整数 n に対して，n 引数の関数 f は，ある集合の元のそれぞれの n 個組 $(x_1,x_2,\cdots,x_n)$ に別の集合の一意な元を割り当てる対応である．この一意な元を $f(x_1,x_2,\cdots,x_n)$ と表記する．

2 引数の関数を，xfy と書く場合もある．たとえば，自然数の加法関数は，$+(x,y)$ ではなく $x+y$ と書くし，掛け算や引き算も同様である．

数学的帰納法

この重要な原理を説明する前に，こんな話はどうだろうか．ある男が永遠の命を求めていた．彼は不老不死を主題とした超自然的な力に関するありとあらゆる本を調べたが，永遠に生きるための**具体的**な方法はどの本にも書かれていなかった．あるとき，東洋に偉大な賢者がいて，永遠の命に関する本当の秘密を知っているという話を耳にした．男は 12 年をかけてこの賢者を見つけ出し，そして「本当に永遠に生きることはできるのか」と賢者に問うた．「それは極めて簡単なことだ」と賢者は答えた．「二つのことをしさえすればな」「その二つとは？」 はやる思いで男は尋ねた．「一つ目は，今後は常に本当の事だけを言い続けねばならぬ．すなわち，けっして偽な発言をしてはならぬ．これは，永遠の命を得るためのわずかな代償だ．よいか」「もちろん」と男は答えた．「そして，二つ目は？」「二つ目は」と賢者は言った．「ここで，『私はこの発言を明日も繰り返す』と言うのだ．この二つのことを行うならば，お前に永遠の命を保証しよう」

男は，しばらく考えた後でこう言った．「実際，今日，『私はこの発言を明日も繰り返す』と正直に言えば，明日もふたたびそれを言うことになるだろう．そして，また明後日も，明々後日も，これを繰り返す．しかし，このやり方は現実的ではない．私が明日生きているかどうか確かではないのに，明日この発言を繰り返すというのが正直な発言であることをどうして確信できるだろうか．あなたの方法はまったく非現実的だ」

「なんと」と賢者は言った．「**現実的**な解決策を所望か．わしは理論が専門じゃ」

つぎは，これに関連したパズルである．すべての住民は T 型と F 型という 2 種類の型のいずれかである，という地を訪ねてみよう．T 型の住民は真な発言しかしない．彼らの言うことはすべて真なのである．F 型の住民は偽な発言しかしない．彼らの言うことはすべて偽なのである．（私の多くのパズル本では，T 型の住民を**騎士**と呼び，F 型の住民を**悪漢**と呼んだ．） ある日，その住民の一人がこう言った．「私が今言っていることを私が言ったのは，これが最初ではない」

問題 1　このように言った住民はどちらの型だろうか．彼は T 型か，それともF型か.

この話とパズルはともに数学的帰納法の原理を説明している. また, 次のような説明もある. ある惑星では今日は雨が降っていて, 雨が降ったどの日についてもその翌日は雨が降ること, すなわち, ある日に雨が降ってその翌日には雨が降らないことはけっしてない, と言ったとしよう. このことから, この惑星では, 最初に雨が降った日以降は毎日雨が降ることになるのは, あきらかではないか.

数学的帰納法の原理は, ある性質が数 0 に対して成り立ち, また, その性質は任意の数 n に対して成り立つが $n+1$ に対して成り立たないということはけっしてないならば, その性質はすべての自然数に対して成り立つというものだ.

また, 楽しくて気の利いたひねりを加えた別の説明もある. 私たちはみな不死だとして, 牛乳屋が家まで牛乳を配達し, 主婦は牛乳屋にどうしてほしいかを書いたメモ書きを残すような古き良き時代に生きていると想像してほしい. ある主婦は, 次のようなメモ書きを残したとしよう.

ある日に牛乳を置いていったら,
必ずその翌日も牛乳を置いていってください

何日かが過ぎたある日, 主婦は牛乳屋に会い, なぜ私の指示に従わないのかと問い詰めた. 牛乳屋は, こう答えた.「私は, あなたの指示にけっして背いてませんよ. 実質的にあなたの指示は, どの日も, 次の日に牛乳を置くことなしに, 牛乳を置くことはするなというものです. 私が牛乳を置いていった翌日に牛乳を置いていかなかったことなどありません. 私が牛乳を置いていったことはまったくないし, 私に牛乳を置いていけとあなたが言ったこともありませんよ」

間違いなく牛乳屋は正しい. 単に, 主婦のメモ書きでは不十分だったのだ. 主婦は, 次のようにメモを書くべきだったのだ.

（1）　**ある日に牛乳を置いていったら, その翌日も必ず牛乳を置いていってください**
（2）　**今日は, 牛乳を置いていってください**

このメモ書きであれば，牛乳を永久に配達してもらうことが実際に保証されただろう．

この話を友人の計算機科学者アラン・トリッターに話したところ，トリッターは次の見事な別解を教えてくれた．これは，**チューリング機械**と呼ぶこともできる**再帰的**手法の一例になっている．トリッターのメモ書きは，ただ一つの文だけである．

今日，牛乳を置いていって，そして明日もこのメモ書きを読むこと

◉完全帰納法

数学的帰納法の原理の変形の一つとして，次のような**完全数学的帰納法**の原理がある．自然数の性質 P が，すべての自然数 n において，P が n より小さいすべての自然数に対して成り立つならば n に対しても成り立つという条件を満たすとしよう．このとき，P はすべての自然数に対して成り立つことが結論できる．

問題 2　(a) 数学的帰納法の原理を用いて，完全数学的帰納法の原理を証明せよ．(b) 逆に，数学的帰納法の原理は，完全数学的帰納法の原理から論理的に導かれることを示せ．

◉最小数原理

とくに断らない限り，「数」は**自然数**を意味するものとする．

最小数原理とは，すべての空でない（自然）数の集合には最小数があるというものだ．

この原理は，互いに一方からもう一方を導くことができるという意味で，数学的帰納法の原理と同値である．

問題 3　(a)（多くの数学的体系ではそうであるように）数学的帰納法の原理を公理としたとき，最小数原理を証明せよ．(b) 逆に，最小数原理を公理として，数学的帰納法の原理を証明せよ．

有限降下原理

ある性質 P が，任意の自然数 n において，n に対して P が成り立つならば n よりも小さいある自然数に対しても P が成り立つとする．すると，P はどの自然数に対しても成り立たなくなるのだ．この原理は，**有限降下原理**として知られている．

問題 4　有限降下原理は数学的帰納法の原理と同値であることを示せ．

◉限定的な数学的帰納法

問題 5　P を，自然数 n に対して次の二つの条件が成り立つような性質とする．

（1）　0 に対して P は成り立つ．

（2）　n よりも小さい任意の数 x において，P が x に対して成り立つならば $x+1$ に対しても成り立つ．

このとき，数学的帰納法を用いて，n 以下のすべての数に対して P が成り立つことを証明せよ．

もちろん，1 に対してある性質 P が成り立ち，すべての正整数 n において，P が n に対して成り立つならば $n+1$ に対しても成り立つとき，この二つの事実からすべての正整数に対して P が成り立つという正整数に対する数学的帰納法の原理もある．

◉気の利いたパラドックス

数学的帰納法を用いて，有限個のビリヤードの玉の集合が与えられたとき，それらはすべて同じ色でなければならないことを証明しよう．その証明は次のとおりである．任意の正整数 n に対して，$P(n)$ を，n 個の玉の**どのような**集合においてもその玉はすべて同じ色になるという性質とする．

あきらかに，与えられた玉の集合にただ一つの玉しか含まれなければ，（その集合の元はただ一つしかないのだから）その集合に含まれるすべての玉は同じ色である．したがって，$P(1)$ は真であり，「数 1 に対して P は成り立つ」といってよい．つぎに，任意の n において，$P(n)$ が成り立てば $P(n+$

1) が成り立つことを示す必要がある．そこで，n を $P(n)$ が成り立つような数とする．ここで，$n+1$ 個の玉の集合を考える．その玉に 1 から $n+1$ まで番号をつける．

$$\begin{array}{cccccc} \circ & \circ & \cdots & \circ & \circ \\ 1 & 2 & \cdots & n & n+1 \end{array}$$

（$P(n)$ が成り立つ，すなわち，どんな n 個の玉の集合に対してもその集合に含まれる玉は同じ色であるという仮定から）1 から n までの玉は同じ色である．同様にして，2 から $n+1$ までの玉も同じ色である．したがって，玉 $n+1$ は玉 2 と同じ色であり，それは 1 から n までの玉と同じ色ということだ．つまり，$n+1$ 個の玉はすべて同じ色であり，これで $P(n+1)$ の成り立つことが証明できた．こうして，$P(1)$ が証明でき，すべての n に対して $P(n)$ から $P(n+1)$ を導くことができたので，数学的帰納法により，すべての正整数 n に対して $P(n)$ が成り立つ．

問題 6　この証明のどこが間違っているのだろうか．

練習問題 1　自然数の集合に関する性質 Q が，次の二つの条件を満たすとする．

（1）　空集合に対して Q は成り立つ．

（2）　任意の有限集合 A と A に含まれない任意の数 n において，A に対して Q が成り立つならば（A のすべての元と n を合わせた集合である）$A \cup \{n\}$ に対しても Q が成り立つ．

自然数のすべての有限集合に対して Q が成り立つことを証明せよ．（ヒント：$P(n)$ を，元が n 個のすべての集合は性質 Q をもつということと定義する．このとき，数学的帰納法を用いて，すべての自然数 x に対して $P(x)$ が成り立つことを示せ．）

練習問題 2　第 2 章では，証明はせずに，どんな有限集合も，その真部分集合と 1 対 1 対応させることはできないと述べた．集合の要素数に関する数学的帰納法を用いて，これを証明せよ．

次の二つの問題は，本書のこの後で必要にはならないが，これだけでも興味を引くものである（ことを願う）．

問題 7（帰納法の中の帰納法）（自然）数の間の次のような関係 $R(x,y)$ を考える.

（1） すべての数 n に対して $R(n,0)$ と $R(0,n)$ が成り立つ.

（2） すべての数 x と y に対して, $R(x,y+1)$ かつ $R(x+1,y)$ ならば, $R(x+1,y+1)$ となる.

このとき, すべての x と y に対して $R(x,y)$ が成り立つことを証明せよ.（ヒント：すべての x に対して $R(x,y)$ が成り立つ数 y を**特別**な数と呼ぶ. 帰納法によって, すべての y が特別であることを証明せよ.（y の場合を仮定して $y+1$ の場合を証明するときに, 別の帰納法が必要になる.））

問題 8（別の二重帰納法原理） 今度は, 次の二つの条件を満たす関係 $R(x,y)$ が与えられている.

（1） すべての x に対して $R(x,0)$ が成り立つ.

（2） すべての x と y に対して, $R(x,y)$ かつ $R(y,x)$ ならば, $R(x,y+1)$ となる.

このとき, すべての x と y に対して $R(x,y)$ が成り立つことを証明せよ.（ヒント：すべての y に対して $R(x,y)$ が成り立つような数 x を**左正規数**と呼び, すべての y に対して $R(y,x)$ が成り立つような数 x を**右正規数**と呼ぶ. まず, すべての右正規数は左正規数でもあることを示せ. つぎに, 帰納法によって, すべての数は右正規数である（したがって, 左正規数でもある）ことを示せ.）

ボールゲーム

処刑される場合を除いては誰もが不死であるような世界に私たちは生きていると想像してほしい. そこで, 次のようなゲームをすることが求められている. 無限に多くのビリヤードの玉があり, それぞれの玉には正整数が書かれている. それぞれの正整数 n に対して, n が書かれた玉は無限にある. ある箱に有限個のこのような玉が入っているが, その箱はいくらでも大きくでき無限の容量がある. 毎日, あなたはその箱から玉を 1 個取り出し（それを箱の中に戻してはならない）, 代わりにその玉よりも**小さい**数が書かれた**有限**個の玉を箱に入れる. たとえば, 47 と書かれた玉を一つ取り出して, 46

と書かれた100万個の玉を箱に入れてよい．箱が空になってしまったら，あなたは処刑される．

問題9　けっして処刑されないような戦略があるだろうか．それとも，遅かれ早かれ処刑されることは避けられないのだろうか．

ケーニヒの補題

数学者デネス・ケーニヒは，木と呼ばれる構造についての興味深い結果を述べ，そして証明した．この後でわかるように，木には，数理論理学において重要な応用がある．

木には，**起点**（根）と呼ばれる要素 a_0 があり，それは a_0 の**後者**と呼ばれる有限個（0個でもよい）または可算無限個の要素に接続し，またそのそれぞれの後者には有限個または可算無限個の後者があるというように続く．y が x の後者であれば，x は y の前者という．起点には前者がなく，木のそのほかのすべての要素は，それぞれただ一つの前者をもつ．木の要素のことを**点**と呼ぶ．後者をもたない要素を**終点**，それ以外の点を**結節点**と呼ぶ．木の起点は第0層にあり，その後者は第1層にあり，それら後者の後者は第2層にあるというように続く．すなわち，それぞれの数 n に対して，第 n 層にある点の後者は第 $n+1$ 層にある．木は，起点を一番上にして，下向きに伸びてゆくように表示される．木の**道**とは，起点から始まる点の有限列または可算無限列で，起点以外の項はそれぞれ直前の項の後者になっているものをいう．点が二つ以上の前者をもつことはできないので，任意の点 x に対して，x から起点 a_0 まで上る道はただ一つだけある．（そしてまた，起点 a_0 から点 x へと下る道も，ただ一つだけあることになる．）有限の道の最後の項が第 n 層にあるとき，その道の**長さ**は n になる．点 x の後者，その後者の後者，さらにその後者というように続けたものをあわせて，点 x の**子孫**という．すなわち，y が x の子孫であるのは，y への道が x を通るとき，そしてそのときに限る．

問題10　任意の正整数 n に対して，長さ n の道が少なくとも一つある（したがって，すべての層には少なくとも一つの道が通っている）とする．このとき，必然的に無限に長い道が少なくとも一つはなければならないといえるだろうか.

有限生成木

つぎのことに注意しよう. 木の点 x が有限個の後者 $x_1, \cdots, x_k$ だけをもち, x のそれぞれの後者の子孫が有限個だけならば, x の子孫は有限個だけである. なぜなら, n_1 を x_1 の子孫の個数, n_2 を x_2 の子孫の個数, $\cdots$, n_k を x_k の子孫の個数とすると, x の子孫の個数は $k + n_1 + \cdots + n_k$ であり有限だからである.

木は, それぞれの点の後者が有限個だけ（しかし, それでも無限個の子孫をもつかもしれない）ならば, **有限生成**という.

問題 11　木が有限生成であるとする.

（a）　このことから, 必然的に, それぞれの層には有限個の点しか含まれないといえるだろうか.

（b）　次の二つの主張のうち, どちらかがもう一方を含意するだろうか.

（1）　それぞれの n に対して, 長さ n の道が少なくとも一つある.

（2）　この木には無限個の点がある.

さて, 問題 9 の解答において, それぞれの正整数 n に対して長さ n の道があるが, 無限の道はないような木の例を示した. もちろん, その木は有限生成ではない. なぜなら, その起点は無限個の後者をもつからである. 有限生成木の場合には, 状況はかなり違ってくる.

ケーニヒの補題　無限個の点をもつ有限生成木には無限の道がなければならない.

問題 12　ケーニヒの補題を証明せよ.（ヒント：点 x の後者が有限個だけで, そのそれぞれの後者の子孫も有限個だけならば, x の子孫は有限個だけであることを思い出そう.）

木は, 有限個の点だけをもつならば, **有限**という.（**有限生成**と混同しないように.）

ドイツの数学者 L・E・J・ブラウワー [3] による次の結果は, ケーニヒの補題に密接に関連する.

扇定理　木が有限生成ですべての道が有限ならば，木全体は有限である．

問題 13　扇定理を証明せよ．

考察　ブラウワーの扇定理は，実際には，ケーニヒの補題の**対偶**である．（含意「p ならば q」の対偶は，「q でないならば，p でない」という命題である．）本書で用いている論理は**古典**論理として知られているもので，そこでは，どんな含意もその対偶と同値になることが定番である．**直観主義論理**として知られている古典的論理よりも弱い体系があり，ブラウワーはその代表的な研究者である．その体系では必ずしもすべての含意がその対偶と同値であると示せるわけではない．とくに，直観主義論理では，扇定理を証明することができるが，ケーニヒの補題を証明することはできない．扇定理の別証明をこの後すぐに示す．その証明は，直観主義論理でも受け入れられるものである．残念ながら，ここでは直観主義論理についてこれ以上述べることはしない．

扇定理のうまい応用として，次の問題がある．

問題 14（ボールゲーム再考）　扇定理を用いると，ボールゲームの問題のとくに洗練された別解が得られる．少なくとも私の意見としては，その別解は，すでに示した数学的帰納法を用いる解よりもかなり美しい．それを見つけることができるだろうか．

一般帰納法

自然数についての結果である完全数学的帰納法の原理の，可算集合も含めた任意の集合への一般化は重要である．

任意の大きさの任意の集合 A と A の元の間の関係 $C(x,y)$ を考える．$C(x,y)$ は，「x は y の**構成要素**である」と読む．（**構成要素**の概念は，論理学，集合論，数論において多くの応用がある．集合論においては，集合の構成要素は集合の元である．数論における多くの応用においては，自然数 n の構成要素は n よりも小さい数である．また，別の応用では，$x+1=y$ ならば，x は y の構成要素である．数理論理学においては，論理式の構成要素は，いわゆる部分論理式である．）

集合 A の構成要素関係 $C(x,y)$ が与えられたときに，**降鎖**とは，A の元の有限列または可算列で，その列の先頭以外のそれぞれの項は，その直前の項の構成要素になっているものをいう．すなわち，降鎖は，任意の有限列 $(x_1, x_2 \cdots, x_n)$ または無限列 $(x_1, x_2, \cdots, x_n, \cdots)$ で，x_2 は x_1 の構成要素であり，x_3 は x_2 の構成要素である，というように続く．

◉一般帰納法の原理

集合 A の構成要素関係 $C(x,y)$ が与えられているとする．A のすべての元 x において，A の元の性質 P が x のすべての構成要素に対して成り立つならば x に対しても成り立つとき，P を**帰納的**という．x に構成要素がまったくないならば，P は x に対して自動的に成り立つと考える．なぜなら，P は x のすべての構成要素に対して成り立つが，その構成要素はまったくないからである．（空集合のすべての元についてのどのような主張も真になることを思い出そう．）

構成要素関係 $C(x,y)$ は，すべての帰納的関係 P が A のすべての元に対して成り立つならば，**一般帰納法の原理**に従うという．言い換えると，A のそれぞれの元 x に対する任意の性質 P が，x のすべての構成要素に対して成り立つならば x に対しても成り立つものであれば，A のすべての元に対して成り立たねばならないということである．

したがって，$C(x,y)$ が一般帰納法の原理に従うならば，任意の性質 P が A のすべての元に対して成り立つことを示すためには，A のすべての元 x について，P が x のすべての構成要素に対して成り立つならば x に対しても成り立つことを示せば十分である．

自然数に対する数学的帰納法の原理は，構成要素関係 $x + 1 = y$ が一般帰納法の原理に従うということであるのに注意しよう．自然数に対する完全数学的帰納法の原理は，構成要素関係 $x < y$（「x は y よりも小さい」）が一般帰納法の原理に従うということである．

次の基本定理が成り立つ．

一般帰納法の定理　集合 A における構成要素関係 $C(x,y)$ が一般帰納法の原理に従うための十分条件は，すべての降鎖が有限であることである．

したがって，すべての降鎖が有限ならば，A のすべての元に対して与えられた性質 P が成り立つことを示すには，A のすべての元 x について，P が x のすべての構成要素に対して成り立てば x に対しても成り立つことを示せば十分である．

問題 15　一般帰納法の定理を証明せよ．（ヒント：性質 P が帰納的ならば，任意の元 x に対して，x において P が成り立たないならば x の少なくとも一つの構成要素においても P は成り立たないということに注意せよ．）

◉木構造に対する帰納法

あきらかに，一般帰納法の定理は，無限個の点をもつ場合であっても，木に適用することができる．木のすべての道が有限ならば，与えられた性質 P が木のすべての点に対して成り立つことを示すためには，任意の点 x について，P が x のすべての後者に対して成り立つならば x に対しても成り立つことを示せば十分である．これは，一般帰納法の定理において，x の構成要素を x の後者とした特別な場合である．

問題 16　一般帰納法の定理は，扇定理の別証明（したがって，ケーニヒの補題の別証明）になっている．その理由を述べよ．

問題 17　また，一般帰納法の定理の逆も成り立つ．すなわち，構成要素関係が一般帰納法の原理に従うならば，すべての降鎖は有限でなければならない．これを証明せよ．

整礎な関係

一般帰納法の原理が，無限降鎖はないという条件と同値であることはすでに（問題 15 と 17 で）示した．そして，この二つは，次に考える興味深い 3 番目の条件とも同値である．

ふたたび，集合 A 上の構成要素関係 $C(x,y)$ を考える．A の任意の部分集合 S に対して，S の元 x は，その構成要素が S に属さなければ，**始元**と呼ぶ．関係 $C(x,y)$ は，A の空でないすべての部分集合が始元をもつならば，**整礎**という．

そして，素晴らしい結果は次の定理である．

定理　集合 A の任意の構成要素関係 $C(x,y)$ に対して，次の 3 条件は同値である．

（1）一般帰納法の原理が成り立つ．

（2）すべての降鎖は有限である．

（3）関係 $C(x,y)$ は整礎である．

問題 18　この定理を証明せよ．

コンパクト性

つぎに，数理論理学と集合論においてきわめて役立つ別の原理に取りかかろう．

可算無限の数の人がいる世界 V を考えよう．その人々は，さまざまなクラブを組織している．クラブ C は，ほかのどのクラブの**真部分集合**でもないならば，**極大**と呼ばれる．したがって，C が極大クラブならば，集合 C に一人でも追加した結果として得られる集合はクラブではない．

問題 19　（a）少なくとも一つのクラブがあると仮定すると，必然的に極大クラブがあることになるだろうか．（b）V にいる人々の数が可算無限ではなく有限だったとしよう．この場合には，(a)の答えは違ってくるだろうか．

問題 20　ふたたび，V には可算無限の数の人がいると考えよう．そして，人々の集合 S がクラブであるのは，S のすべての有限部分集合がクラブであるとき，そしてそのときに限るという追加の情報が与えられているものとする．このとき，少なくとも一つのクラブがあれば，極大クラブが存在することを導けるか．さらにいえば，すべてのクラブは極大クラブの部分集合であることを導けるか．問題はこれを証明することである．そのためは，次のような段階を踏むことが鍵となる．

（1）与えられた条件の下で，クラブのすべての部分集合はクラブであることを示せ．

（2）V には可算無限の数の人々がいるので，彼らを可算列 $x_0, x_1, \cdots, x_n, \cdots$ と並べることができる．ここで，存在する任意のクラブ C が与えられたときに，クラブの無限列 $C_0, C_1, C_2, \cdots, C_n, \cdots$ を次のように定義する．

（a）C_0 は C とする．

（b）C_0 に x_0 を加えた集合がクラブであれば，C_1 をそのクラブ $C_0 \cup \{x_0\}$ とする．そうでなければ，C_1 は C_0 そのものとする．つぎに，x_1 を考える．$C_1 \cup \{x_1\}$ がクラブであれば，C_2 はそのクラブとする．そうでなければ，C_2 は C_1 とする．このように順に続けて，すなわち，C_n がいったん定義されれば，集合 $C_n \cup \{x_n\}$ がクラブであれば C_{n+1} はその集合，そうでなければ C_{n+1} は C_n とする．あきらかに，それぞれの C_n はクラブである．

（c）ここで，C^* を，C と列 C_i のどれかで加えられた人すべての集合の和集合とする．これは，無限個のクラブ $C_0, C_1, C_2, \cdots, C_n, \cdots$ の少なくとも一つに属する人すべての集合と同じである．

このとき，C^* はクラブであり，実際には極大クラブであることを証明せよ．

つぎに，任意の可算集合 A と，A の部分集合の性質 P を考える．性質 P は，A の任意の部分集合 S について，S に対して P が成り立つのは S のすべての有限部分集合に対して P が成り立つとき，そしてそのときに限るならば，**コンパクト**と呼ばれる．また，A の部分集合の集まり Σ の元であるという性質がコンパクトならば，Σ はコンパクトと呼ばれる．これは，言い換えると，A の任意の部分集合 S に対して，S が Σ に属するのは，S のすべての有限部分集合が Σ に属するとき，そしてそのときに限るということである．Σ の**極大元**とは，Σ の元で，Σ のどの元の**真部分集合**でもないもののことである．

問題20では，可算無限の集合 V と**クラブ**と呼ばれる部分集合の集まりが与えられて，V の部分集合 S がクラブであるのは，S のすべての有限部分集合がクラブであるとき，そしてそのときに限ることが与えられた．言い換えると，クラブであるという性質は**コンパクト**であることが与えられた．そして，そこから，任意のクラブは極大クラブの部分集合であることを導くことができた．このように論証を進めることができるのは，なにも**クラブ**に関して特別なことがあるからではない．同じ考え方によって，次の定理が得られる．

可算コンパクト性定理　可算集合 A の部分集合に対する任意のコンパクトな性質 P において，A の任意の部分集合 S で性質 P をもつものは，性質 P をもつある極大集合の部分集合である．

注　実際には，可算コンパクト性定理は，A が可算集合でなくても（有限集合であっても無限集合であっても）成り立つが，本書では非可算無限集合に対するより高度な結果は必要としない．ここで与えた証明をわずかばかり修正すると V が有限の場合にもうまくいくことがわかるはずである．

◉考察

数理論理学では，記号からなる文の可算集合を扱い，そのある部分集合は矛盾していると見なす．本書で調べようとしている数理論理学では，有限個の文を用いた証明だけを考えているので，与えられた文の集合が矛盾していることの証明は，これらの文の集合の有限個の元だけを使う．したがって，可算集合 S のすべての有限部分集合が無矛盾であるとき，そしてそのときに限り，S は無矛盾と定義する．言い換えると，無矛盾性はコンパクトな性質であり，後ほどこの事実が非常に重要であることがわかる．

問題 21　集合の任意の性質 P と，任意の集合 S に対して，$P^*(S)$ を S のすべての有限部分集合が性質 P をもつことと定義する．このとき，P がコンパクトであるかどうかに関係なく，性質 P^* はコンパクトであることを証明せよ．

問題の解答

問題 1　この住民が T 型ならば，彼が言うように，以前に実際にこう言ったことあっただろう．そして，そう言ったその時にも彼は T 型であったろうから，その時よりも前にもそう言ったことがあっただろうし，したがって，その時よりも前に，とどこまでも続く．つまり，この住民は，過去に遡って無限に生きていたのでなければ，T 型にはなりえない．すなわち，彼は F 型である．

問題 2

（a）　数学的帰納法の原理が与えられたときに，完全数学的帰納法の原理を証明しなければならない．

すべての数 n に，n より小さいすべての数に対して P が成り立つならば，P は n に対しても成り立つような性質 P を考える．このとき，すべての数に対して P が成り立つことを示さなければならない．

ここで，0 よりも小さい自然数はないので，0 よりも小さい自然数の集合は空集合である．そして，空集合のすべての元に対して任意の性質は成り立つので，P は 0 よりも小さいすべての自然数について成り立つ．（なぜなら，そのような自然数はないからである．）したがって，完全数学的帰納法の帰納法の前提となる仮定（すなわち，P が n より小さいすべての数に対して成り立つならば，n に対しても成り立つ）によって，0 に対して P は成り立つ．つぎに，すべての n について，P が n に対して成り立つならば $n+1$ に対しても成り立つことを直接示すのは簡単ではないので，便利な仕掛けを使う．（性質 Q をもつ任意の数は性質 P ももつという意味で）P よりも強い性質 Q を考え，性質 Q に対して数学的帰納法を使う．すなわち，$Q(0)$（「0 は性質 Q をもつ」）と，すべての n に対して $Q(n)$ は $Q(n+1)$ を含意することを示す．実際には，$Q(n)$ は，n と n より小さいすべての数に対して P が成り立つことだと定義する．もちろん，$Q(n)$ は $P(n)$ を含意する．

Q は，0 よりも小さいすべての自然数に対して空虚に成り立つ．なぜなら，そのような自然数は存在しないからである．そして，すでにわかっているように，0 に対して P は成り立つので，0 に対して Q は成り立つ．つぎに，n に対して Q が成り立つとしよう．これは，n だけでなく，n よりも小さいすべての数に対しても P が成り立つことを意味する．それゆえ，$n+1$ よりも小さいすべての数に対して P は成り立つ．したがって，完全数学的帰納法の仮定によって，$n+1$ に対して P は成り立つ．すなわち，$n+1$ に対して P は成り立ち，また，$n+1$ より小さいすべての数に対しても P は成り立つ．これは，$n+1$ に対して Q が成り立つことを意味する．これで，Q が n に対して成り立てば，$n+1$ に対しても成り立つことが証明できた．したがって，数学的帰納法によって，すべての自然数に対して Q が成り立つ．これは，もちろん，すべての自然数に対して P が成り立つことを含意する．

（b）　逆に，完全数学的帰納法の原理を仮定する．このとき，数学的帰納法の原理が成り立つことを示さなければならない．そこで，性質 P は次の条件を満たすとする．

（1）$P(0)$

（2）すべての n に対して，$P(n)$ は $P(n+1)$ を含意する．

すべての n に対して P が成り立つことを示さなければならない．そのためには，任意の数 n に対して，n よりも小さいすべての数に対して P が成り立つならば，n に対しても P が成り立つことを示せば十分である．（そして，完全数学的帰納法の原理を仮定することによって，すべての n に対して P は成り立つ．）

それでは，n よりも小さいすべての数に対して P が成り立つとしよう．$n=0$ の場合には，0 に対して P が成り立つことをすでにわかっている．つぎに，$n \neq 0$ であるとする．このとき，$m=n-1$ に対して $n=m+1$ となる．n よりも小さいすべての数に対して P は成り立つので，m に対して P は成り立つ．したがって，(2)によって，$m+1$ に対して P は成り立つ．ここで，$m+1$ とは n のことである．これで，n よりも小さいすべての数に対して P が成り立つならば，n に対して P は成り立つことが証明できた．すると，仮定している完全数学的帰納法の原理によって，すべての数に対して P が成り立つ．

問題3

（a）　数学的帰納法の原理を仮定して，最小数原理を証明しなければならない．

$P(n)$ を，n より大きくない数 x を含む任意の集合 A は最小元をもたなければならないことと定義する．（注：A が n より大きくない数 x を含むというのは，A は n に等しいかそれより小さいある数 x を含むという意味である．）まず，数学的帰納法によって，すべての数 n は性質 P をもつことを示す．

A を 0 よりも大きくない数 x を含む集合とする．このとき，x は 0 でなければならない．したがって，0 は，A の元であり，A の最小元である．これで，0 に対して P が成り立つことが証明された．

つぎに，n に対して P が成り立つとしよう．そして，A を，$n+1$ よりも大きくない数を含む任意の集合とする．このとき，A は最小元を含むことを示さなければならない．

A は，$n+1$ よりも小さい元を含むか，含まないかのいずれかである．A が $n+1$ よりも小さい元を含まなければ，$n+1$ が A の元でなければならず，したがって，$n+1$ が A の最小元である．一方，A が $n+1$ よりも小さい元を含むならば，A は n よりも大きくないある数を含む．したがって，$P(n)$ の仮定によって，A は最小元を含まなければならない．これで，$P(n)$ が $P(n+1)$ を含意することを証明でき，$P(0)$ が成り立つので，数学的帰納法によって，すべての n に対して $P(n)$

は成り立つことが示せた.

ここで，A は空でない任意の数の集合とする．このとき，A はある数 n を含む．したがって，A は n よりも大きくない数（それは n 自体である）を含む．すなわち，（今示したように）n に対して P が成り立つので，A は最小元を含まなければならない．これで，最小数原理が証明できた．

（b）　逆に，最小数原理を仮定するところから始めよう．このとき，数学的帰納法の原理を証明したい．

次の条件を満たす性質 P が与えられているとする．

（1）$P(0)$

（2）すべての n に対して，$P(n)$ は $P(n+1)$ を含意する．

このとき，すべての n に対して P が成り立つことを示さなければならない．

すべての数 n に対して P が成り立たないのならば，P が成り立たないような数が少なくとも一つ存在する．したがって，（仮定している）最小数原理によって，P が成り立たない**最小数** n がなければならない．この数 n は 0 にはなりえない．したがって，数 $m=n-1$ に対して，$n=m+1$ である．m は n よりも小さく，n は P が成り立たない最小数なので，m に対して P は成り立たなくてはならない．すなわち，m に対して P は成り立つが，$m+1$（これは n である）に対して P は成り立たない．しかし，これは，条件(2)（「$P(n)$ が $P(n+1)$ を含意する」）に反する．これは矛盾であり，どんな数に対しても P が成り立たないということはありえない．すなわち，すべての数に対して P は成り立つ．

問題 4　実際には，有限降下原理は，完全数学的帰納法の原理と同じことを述べている．なぜなら，「n に対して P が成り立たないならば，n よりも小さいある数に対して P は成り立たない」というのは，「n より小さいすべての数に対して P が成り立つならば，n に対して P が成り立つ」というのと論理的に同値だからである．すなわち，有限降下原理は，完全数学的帰納法の原理を別の言い方で述べただけであり，そして，それは，すでに見たように，数学的帰納法の原理と同値である．

問題 5　「x は y より小さい」を標準的な略記法 $x<y$ で表し，「x は y に等しいかより小さい」を $x \leq y$ で表す．

次の二つの条件を満たす数 n と性質 P が与えられている．

（1）　$P(0)$

（2）　すべての数 x に対して，$x<n$ かつ $P(x)$ ならば $P(x+1)$ になる．

このとき，n 以下のすべての数 x に対して P が成り立つことを示さなければならない．

$Q(x)$ を，$x \leq n$ ならば $P(x)$ であるという性質とする．$Q(x)$ に関して数学的帰納法を用い，すべての x に対して $Q(x)$ が成り立つことを示す．$P(0)$ であるので，もちろん，$0 \leq n$ は $P(0)$ を含意し，したがって，$Q(0)$ が成り立つ．

つぎに，$Q(x)$ であるとする．このとき，$Q(x+1)$ も成り立たなければならないことを示さなければならない．そこで，$x+1 \leq n$ として，$P(x+1)$ を示そう．$x+1 \leq n$ なので，$x < n$ であり，もちろん，$x \leq n$ でもある．$x \leq n$ であり，$x \leq n$ は $P(x)$ を含意する（これは帰納法の仮定 $Q(x)$ である）ので，$P(x)$ が成り立つ．$x < n$ であり，$P(x)$ が成り立つので，（与えられた条件(2)によって）$P(x+1)$ が成り立つ．これで，$x+1 \leq n$ ならば $P(x+1)$ が成り立つことが証明できたが，これは性質 $Q(x+1)$ である．すなわち，$Q(x)$ は $Q(x+1)$ を含意し，$Q(0)$ もまた成り立つので，数学的帰納法によって，すべての x に対して $Q(x)$ は成り立つ．とくに，すべての $x \leq n$ に対して $Q(x)$ は成り立つ．これは，すべての $x \leq n$ に対して $P(x)$ が成り立つことを意味する．

問題 6　玉に $B_1, \cdots, B_n, B_{n+1}$ と番号をつける．この証明が成り立たないのは，n が 1 から 2 になるところで帰納法が成り立たないからである．もちろん，1 よりも大きい任意の n に対して，集合 $\{B_1, \cdots, B_n\}$ と $\{B_2, \cdots, B_n, B_{n+1}\}$ には重複がある（元 $B_2, \cdots, B_n$ は共通して両方の集合に属する）が，$n = 1$ に対してはそれが成り立たない．集合 $\{B_1\}$ と $\{B_2\}$ には重複がないのである．したがって，すべての $x \leq n$ に対して $P(x)$ が $P(x+1)$ を含意するとはならないのである．なぜなら，$n = 1$ の場合には正しくない，すなわち，$P(1)$ が $P(2)$ を含意するというのは正しくないからである．$P(1)$ は正しいが，任意の二つの玉が同じ色だというのは正しくないので，$P(2)$ は正しくない．（実際，これが正しければ，すべての玉はもちろん同じ色になる．）

問題 7　帰納法によって，すべての数が特別であることを証明しなければならない．すべての x に対して $R(x, 0)$ が成り立つということは与えられている．したがって，0 は特別である．つぎに，y が特別であるとしよう．このとき，$y+1$ が特別であることを示さなければならない．すなわち，すべての x に対して $R(x, y+1)$ が成り立つことを示さなければならない．これを，x に関する帰納法によって示す．（ここが帰納法の中に帰納法が現れるところである．）

すべての n に対して $R(0, n)$ が成り立つので，$R(0, y+1)$ は成り立つ．つぎに，x に対して $R(x, y+1)$ が成り立っているとしよう．y が特別であるという帰納法の仮定の下で，$R(x+1, y)$ も成り立つ．すなわち，$R(x, y+1)$ と $R(x+1, y)$ はともに成り立つので，与えられた条件(2)によって，$R(x+1, y+1)$ が成り立つことがわかる．これで，$R(x, y+1)$ が $R(x+1, y+1)$ を含意することが証明できた．また，帰納法によって，すべての x に対して $R(x, y+1)$ が成り立つ．これは，$y+1$ が特別であることを意味する．これで，y が特別ならば，$y+1$ も特別であることを証明でき，すべての数 y が特別であることの帰納法による証明が完成した．すなわち，すべての x と y に対して，$R(x, y)$ が成り立つ．

問題 8　まず，すべての右正規数 x は左正規数でもあることを示す．そこで，x は右正規数であるとする．このとき，y に関する帰納法によって，すべての y に対して $R(x, y)$ が成り立つことを示す．

$R(x, 0)$ が成り立つことは，まさにそのまま与えられている．それでは，y に対して $R(x, y)$ が成り立つとしよう．x は右正規数であると仮定しているので，$R(y, x)$ は成り立つ．$R(x, y)$ と $R(y, x)$ がともに成り立つので，$R(x, y+1)$ も成り立つ．$R(x, 0)$ は成り立つので，帰納法によって，すべての y に対して $R(x, y)$ が成り立つ．これは，x が左正規数であることを意味している．

つぎに，数学的帰納法によって，すべての y は右正規数である（したがって，左正規数でもある）ことを示す．

条件 (1) によって，すべての x に対して $R(x, 0)$ は成り立つ．これは，0 が右正規数だということである．それでは，y が右正規数だとしよう．このとき，y は（すでに示したように）左正規数でもある．すべての数 y に対して $R(y, x)$ と $R(x, y)$ はともに成り立つので，$R(x, y+1)$ も成り立つ．これは，（すべての x に対して $R(x, y+1)$ が成り立つので，）$y+1$ が右正規数であることを意味する．これで，y が右正規数ならば，$y+1$ も右正規数であることが証明できた．そして，すべての y が右正規数であることの帰納法による証明は完成した．すなわち，すべての数 x は左正規数でもあり，右正規数でもあるので，すべての x と y に対して $R(x, y)$ が成り立つ．

問題 9　この箱はいずれは空にならざるをえないというのが答えである．それを証明する一つの方法は，ここで提示する数学的帰納法を用いるものである．別証明も，後ほど示す．

箱に最初入っているすべての玉の番号が正整数 n 以下であるようなボールゲーム（すなわち，そのような箱から始めるボールゲーム）が必ず空になって終わらざるをえないならば，n を不利数と呼ぶ．数学的帰納法によって，すべての正整数 n は不利数であることを示そう．

あきらかに 1 は不利数である．（箱の中に有限個の 1 の玉だけが入っているならば，そのゲームはあきらかに終わってしまう．なぜなら，箱からどの 1 の玉を取り出したとしても，その代わりに何も箱に入れることはできず，箱の中には有限個の 1 の玉しかないからである．）つぎに，n を不利数としよう．このとき，$n+1$ もまた必ず不利数になることを示さなければならない．

中に入っているすべての玉の番号が $n+1$ 以下であるような箱を考える．n は不利数であると仮定したので，番号が n 以下の玉だけを永遠に箱から取り出し続けることはできない．したがって，いずれは番号が $n+1$ の玉を（それが少なくとも一つは箱に入っていると仮定して）取り出さなければならない．そして，いずれはまた別の番号が $n+1$ の玉を（まだ箱の中にあれば）取り出さなければならない．これを続けると，いずれは番号が $n+1$ の玉をすべて取り出されなければならず，そのときに箱の中に残っている玉の番号の最大値は n 以下でなければならない．そして，そこからは，n が不利数であるという帰納法の仮定によって，箱から玉を取り出す手続きはいつかは終わらなければならない．これで，すべての正整数 n は不利数であるという証明は完成した．これは，どのような玉が入っている箱に対して，毎日どのようなやり方を行っても，箱から玉を取り出す手続きはいつかは終われなければならないことを意味している．

前にも述べたように，別証明を後ほど示す．その別証明は，ここで示した証明よりも巧妙で洗練されていると私は考える．

付記　このボールゲームの奇妙な点は，（最初に箱に入っている少なくとも一つの玉の番号が 2 以上であると仮定すると，）このプレーヤーがどれだけ生きていられるかに関して有限の限界はないが，プレーヤーは永遠には生き続けられないということである．任意の正整数 n が与えられたとき，プレーヤーは確実に n 日以上生きていられるが，それでも永遠には生きられないのである．

問題 10　興味深いことに，多くの人がこの問題の答えを間違える．その人たちは無限の道がなければならないと考えるが，実際には，次の示す木のように無限の道がないものが存在する．

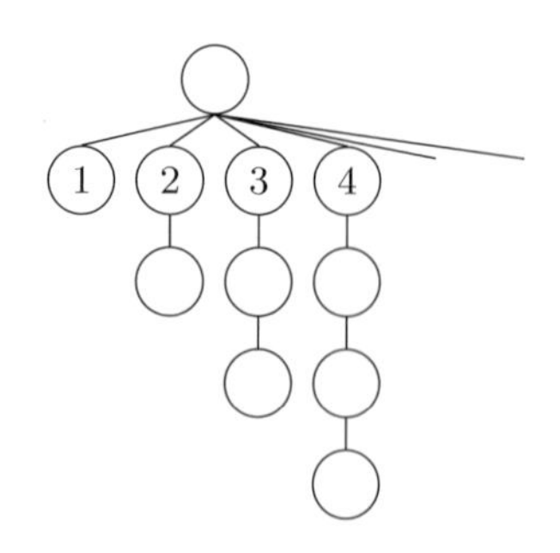

この木の起点は，$1, 2, \cdots, n, \cdots$ と番号がつけられた可算個の後者をもつ．木のそれ以外の点の後者はたかだか一つしかない．番号 1 の点を通る道は，第 1 層で終わる．番号 2 の点を通る道は，第 2 層で終わる，というように続く．すなわ

ち，それぞれの n に対して，番号 n の点を通る道は第 n 層で終わる．したがって，それぞれの n に対して，長さ n の道が存在するが，どの道も無限ではない．

この状況は，自然数になぞらえることができる．あきらかに，それぞれの自然数 n に対して，n 以上の数が存在するが，どの自然数もそれ自体は無限ではない．

問題 11

（a）　それぞれの層は有限個の点しか含まない．それぞれの n に対して，第 n 層が有限個の点しか含まないことは，n に関する数学的帰納法によって簡単に示すことができる．$n = 0$ の場合，第 0 層にあるのは，ただ一つの点，起点だけである．つぎに，第 n 層には，有限個の点 $x_1, \cdots, x_k$ だけがあるとしよう．n_1 を x_1 の後者の個数，　$\cdots$，n_k を x_k の後者の個数とする．このとき，第 $n+1$ 層の点の個数は $n_1 + \cdots + n_k$ であり，これは有限の数である．したがって，数学的帰納法によって，すべての層は有限個の点だけを含む．

（b）　二つの主張は同値である．あきらかに，主張(1)が主張(2)を含意する．なぜなら，主張(1)は，すべての第 n 層には少なくとも一つの点があることを含意するからである．逆を示すために，主張(2)が成り立つ，すなわち，この木には無限個の点があるとする．長さ n の道がないようなある n が存在するとしたら，有限個の層だけにしか点はないだろう．（なぜなら，長さ n の道がなければ，n 以上の層に点はありえないからである．）そして，(a)によって，それらの層それぞれにある点は有限個だけである．したがって，この木の点は有限個しかないことになるが，これはこの木には無限個の点があるという仮定した条件に反する．

問題 12　木の点は，無限個の子孫をもつならば，**豊か**と呼び，そうでなければ，**貧しい**と呼ぶことにする．点 x の後者が有限個だけで，そのそれぞれの後者が貧しいならば，x は貧しくなければならないことを思い出そう．したがって，x が豊かでその後者が有限個ならば，その後者すべてが貧しいということはありえない．すなわち，その後者のすくなくとも一つは豊かでなければならない．すると，有限生成木において，それぞれの豊かな点には豊かな後者がなければならない．（一方，無限個の後者をもつ豊かな点が，必ずしも豊かな後者を少なくとも一つもつとは限らない．例えば，問題 10 の解答の木では，起点は豊かであるが，その後者はすべて貧しい．）

ここで，無限個の点をもち，そのそれぞれの点の後者は有限個であるような木を考えよう．無限個の点があり，起点以外のすべての点は起点の子孫なので，起点は豊かでなければならない．したがって，（すでに示したように）起点には少なくとも一つの豊かな後者 x_1 がなければならないが，今度は，x_1 には少なくとも一つの豊かな後者 x_2 があり，x_2 には豊かな後者 x_3 があるというようにどこまでも続く．こうして無限の道が得られる．

問題 13　扇定理はケーニヒの補題から直接導くことができる．木が有限生成であり，すべての道は有限であるとする．この木が無限の点をもつならば，ケーニヒの補題によって，無限の道があることになるが，これはすべての道は有限であるという与えられた条件に反する．それゆえ，この木は無限の点をもちえない．すなわち，この木は有限である．

問題 14　それぞれのボールゲームに対して，次のように木を関連づける．起点には，最初に箱に入っているどの玉よりも大きい番号の玉を割り当てる．その起点の後者は，最初に箱に入っている玉とする．これまでに箱に入っていたことのある任意の玉 x に対して，その後者は，その玉を（これまでに取り出したのであれば）取り出したときに代わりに箱に入れた玉である．それぞれの玉は有限個の玉で置き換えられるので，この木は有限生成である．そして，置き換えられる玉は元の玉の番号より小さいので，それぞれの道は有限でなければならない．すると，扇定理によって，この木は有限である．したがって，ゲームに使われた玉の総数は有限個である．それゆえ，このゲームはいつかは終わらなければならない．なぜなら，ゲームが無限に続くのであれば，無限個の玉が箱の中に（同時にではなくても）あったことになってしまうからである．たとえば，箱からひとつずつ取り出される玉を考えればよい（それらの玉は，ゲームが無限に続くのであれば，無限個あるはずである）．そして，玉に関連づけて構築した木は，これまでに箱に入っていたことのあるすべての玉を含むので，無限になってしまう．（それぞれの玉は，いったん箱から取り出されたら，二度と箱に戻されることはないので，後で箱に入れられる玉のいずれとも異なっていなければならないということを思い出そう．）

はい，完成！

問題 15　x に対して帰納的な性質 P が成り立たないならば，x のある構成要素 x_1 に対しても P は成り立たず，したがって，x_1 のある構成要素 x_2 に対しても P は成り立たず，とどこまでも続く．これは，無限降鎖があることを意味する．したがって，すべての降鎖が有限ならば，どの元に対しても帰納的な性質 P が成り立たないということはない．すなわち，A のすべての元に対して性質 P は成り立つ．

問題 16　すべての道が有限な有限生成木を考える．この木自体が有限でなければならないことを証明する．

この木の任意の点 x に対して，その後者を構成要素と定義する．$P(x)$ を，x が貧しい（すなわち，その子孫は有限個だけである）という性質とする．任意の x に対して，x の後者は有限個だけなので，x のすべての構成要素（後者）は貧しいならば，（すでに述べたように）x も貧しい．これは，性質 P が帰納的であることを意味する．この構成要素関係の降鎖は，この木の道であり，それらはすべて有限であることが与えられている．したがって，一般帰納法の定理によって，この木のすべての点に対して P が成り立つ．とくに，この木の起点に対して P は成り立つので，この起点は貧しい．すなわち，この木の点は有限個しかない．

問題 17　あきらかに，x のいずれの構成要素から始まる降鎖も無限でないならば，x から始まる降鎖はいずれも無限ではない．（なぜなら，x から始まる降鎖は，まず x の構成要素を通るからである．）したがって，そこから始まる降鎖が無限ではないという性質は帰納的である．すなわち，一般帰納法の原理が成り立てば，すべての元はこの性質をもつ．これは，無限降鎖の始まる元 x は存在せず，すべての降鎖は有限であることを意味する．

問題 18　整礎性は無限降鎖がないという条件と同値であることを示そう．

（a）　整礎ならば無限降鎖がないことを示すために，集合 A の構成要素関係 $C(x, y)$ は整礎であるとする．もし無限降鎖があったとすると，その降鎖の要素から構成される A の部分集合には始元がないことになるが，これは関係 C が整礎であるという与えられた条件に反する．

（b）　無限降鎖がないならば整礎であることを示すために，すべての降鎖が有限であるとする．A の空でない任意の部分集合 S が与えれたときに，S のいずれかの元を x_1 とする．x_1 の構成要素が S の中になければ，それで完了である．そうでなければ，x_1 の構成要素 x_2 が S の中にある．x_2 が S の始元であれば，それで完了である．そうでなければ，x_2 の構成要素 x_3 が S の中にある，と続ける．無限降鎖はないので，いずれは S の始元 x_n にたどりつく．したがって，この構成要素関係は整礎である．

問題 19　(a), (b) それぞれの解を示す．

（a）　答えは否定的，すなわち，極大クラブがかならずしも存在するとは限らない．たとえば，すべての有限集合，そしてそれらだけがクラブであるならば，極大な有限集合はあきらかに存在しない．

（b）　V は有限で，あるクラブ C が存在すると仮定する．C が極大クラブならば，これで証明は完了である．一方，そうでなければ，C は，あるクラブ C_1 の**真部分集合**である．C_1 が極大クラブならば，これで証明は完了である．そうでなければ，C_1 はあるクラブ C_2 の**真部分集合**である，というように続く．V は有限なので，このクラブの列がどこまでも続くことはない．すなわち，いつかはある極大クラブ C_n で終わらなければならない．

問題 20　集合がクラブとなるのは，その集合のすべての有限部分集合がクラブであるとき，そしてそのときに限ることが与えられている．

（1） まず，クラブ C のすべての部分集合はクラブでなければならないことを示さなければならない．C の任意の部分集合 S を考える．あきらかに，S の部分集合は，C の部分集合でもある．F を S の任意の有限部分集合とする．F は，C の有限部分集合でもあるので，クラブでなければならない．すなわち，S のすべての有限部分集合はクラブである．したがって，S はクラブである．

（2） この問題の記述の直後の(b)と(c)で定義された C^* が極大クラブであることを証明しなければならない．実際には，C^* は（任意の）クラブ C を部分集合とする極大クラブである．任意の数 n に対して，クラブ C_n が C_{n+1} の部分集合であることはすぐにわかる．したがって，すべての数 n と m に対して，$n < m$ ならば，C_n は C_m の部分集合である．このことから，クラブ $C_0, C_1, C_2, \cdots, C_n, \cdots$ の任意の有限集合 Σ に対して，その元の一つ，具体的には，集合 Σ に属するクラブ C_i で添字が最大のものは，ほかの元を含む．

ここで，クラブ $C_0, C_1, C_2, \cdots, C_n, \cdots$ のいずれかに属するすべての人の集合 C^* を考える．そして，C^* が極大クラブであることを示さなければならない．C^* がクラブであることを示すためには，C^* のすべての有限部分集合がクラブであることを示せば十分である．そこで，F を C^* の任意の有限部分集合とする．F のそれぞれの元は，クラブ $C_0, C_1, C_2, \cdots, C_n, \cdots$ のいずれかに属するので，F に k 個の元があれば，一つ目のクラブとして F の一つ目の元を含むものを選び，二つ目のクラブとして F の二つ目の元を含むものを選び，というように，このクラブの列から k 個のクラブを選ぶことができる．この列から有限個のクラブを選ぶと，その中の少なくとも一つは，そのほかのものをすべて含む．（具体的には，そのクラブの添字よりも，選ばれたほかのクラブの添字が大きくなければ，どれでもよい．）したがって，このクラブだけで F のすべての元を含むので，ある n に対して，F はクラブ C_n の部分集合になる．そして，((1)で示したように）クラブのすべての部分集合はクラブなので，F はクラブでなければならない．すなわち，C^* のすべての有限部分集合はクラブであり，それゆえ，C^* はクラブである．

極大性については，まず，任意の人 x_n に対して，$C^* \cup \{x_n\}$（これは C^* のすべての元と x_n をあわせた集合であることを思い出そう）がクラブならば，x_n はすでに C^* の元でなければならないことを示す．そこで，$C^* \cup \{x_n\}$ はクラブだとしよう．C_n は C^* の部分集合なので，$C_n \cup \{x_n\}$ は $C^* \cup \{x_n\}$ の部分集合であり，$C^* \cup \{x_n\}$ は（仮定によって）クラブなので，その部分集合 $C_n \cup \{x_n\}$ は((1)で示したように）クラブである．$C_n \cup \{x_n\}$ はクラブなので，$C_n \cup \{x_n\} = C_{n+1}$ である．$x_n \in C_{n+1}$ であり，C_{n+1} は C^* の部分集合なので，$x_n \in C^*$ となり，これは証明しようとしたことである．すなわち，任意の人 x に対して，$C^* \cup \{x\}$ がクラブならば，x はすでに C^* の元でなければならない．したがって，集合 C^* に属さない任意の人 x に対して，集合 $C^* \cup \{x\}$ はクラブではない．

ここで，人の任意の集合 A で C^* が A の**真部分集合**であるようなものを考える．このとき，A は，C^* の元でないような人 x を少なくとも一人含む．したがって，$C^* \cup \{x\}$ はクラブではない．すると，A はクラブにはなりえない．（もしクラブだとしたら，その部分集合 $C^* \cup \{x\}$ はクラブになるが，それはありえない）これで，任意の人の集合 A に対して，C^* が A の真部分集合ならば A はクラブではないことが証明できた．すなわち，C^* は極大クラブである．

問題 21　性質 P^* がコンパクトであること，すなわち，集合 S が性質 P^* をもつのは，S のすべての有限部分集合が性質 P^* をもつとき，そしてそのときに限ることを示さなければならない．

（1）S が性質 P^* をもつとする．すなわち，S のすべての有限部分集合が性質 P をもち，したがって，それらはすべて性質 P^* をもつ．実際には，S のすべての有限部分集合が性質 P^* をもつだけでなく，S の**すべて**の部分集合が性質 P^* をもつ．これを示すために，A を S の任意の部分集合とする．このとき，A のすべての有限部分集合は S の有限部分集合でもあるので，それらはすべて性質 P をもつ．これは，A が性質 P^* をもつことを意味する．したがって，S のすべての部分集合は性質 P^* をもつ．

（2）S のすべての有限部分集合が性質 P^* をもつならば，S も性質 P^* をもつことを示すために，まず，性質 P^* をもつ任意の有限集合 A は性質 P ももつことに注意する．なぜなら，性質 P^* をもつ A のすべての有限部分集合は性質 P をもち，したがって，A の有限部分集合である A も性質 P をもつからである．したがって，性質 P^* をもつ任意の有限集合は，性質 P ももつ．S のすべての有限部分集合は性質 P^* をもつことはわかっているので，これらはすべて性質 P ももつ．しかし，これは，まさに S が性質 P^* をもつことを意味する．

［第 II 部］

命題論理

第 5 章

命題論理事始め

ここで学ぶいわゆる**記号論理学の教程**は，わずかな論理の原理だけから数学**全体**が展開できるように設計されている．その出発点は命題論理である．命題論理は，一階述語論理だけでなく高階論理の基礎でもある．

命題は，いわゆる**論理結合子**を用いて組み合わせることで，より複雑な命題を作ることができる．主要な論理結合子として，次のものがある．

(1) $\sim$ 否定（「……でない」）

(2) $\wedge$ 連言（「……かつ……」）

(3) $\vee$ 選言（「……または……」）

(4) $\supset$ 含意（「……ならば……」）

(5) $\equiv$ 同値（「……であるとき，そしてそのときに限り……」）

◉否定

任意の命題 p に対して，$\sim p$ は，p が真でないことを意味する．命題 $\sim p$ は，p の**否定**と呼ばれ，これが真となるのは，p が偽であるとき，そしてそのときに限り，偽となるのは，p が真であるとき，そしてそのときに限る．この二つの事実は，否定の**真理値表**と呼ばれる，次の表に要約される．これ以降の真理値表では，文字 T は真を表し，F は偽を表すものとする．

p	$\sim p$
T	F
F	T

真理値表のそれぞれの行は，その真理値表が示している論理式に現れる

個々の変数への真理値の割り当てに対応している．論理式 $\sim p$ に対する真理値表の場合には，変数は一つだけなので，とりうる真理値は2通りだけである．否定の真理値表の1行目（すなわち，表頭のすぐ下の行）は，p が真ならば，$\sim p$ は偽であることを表している．そして，真理値表の2行目は，p が偽ならば，$\sim p$ は真であることを表している．命題 $\sim p$ は，通常「p ではない」と読む．

◉連言

記号 $\wedge$ は，「かつ」を表す．すなわち，任意の命題 p と q に対して，p と q がともに真であるという命題を $p \wedge q$ と表記する．その真理値表は，次の4通りのとりうる場合を反映したものである．（a）p と q はともに真，（b）p は真で q は偽，（c）p は偽で q は真，（d）p と q はともに偽．

p	q	$p \wedge q$
T	T	T
T	F	F
F	T	F
F	F	F

したがって，$p \wedge q$ が真となるのは，4通りの場合のうちの一つ目だけ，すなわち，p と q がともに真となる場合だけである．命題 $p \wedge q$ は p と q の**連言**（**論理積**）と呼ばれ，「p かつ q」と読む．

◉選言

二つの命題 p と q の少なくとも一方（両方でもよい）が真であることを意味するとき，$p \vee q$ と表記する．

「または」は，普段使われる言葉としては二つの異なる意味に用いられる．**厳密なまたは排他的な意味**では，二つの選択肢のうちのちょうど一つだけが真であることを意味する．そして，**包含的な意味**では，**少なくとも**一方が真であることを意味し，両方が真でも構わない．たとえば，「明日，東かまたは西に行く」と言えば，「または」は排他的な意味で用いている．なぜなら，その両方に行こうとはしていないと解釈されるからである．一方，ある大学ではフランス語またはドイツ語ができることが出願に必須だとしたら，ある人がその両方ができたとしても締め出されることはないだろう．したがって，この「または」は包含的な意味で使われている．

数理論理学および計算機科学で使われているのは，包含的な意味の「または」である．$\vee$（本書で用いる「または」を表す論理記号である）の真理値表は次のようになる．

p	q	$p \vee q$
T	T	T
T	F	T
F	T	T
F	F	F

したがって，$p \vee q$ が偽となるのは，p と q がともに偽になる場合だけである．それ以外の3通りの場合には，$p \vee q$ は真になる．命題 $p \vee q$ は，p と q の**選言**（**論理和**）と呼ばれ，「p または q」と読む．

◉含意

命題「p ならば q」，あるいはそれと同値な「p は q を含意する」は，記号を用いて $p \supset q$ と表記される．（$p \to q$ と表記される場合もある．）含意 $p \supset q$ において，p は**前件**，q は**後件**と呼ばれる．すでに第1章において，数理論理学（および計算機科学）で用いられる「ならば」は，p が真で q が偽の場合にだけ p が q を含意するのを偽と見なすので，日常の使われ方とある意味でかなり異なるかもしれないと述べた．すなわち，p が偽ならば，q が真か偽かに関係なく，文「p は q を含意する」は真と見なされる．（そして，もちろん，p と q がともに真ならば，「p は q を含意する」は真と見なされる．）

第1章では，この奇妙に思える用法に対して，それを正当化するいくつかの例を提示した．そして，次のものも，その別の例である．「x が奇数ならば $x+1$ は偶数である」という自然数についての命題を考える．あなたは，間違いなくこれが真だと考えるだろう．そう考えるならば，あなたは，x が偶数であるときでさえ，この命題を信じることを強いられる．そして，あなたは，4が奇数ならば $4+1$ は偶数であるという命題を信じることも強いられる．この命題は，前件（「4は奇数」）と後件（「$4+1$ は偶数」）がともに偽であるにもかかわらず，成り立つ．このようにして，数理論理学や計算機科学では，$p \supset q$ の真理値表は次のようになる．

p	q	$p \supset q$
T	T	T
T	F	F
F	T	T
F	F	T

この真理値表においても，$p \supset q$ が偽となるのは，p が真で q が偽である場合だけである．

◉双条件式

$p \equiv q$（$p \leftrightarrow q$ と書くこともある）は，p と q はともに真であるか，ともに偽であることを表す．あるいは，これと同じことであるが，どちらか一方が真ならばもう一方も真である場合であり，また，一方が互いにもう一方を含意する場合である．$p \equiv q$ を「p であるのは，q であるとき，そしてそのときに限る」，または，（真と偽に関する限り）「p と q は同値」と読む．したがって，双条件式 $\equiv$ の真理値表は次のようになる．

p	q	$p \equiv q$
T	T	T
T	F	F
F	T	F
F	F	T

◉括弧

単純な命題を組み合わせて複合命題にするのに数多くのやり方がある．そして，曖昧さを避けるために，しばしば括弧が必要になる．たとえば，$p \wedge q \vee r$ と書くと，これが次の 2 通りのどちらを意味するのか見分けるのは不可能である．

（1）　p が真で，かつ $(q \vee r)$ が真

（2）　$(p \wedge q)$ が真か，または r が真

(1)を意味する場合は，$p \wedge (q \vee r)$ と書かなければならない．(2)を意味する場合は，$(p \wedge q) \vee r$ と書かなければならない．

◉論理式

命題論理をもっと緻密に取り扱うためには，**論理式**の概念を定義しなければならない．文字 p, q, r やそれに添字をつけたものは，**命題変数**と呼ばれる．**論理式**とは，次の規則に従って構築される任意の式のことである．

（1）　それぞれの命題変数は論理式である．

（2）　すでに構築された任意の論理式 X と Y に対して，式 $\sim X, (X \wedge Y), (X \vee Y), (X \supset Y), (X \equiv Y)$ は論理式である．

規則(1)と(2)の結果として得られた式だけを論理式とみなす．

練習問題　命題論理のすべての論理式の集合は可算集合であることを示せ[訳注 1]．

対応する括弧の次の定義は，本書でも後ほどときおり現れる複雑な論理式を「構文解析」するのに役立つだろう．すなわち，論理式全体をもっと明確に理解できるように，その論理式を意味のある部分，いわゆる「部分論理式」に分解するのに役立つだろう．

対応する括弧は次のように 2 通りに定義することができる．（それらは結局同じものになる）

（1）　論理式がもっとも内側にある命題変数から論理結合子と括弧を用いてどのように組み立てられているかが明確にわかっているとしよう．このとき，組み立て途中の各時点で新たに構築される構成要素を囲むように追加される左右の括弧は，対応する括弧の対を構成する．

（2）（a）規則に従って構築された論理式が与えられたとき，その論理式の中の左括弧の後に右括弧があり，それらの間に括弧がないならば，その二つの括弧は対応する括弧である．（b）規則に従って構築された論理式が与えられたとき，その論理式の中の左括弧の後に右括弧があり，それらの間に(a)または(b)によって対応する相手がまだ決まっていない括弧がないなら

[訳注 1]　命題変数は可算個あるものとする．

ば，その二つは対応する括弧である．

対になった二つの括弧は**互いに対応する**という．前述の対応する括弧の二つ目の定義は，与えられた複雑な論理式の中で対応する括弧をどのようにして対にすればよいかを教えてくれる．まず，左括弧の後に右括弧があり，それらの間に括弧がないような二つの括弧をすべて対にする．そして，その結果得られた論理式において，残った**対になっていない**括弧を同じやり方で対にすることを続ける．ちなみに，これを行った後に対になっていない括弧が残っていたら，それは元の論理式が正しく構成されていないこと，すなわち，実際には命題論理の論理式ではないことを意味する．少なくとも論理式の中の左括弧と右括弧は同じ個数でなければならない．そして，論理式を書くときにたびたび確認するのがこの単純な事実だが，それだけでは十分ではない．理想的には，それぞれの括弧をそれと対をなす括弧と対応させるという処理を完遂し，その後で，それぞれの対応する括弧の中には正しい論理式があることを確認すべきである．

理解しやすいだけでなくきちんと定義された論理式になっているかを確認しやすいように，複雑な論理式を書くには，論理式の中で異なる種類の括弧を使う，すなわち，通常の括弧「(」と「)」，中括弧「{」と「}」，大括弧「[」と「]」を使うか，通常の括弧を異なる大きさで使うことである．こうすると，対応する括弧がより見やすくなる．たとえば，次の論理式を考えてみよう．

$$((p \supset (q \supset r)) \supset ((p \supset q) \supset (p \supset r)))$$

異なるレベルにある異なる種類の括弧として異なる種類の記号を使うと，論理式は少しばかり読みやすくなることに注意しよう．（対応する括弧の内側に対応する括弧がなければ，レベル 0 とする．与えられた対応する括弧の内側にある対応する括弧の最高レベルが n ならば，その与えられた対応する括弧はレベル $n+1$ になる．）

$$\{[p \supset (q \supset r)] \supset [(p \supset q) \supset (p \supset r)]\}$$

3 種類の大きさの括弧で，同じ論理式を書くと次のようになる．

$$\Bigg(\bigg(p \supset (q \supset r)\bigg) \supset \bigg((p \supset q) \supset (p \supset r)\bigg)\Bigg)$$

論理式を単独で表記するときには，もっとも外側の括弧を取り除いても，曖昧さが生じることはない．たとえば，$(p \wedge \sim\sim q)$ 単独であれば，$p \wedge \sim\sim q$ と書くことができる．

◉複合真理値表

命題 p の**真理値**は，その命題が真であるか偽であるかを表したものだ．すなわち，p の真理値は，p が真ならば T であり，p が偽ならば F である．任意の命題 p と q に対して，それらの真理値がわかれば，ここまでに調べた真理値表によって，$\sim p, (p \wedge q), (p \vee q), (p \supset q), (p \equiv q)$ の真理値を決めることができる．それゆえ，論理結合子を使って p と q で表現されるどのような命題が与えられても，与えられた p と q の真理値の組み合わせに対してその命題の真理値を決定することができる．たとえば，X を論理式 $p \equiv (q \vee \sim(p \wedge q))$ とする．与えられた p と q の真理値に対して，$p \wedge q$, $\sim(p \wedge q)$, $q \vee \sim(p \wedge q)$ の真理値を順に決定することができ，最終的には $p \equiv (q \vee \sim(p \wedge q))$ の真理値を決定することができる．p と q への真理値の割り当て方は，$(p:$ 真$, q:$ 真$)$, $(p:$ 真$, q:$ 偽$)$, $(p:$ 偽$, q:$ 真$)$, $(p:$ 偽$, q:$ 偽$)$ の 4 通りがある．

次のような表を構築することで，これらすべての場合における X の真理値を系統的に決定することができる．これが**複合真理値表**の一例である．

p	q	$p \wedge q$	$\sim(p \wedge q)$	$q \vee \sim(p \wedge q)$	$p \equiv (q \vee \sim(p \wedge q))$
T	T	T	F	T	T
T	F	F	T	T	T
F	T	F	T	T	F
F	F	F	T	T	F

上の 2 行の場合には X は真になり，下の 2 行の場合には X は偽になることがわかる．

3 個の変数 p, q, r の組み合わせによる真理値表を構築するときは，8 通りの場合を考えることになる．なぜなら，p と q に T と F を割り当てるやり方は 4 通りあり，そのそれぞれの場合に r への真理値の割り当て方は 2 通りあるからである．たとえば，論理式 $(p \vee \sim q) \supset (r \equiv (p \wedge q))$ の真理値表は次のようになる．

p	q	r	$\sim q$	$p \vee \sim q$	$p \wedge q$	$r \equiv (p \wedge q)$	$(p \vee \sim q) \supset (r \equiv (p \wedge q))$
T	T	T	F	T	T	T	T
T	T	F	F	T	T	F	F
T	F	T	T	T	F	F	F
T	F	F	T	T	F	T	T
F	T	T	F	F	F	F	T
F	T	F	F	F	F	T	T
F	F	T	T	T	F	F	F
F	F	F	T	T	F	T	T

4 個の変数 p, q, r, s では，$2^4 = 16$ 通りの場合を考えることになり，一般に，任意の正整数 n に対して，n 個の命題変数をもつ論理式の真理値表は，その n 個の変数への 2^n 通りの相異なる真理値の割り当て方に対応した 2^n 行になる．

トートロジー

論理式 $(p \wedge (q \vee r)) \supset ((p \wedge q) \vee (p \wedge r))$ を考える．この論理式の真理値表は次のようになる．

p	q	r	$q \vee r$	$p \wedge (q \vee r)$	$p \wedge q$	$p \wedge r$	$(p \wedge q) \vee$ $(p \wedge r)$	$(p \wedge (q \vee r)) \supset$ $((p \wedge q) \vee (p \wedge r))$
T	T	T	T	T	T	T	T	T
T	T	F	T	T	T	F	T	T
T	F	T	T	T	F	T	T	T
T	F	F	F	F	F	F	F	T
F	T	T	T	F	F	F	F	T
F	T	F	T	F	F	F	F	T
F	F	T	T	F	F	F	F	T
F	F	F	F	F	F	F	F	T

この真理値表の右端の列はすべて T であることがわかる．これは，この論理式が，とりうる 8 通りの場合すべてにおいて真になるということを示している．このような論理式を**トートロジー**（**恒真式**）と呼ぶ．

一般に，論理式の**解釈**とは，その論理式の中にあるすべての命題変数に対する真理値（T と F）の割り当てのことである．すでに見たように，n 変数の論理式に対して，2^n 通りの解釈があり，そのそれぞれは真理値表の 1 行に対応している．論理式は，常に真になる，すなわち，すべての解釈の下で真になるならば，あるいは，これと同じことであるが，その真理値表の右端の列がすべて T になるならば，**トートロジー**（**恒真式**）と呼ばれる．論理式は，その真理値表の右端の列がすべて F になるならば，すべての解釈の下で偽であることを表していて，**矛盾式**と呼ばれる．トートロジーでも矛盾式でもない論理式は**不確定式**と呼ばれる．すなわち，不確定式は，ある解釈の下では真になり，別の解釈の下では偽となる．そして，その真理値表の右端の列には，T と F が混在する．

問題 1　次の論理式のうち，どれがトートロジーで，どれが矛盾式で，どれが不確定式か．

（a）　$(p \supset q) \supset (q \supset p)$

（b）　$(p \supset q) \supset (\sim p \supset \sim q)$

（c）　$(p \supset q) \supset (\sim q \supset \sim p)$

（d）　$p \supset \sim p$

（e）　$p \equiv \sim p$

（f）　$(p \equiv q) \equiv (\sim p \equiv \sim q)$

（g）　$\sim(p \wedge q) \equiv (\sim p \wedge \sim q)$

（h）　$\sim(p \wedge q) \equiv (\sim p \vee \sim q)$

（i）　$(\sim p \vee \sim q) \equiv \sim(p \vee q)$

（j）　$\sim(p \vee q) \equiv (\sim p \wedge \sim q)$

（k）　$(p \equiv (p \wedge q)) \equiv (q \equiv (p \vee q))$

◉論理的含意と論理的同値

論理式 X が真になるすべての場合において論理式 Y が真になるならば，あるいは，同じことであるが，$X \supset Y$ がトートロジーならば，X は Y を論理的に含意するという．与えられた論理式の集合 S と論理式 X に対して，S のすべての元が真になるすべての場合において X が真になるならば，X は S によって**論理的に含意**されるという．（後ほど，論理式の任意の可算集合 S に対して，論理式 X が S によって論理的に含意されるのは，X が S のある有限部分集合によって論理的に含意されるとき，そしてそのときに限るという興味深い事実を学ぶ．このとき，前章の可算コンパクト性定理が役立つ．）

二つの論理式 X と Y は，まったく同じ場合にともに真になるならば，あるいは，同じことであるが，$X \equiv Y$ がトートロジーならば，**論理的同値**と呼ばれる．

◉いくつかの省略形

連言や選言において，$(X_1 \wedge (X_2 \wedge X_3))$ はあきらかに $((X_1 \wedge X_2) \wedge X_3)$ と同値であり，$(X_1 \vee (X_2 \vee X_3))$ はあきらかに $((X_1 \vee X_2) \vee X_3)$ と同値なので，括弧は実際には問題にならないことはすぐにわかる．それぞれの $n > 2$ に対して，$((\cdots (X_1 \wedge X_2) \wedge \cdots X_{n-1}) \wedge X_n)$ を省略して $X_1 \wedge X_2 \wedge \cdots \wedge X_n$ と書く．たとえば，$((X_1 \wedge X_2) \wedge X_3)$ を省略して $X_1 \wedge X_2 \wedge X_3$ と書き，$(((X_1 \wedge X_2) \wedge X_3) \wedge X_4)$ を省略して $X_1 \wedge X_2 \wedge X_3 \wedge X_4$ と書く．すなわち，それぞれの $n \geq 2$ に対して，$X_1 \wedge \cdots \wedge X_n \wedge X_{n+1}$ は，$(X_1 \wedge \cdots \wedge X_n) \wedge X_{n+1}$ に等しい．$\wedge$ だけでなく $\vee$ に対しても，同じように省略する．すなわち，$X_1 \vee \cdots \vee X_n \vee X_{n+1}$ は，$(X_1 \vee \cdots \vee X_n) \vee X_{n+1}$ に等しい．

◉真理値表に対応する論理式を見つける

真理値表の右端の列への T と F の割り当て方が与えられたとする．このとき，真理値表の右端の列がこのようになる論理式を見つけることができるか．たとえば，3 個の変数 p, q, r の場合を考えてみよう．真理値表の右端の列に T と F を無作為に書き込む．

p	q	r	?
T	T	T	T
T	T	F	F
T	F	T	T
T	F	F	F
F	T	T	T
F	T	F	F
F	F	T	F
F	F	F	F

問題は，真理値表の右端の列がこの疑問符で示した列になるような論理式を見つけることである．このような論理式を見つけ出すのに，器用さや創意工夫が必要になると思うだろうか．そういったものはまったく必要としないというのが，答えである．この種のどのような問題も解くことのできるきわめて単純な機械的方法があるのだ．その方法がわかってしまえば，右端の列に現れる T と F の割り当て方にかかわらず，求める論理式を簡単に書き下すことができる．

問題 2　その方法とは．

t と f を含む論理式

ある目的のためには，命題論理の言語に記号 t と f を追加して，**論理式**の定義の(1)を「それぞれの命題変数は論理式であり，t と f も論理式である」に置き換えることによって論理式の概念を拡張したほうがうまくいくこともある．したがって，たとえば，$(p \supset t) \vee (f \wedge q)$ は論理式である．記号 t と f は**命題定数**と呼ばれ，それぞれ**真**と**偽**を表す． 任意の解釈の下で，t の真理値は**真**であり，f の真理値は**偽**であるとみなす．

t または f またはその両方を含む任意の論理式 X は，そのいずれも含まない論理式に同値か，または，t そのものに同値か，または，f そのものに同値になる．このことは，次のような同値性によって，簡単にわかる．（ここでは，同値であることを $\Leftrightarrow$ と略記する．）

$$
\begin{array}{lcl@{\qquad\qquad}rcl}
X \wedge t & \Leftrightarrow & X & t \wedge X & \Leftrightarrow & X \\
X \wedge f & \Leftrightarrow & f & f \wedge X & \Leftrightarrow & f \\
\\
X \vee t & \Leftrightarrow & t & t \vee X & \Leftrightarrow & t \\
X \vee f & \Leftrightarrow & X & f \vee X & \Leftrightarrow & X \\
\\
X \supset t & \Leftrightarrow & t & t \supset X & \Leftrightarrow & X \\
X \supset f & \Leftrightarrow & \sim X & f \supset X & \Leftrightarrow & t \\
\\
X \equiv t & \Leftrightarrow & X & t \equiv X & \Leftrightarrow & X \\
X \equiv f & \Leftrightarrow & \sim X & f \equiv X & \Leftrightarrow & \sim X \\
\\
\sim t & \Leftrightarrow & f & \sim f & \Leftrightarrow & t
\end{array}
$$

問題3　次の論理式を，t も f も含まない論理式，または，t そのもの，または，f そのものに簡約せよ．

（a）$((t \supset p) \wedge (q \vee f)) \supset ((q \supset f) \vee (r \wedge t))$

（b）$(p \vee t) \supset q$

（c）$\sim(p \vee t) \equiv (f \supset q)$

嘘つきと正直者と命題論理

ここで命題論理の形式的研究を中断して，命題論理が娯楽論理パズルとどのように関係しているかを示すいくつかの問題を考えてみたい．この論理パズルは，これまでの私のパズル本の多くで考察した種類の嘘つきと正直者に関するものである．

問題4　第4章の問題1の地に立ち返ろう．そこの住民はT型かF型のいずれかで，T型の住民は真な発言だけをし，F型の住民は偽な発言だけをする．二人の住民 A と B を考える．A は，彼自身と B について何かを言うように求められた．

（a）A が「私たち二人はともにF型である」と言ったとしよう．このとき，A と B の型について何かわかることはあるだろうか．

（b）そうではなく，A が「私たち二人の少なくとも一人はF型である」と言ったとしよう．このとき，A と B の型について何かわかることはあるだろうか．

（c）そうではなく，A が「私と B は同じ型である．私たちはともにT型であるか，または，ともにF型である」と言ったとしよう．このとき，A と B の型について何かわかることはあるだろうか．

論理結合子の相互依存関係

◉標準的な結果

ほかの惑星から地球にやってきた男性が，命題論理を学ぼうとしているとしよう．男性は，あなたのところにきてこう言う．「私は $\sim$（否定）と $\wedge$（連言）の意味は理解したが，記号 $\vee$ が何を意味するのかわかっていない．また，『または』という言葉の意味もわかっていない．これらを，すでに理解している $\sim$ と $\wedge$ を用いて説明してもらえないだろうか」

彼が求めているのは，$\sim$ と $\wedge$ を用いた $\vee$ の定義である．すなわち，二つの命題変数，たとえば，p と q による論理式で，論理結合子 $\sim$ と $\wedge$ だけを含み，論理式 $p \vee q$ と同値なものである．

問題 5　彼を助けてあげることができるか．$\sim$ と $\wedge$ を用いて，いかにして $\vee$ を定義するか．

問題 6　また，$\sim$ と $\vee$ を用いて，$\wedge$ を定義することもできる．どのようにすればよいだろうか．

問題 7　$\sim$ と $\wedge$ を用いて，$\supset$ を定義せよ．

問題 8　$\sim$ と $\vee$ を用いて，$\supset$ を定義せよ．

問題 9　$\sim$ と $\supset$ を用いて，$\wedge$ を定義せよ．

問題 10　$\supset$ と $\sim$ を用いて，$\vee$ を定義せよ．

問題 11　興味深いことに，$\vee$ は，$\supset$ だけで定義することができる．どのようにすればよいだろうか．（この答えは，かなり技巧的である．）

問題 12　$\wedge$ と $\supset$ を用いて，$\equiv$ を定義せよ．

問題 13　$\sim, \wedge, \vee$ を用いて，$\equiv$ を定義せよ．

問題 14　$\supset$ と（偽を表す）命題定数 f を用いて，$\sim$ を定義せよ．

否定論理和

5 種類の論理結合子 $\sim, \wedge, \vee, \supset, \equiv$ はすべて $\sim$ と $\wedge$ だけを用いて定義することができる．（なぜなら，まず $\vee$ が定義でき，それから $\supset$，そして $\equiv$ が定義できることがわかっているからである．）同様にして，ここまでの 10 問によって，$\sim$ と $\vee$ だけ，また，$\sim$ と $\supset$ だけ，そして，$\supset$ と f だけを用いても，ほかの論理結合子を定義できることがわかる．

しかし，単独で 5 種類の論理結合子 $\sim, \wedge, \vee, \supset, \equiv$ をすべて定義することのできる**否定論理和**（**接合否定**）と呼ばれる論理結合子 $p \downarrow q$ がある．$p \downarrow q$ は，「p と q はともに偽である」を意味し，したがって，$\sim p \wedge \sim q$ と同値である．その真理値表は次のようになる．

p	q	$p\downarrow q$
T	T	F
T	F	F
F	T	F
F	F	T

問題 15　論理結合子 $\downarrow$ だけから 5 種類の論理結合子 $\sim$, $\wedge$, $\vee$, $\supset$, $\equiv$ がすべて得られることを証明せよ．（ヒント：まず最初に $\sim$ を定義する．）

否定論理積

単独の論理結合子で，それからほかの論理結合子をすべて得ることのできるものはほかにもある．それは，**否定論理積**，あるいは，**シェファーの縦棒**として知られている．$p\,|\,q$ は，「p と q の少なくとも一方は偽である」，または「p は偽であるか，または q は偽である」と読む．$p\,|\,q$ は，$\sim p \vee \sim q$ と同値であり，$\sim(p \wedge q)$ とも同値である．（すでに問題 1 (h) で，この二つが同値であることはわかっている．）否定論理積の真理値表は次のようになる．

p	q	$p\,|\,q$
T	T	F
T	F	T
F	T	T
F	F	T

問題 16　シェファーの縦棒からほかの論理結合子がすべて得られることを証明せよ．

付記　ほかの論理結合子をすべて作り出すのに十分な単独の論理結合子は $\downarrow$ と $|$ だけであることを証明できる．否定論理和と否定論理積だけが，ほかの論理結合子すべてを定義できるのである．その証明は，たとえば，[17] にある．

そのほかの結果

ここまでに考察した相互定義可能性の結果はすべてよく知られたものである．著者による結果でそれほど知られていないものがあり，つぎはそれに取り組もう．しかし，その前に，また別の嘘つきと正直者のパズルを解いてほしい．

問題 17　すべての住民は，真な発言しかしない T 型か偽な発言しかしない F 型のいずれかであるような地に立ち返ろう．この地に金塊が埋蔵されているという噂を聞いて，山師がやってきた．彼は住民に会い，「この地に金塊はあるのか」と尋ねた．その住民はこう答えた．「私が T 型ならば，金塊はここにある」 この住民の型とこの地に金塊があるかどうかについて，何がわかるだろうか．

この問題は，次の問題と密接に関連している．

問題 18　$\supset$ と $\equiv$ を用いて $\wedge$ が定義できることを示せ．そして，このことが前問とどのように関連するのかを示せ．

このほかにも，定義可能性に関して次のような問題がある．

問題 19　$\vee$ は $\supset$ と $\equiv$ を用いて定義できることを示せ．

問題 20　$\supset$ は $\wedge$ と $\equiv$ を用いて定義できることを示せ．

問題 21　$\wedge$ は $\vee$ と $\equiv$ を用いて定義できることを示せ．（これはかなり技巧的である．）

問題 22　$\vee$ は $\wedge$ と $\equiv$ を用いて定義できることを示せ．

◉そのほかの論理結合子

$p \not\equiv q$ は，p と q は同値ではないことを表す．この論理結合子の真理値表は次のようになる．

p	q	$p \not\equiv q$
T	T	F
T	F	T
F	T	T
F	F	F

実際には，$\not\equiv$ は**排他的選言**である．なぜなら，$p \not\equiv q$ は，p と q の一方そして一方だけが真であることを表しているからである．

問題 23　$\vee$ は $\wedge$ と $\not\equiv$ を用いて定義できる（すなわち，包含的選言は，連言と排他的選言を用いて定義できる）ことを示せ．

問題 24　また，$\wedge$ は $\vee$ と $\not\equiv$ を用いて定義できることを示せ．

問題 25　ここまでに考察したすべての論理結合子は $\not\equiv$ と $\supset$ を用いて定義できる．それは，どのようにすればよいか．

また別の論理結合子として，$\not\supset$ がある．$p \not\supset q$ は「p は q を含意しない」と読む．これは $\sim(p \supset q)$ と同値である．

問題 26　$\wedge$ は $\not\supset$ を用いて定義できることを示せ．

問題 27　$\not\supset$ は $\not\equiv$ と $\wedge$ を用いて定義できることを示せ．

問題 28　$\not\supset$ は $\not\equiv$ と $\vee$ を用いて定義できることを示せ．

問題 29　$\not\equiv$ は $\supset$ と $\vee$ を用いて定義できることを示せ．

問題 30　ここまでに考察したすべての論理結合子は $\not\supset$ と $\supset$ を用いて定義できることを示せ．

問題 31　ここまでに考察したすべての論理結合子は $\not\supset$ と $\equiv$ を用いて定義できることを示せ．

16 種類の論理結合子

ここまでに 2 変数 p と q に対する 8 種類の論理結合子を考察した．それらは $\wedge$, $\vee$, $\supset$, $\equiv$, $\downarrow$, $|$, $\not\equiv$, $\not\supset$ である．これらの真理値表を再掲する．

p	q	$p \wedge q$	$p \vee q$	$p \supset q$	$p \equiv q$	$p \downarrow q$	$p \mid q$	$p \not\equiv q$	$p \not\supset q$
T	T	T	T	T	T	F	F	F	F
T	F	F	T	F	F	F	T	T	T
F	T	F	T	T	F	F	T	T	F
F	F	F	F	T	T	T	T	F	F

2 変数 p と q の論理結合子としては，このほかに $\subset$（逆含意）とその否定 $\not\subset$ がある．$p \subset q$ は「p は q によって含意される」，あるいは「q ならば p」と読む．したがって，$p \not\subset q$ は，「p は q によって含意されない」と読む．

これで論理結合子は 10 種類になった．p と q に対して 16 通りの真理値表が考えられるので，このほかに 6 種類の論理結合子がある．その 6 種類は次のとおりである．

- q にかかわらず，p
- q にかかわらず，p でない
- p にかかわらず，q
- p にかかわらず，q でない
- p, q にかかわらず，真
- p, q にかかわらず，偽

p	q	$p \subset q$	$p \not\subset q$	p	q	$\sim p$	$\sim q$	t	f
T	T	T	F	T	T	F	F	T	F
T	F	T	F	T	F	F	T	T	F
F	T	F	T	F	T	T	F	T	F
F	F	T	F	F	F	T	T	T	F

論理結合子の集合は，それらから 16 種類の論理結合子すべてを定義することができるならば，（すべての論理結合子に対する）**基底**とよばれることもある．さて，与えられた任意の真理値表に対して，それを真理値表とする論理式，さらには，問題 2 の解答で見たように，論理結合子 $\sim, \vee, \wedge$ だけを用いた論理式を見つけられることがわかっている．したがって，これら 3 種類の論理結合子はあきらかにほかの論理結合子すべての基底になっている．しかし，一方で，この 3 種類は，$\sim$ と $\wedge$ から，あるいは，$\sim$ と $\vee$ から導くことができる．したがって，$\sim$ と $\wedge$ や $\sim$ と $\vee$ もまた基底である．このほかにも，$\sim$ と $\supset$，$\supset$ と f，$\supset$ と $\not\supset$，$\downarrow$ だけ，$\mid$ だけも基底である．

問題の解答

問題 1　（a）不確定式　（b）不確定式　（c）トートロジー　（d）不確定式（注：初心者はこれを間違って矛盾式だと考えてしまう．実際には，p が偽ならば，論理式 $p \supset \sim p$ は真になるのである．p が真ならば，もちろん，この論理式は偽である．）　（e）矛盾式　（f）トートロジー　（g）不確定式　（h）トートロジー（i）不確定式　（j）トートロジー　（k）トートロジー

問題 2　本文中で述べた特別な場合に対する次のような解法が，一般的な方法を的確に説明している．この例では，求める論理式は，真理値表の 1 行目，3 行目，5 行目では T になってほしい．1 行目は p, q, r がすべて真である場合，言い換えると，$p \wedge q \wedge r$ が真の場合である．3 行目は，p は真，q は偽，r は真の場合，言い換えると，$p \wedge \sim q \wedge r$ が真の場合である．5 行目は，p は偽，q は真，r は真の場合，言い換えると，$\sim p \wedge q \wedge r$ が真の場合である．したがって，求める論理式が真となるべきなのは，この 3 通りの場合の**少なくとも一つ**が成り立つ場合，そしてその場合だけである．すなわち，求める論理式は $(p \wedge q \wedge r) \vee (p \wedge \sim q \wedge r) \vee (\sim p \wedge q \wedge r)$ である．

問題 3

（a）　論理式 $((t \supset p) \wedge (q \vee f)) \supset ((q \supset f) \vee (r \wedge t))$ において，$t \supset p$ を p で置き換え，$(q \vee f)$ を q で置き換え，$(q \supset f)$ を $\sim q$ で置き換え，$(r \wedge t)$ を r で置き換えると，$(p \wedge q) \supset (\sim q \vee r)$ が得られる．

（b）　$(p \vee t) \supset q$ において，まず，$(p \vee t)$ を t で置き換えると，$t \supset q$ が得られる．この論理式は，さらに q に簡約される．

（c）　$\sim(p \vee t) \equiv (f \supset q)$ において，$(p \vee t)$ を t で置き換え，$(f \supset q)$ を t で置き換えると $\sim t \equiv t$ が得られる．さらに，これは $f \equiv t$ になり，そして f に簡約される．

問題 4

（a）　T 型の住民が自分とほかの者がともに F 型であると言うことはありえない．なぜなら，彼が T 型であるとすると，彼とそのほかの者がともに F 型であることは真になり，彼は T 型でもあり F 型でもあることになるが，これは不可能であるからだ．したがって，この話し手 A は T 型にはなりえず，したがって，F 型でなければならない．彼は F 型なので，彼の発言は偽，すなわち，彼とそのほかの者がともに F 型ということはない．したがって，その二人のうち少なくとも一人は T 型である．しかし，A は T 型ではないので，T 型なのは B でなければならない．したがって，A は F 型，B は T 型というのが答えである．

それでは，この問題が真理値表を使ってどのように解くことができるかをみてみよう．この種の嘘つきと正直者のパズルについて知っておくべき重要な点は，次のとおりである．この地の住民が命題 q を主張したとする．p を話し手が T 型であるという命題とする．住民が q を主張したので，彼が T 型ならば，q は真でなければならず，彼が T 型でないならば，q は偽でなければならない．すなわち，彼が T 型であるのは，q が真であるとき，そしてそのときに限る．したがって，彼が q を主張するならば，その状況の実体は，p は q と同値ということである．つまり，基本原理は，彼が q を主張するならば，$p \equiv q$ が真であるということだ．

この特定の問題では，A は自分と B がともに F 型であると主張した．p を A は T 型であるという命題とし，q を B は T 型であるという命題とする．A は，p と q はともに偽である，言い換えると，$\sim p \wedge \sim q$ と主張した．A は $\sim p \wedge \sim q$ と主張したので，その状況の実体は，$p \equiv (\sim p \wedge \sim q)$ が真ということである．そこで，$p \equiv (\sim p \wedge \sim q)$ の真理値表を作ろう．

p	q	$\sim p$	$\sim q$	$\sim p \wedge \sim q$	$p \equiv (\sim p \wedge \sim q)$
T	T	F	F	F	F
T	F	F	T	F	F
F	T	T	F	F	T
F	F	T	T	T	F

この右端の列で論理式が T になるのは，3 行目の場合だけであることがわかる．この行では p は偽で q は真である．したがって，A は F 型であり，B は T 型である．

（b）　今度は，A は A と B の少なくとも一人は F 型であると主張した．A が F 型だとしたら，この二人のうちの少なくとも一人は F 型であるというのは真になるが，F 型の住民が真な発言をすることはない．したがって，A は実際には T 型でなければならない．すると，A の発言は真であり，それはこの二人のうちの少なくとも一人は F 型であることを意味する．A は F 型ではないので，B が F 型でなければならない．すなわち，A は T 型，B は F 型というのが答えである．

この問題もまた，真理値表を用いて解くことができる．今度も，p を A は T 型であるという命題とし，q を B は T 型であるという命題とする．すると，A は $\sim p \vee \sim q$ と主張し，したがって，この状況の実体は，$p \equiv (\sim p \vee \sim q)$ である．この論理式の真理値表を作れば，右端の列に T が現れるのは，p が真で q が偽である場合（真理値表の 2 行目の場合）だけであることがわかるだろう．

（c）　この地には，自分が F 型であると主張できる住民はいない．なぜなら，その住民が T 型だとしたら，自分は F 型だという嘘の主張をすることはないし，F 型だとしたら，自分は F 型だと正直に主張することはないからである．

また，F 型の住民と同じ型であると主張できる住民もいない．なぜなら，これは，自分が F 型であるという主張の言い換えにすぎないからである．したがって，A は B と同じ型だと主張したので，B は T 型でなければならない．A については，彼が T 型か F 型かを決めることはできない．彼が T 型であって，B と同じ型であると正直に主張していることもありうるし，彼が F 型であって，B と同じ型であると嘘の主張をしていることもありうる．

命題論理の観点から眺めると，この問題はとくに示唆に富んでいる．今度も，p を A は T 型であるという命題とし，q を B は T 型であるという命題とする．A は，p は q と同値であると主張している．A は $p \equiv q$ と主張しているので，この状況の実体は $p \equiv (p \equiv q)$ である．そして，その真理値表は次のようになる．

p	q	$p \equiv q$	$p \equiv (p \equiv q)$
T	T	T	T
T	F	F	F
F	T	F	T
F	F	T	F

1 行目と 3 行目の場合に，この論理式は真になる．この二つの場合において，q は T である．そして，一方の場合には p は T で，もう一方の場合には p は F である．すなわち，この論理式全体は q そのものと同値である．

これは，次のような示唆に富む見方をすることもできる．任意の 3 個の命題 p, q, r に対して，命題 $p \equiv (q \equiv r)$ は $(p \equiv q) \equiv r$ と同値である．（これは，真理値表によって容易に確認することができる．）したがって，ここで考察している論理式 $p \equiv (p \equiv q)$ は $(p \equiv p) \equiv q$ に同値である．しかしながら，$p \equiv p$ は t に簡約されるので，この論理式は $t \equiv q$ に簡約され，そして q に簡約される．

問題 5　$p \vee q$ が真，すなわち，p と q の少なくとも一方が真というのは，この二つがともに偽にはならないということと同値である．この二つがともに偽であるというのは，$\sim p \wedge \sim q$ ということである．したがって，そうなることはないというのは，$\sim(\sim p \wedge \sim q)$ ということになる．すなわち，$p \vee q$ は $\sim(\sim p \wedge \sim q)$ と同値である．

問題 6　$p \wedge q$ が真になるのは，p と q それぞれが偽になることはないとき，そしてそのときに限る．したがって，$p \wedge q$ は $\sim(\sim p \vee \sim q)$ と同値である．

問題 7　$p \supset q$ は，$\sim(p \wedge \sim q)$ と同値である．

問題 8　$p \supset q$ は，$\sim p \vee q$ と同値である．

問題 9　$p \wedge q$ は，$\sim(p \supset \sim q)$ と同値である．

問題 10　$p \vee q$ は，$\sim p \supset q$ と同値である．

問題 11　$p \vee q$ は，$(p \supset q) \supset q$ と同値である．

問題 12　$p \equiv q$ は，$(p \supset q) \wedge (q \supset p)$ と同値である．

問題 13　$p \equiv q$ は，$(p \wedge q) \vee (\sim p \wedge \sim q)$ と同値である．

問題 14　$\sim p$ は，$p \supset f$ と同値である．

問題 15　まず，$\downarrow$ から $\sim p$ を得たい．そう，$\sim p$ は $p \downarrow p$ と同値である．（$p \downarrow p$ は p は偽で p も偽ということだが，これは p が偽であるというのを繰り返しているだけである．）

これで $\sim$ が得られたので，$\vee$ も得ることができる．なぜなら，$p \vee q$ は $\sim(p \downarrow q)$ と同値だからである．（$p \vee q$ が真というのは，p と q がともに偽である場合ではない，言い換えると，$p \downarrow q$ ではないということと同値である．）$\downarrow$ だけで表すと，$p \vee q$ は $(p \downarrow q) \downarrow (p \downarrow q)$ と同値である．

$\sim$ と $\vee$ が得られたので，問題 6, 8, 13 によって，ほかの論理結合子 $\wedge, \supset, \equiv$ もすべて得られる．

問題 16　$\sim p$ は $p \,|\, p$ と同値である．（$p \,|\, p$ は，p は偽であるかまたは p は偽であるということであり，これを簡単にすると p は偽ということである．）こうして $\sim$ が得られたら，$p \wedge q$ は $\sim(p \,|\, q)$ とすればよい．（これは，p は偽であるかまたは q は偽であるという場合ではない，言い換えると，p と q はともに真ということである．）$\sim$ と $\wedge$ が得られたら，問題 5, 8, 13 によって，$\vee, \supset, \equiv$ が得られる．

問題 17　話し手は，自分が T 型ならばこの地に金塊があると主張している．彼が T 型だとしよう．このとき，彼の発言は真であり，金塊はある．したがって，彼が T 型ならば，（1）彼は T 型であり，（2）彼が T 型ならば金塊はある．(1) と (2) から，（彼が T 型だと仮定すると）金塊はある．これで証明されたのは，金塊があることではなく，彼が T 型**ならば**金塊があることである．しかし，彼はまさにそう言った．したがって，彼は真な発言をしたのであり，彼は T 型である．こうして，彼が T 型であり，彼が T 型であれば金塊があることがわかったので，これらから金塊はあることが導かれる．すなわち，話し手は T 型であり，この地に金塊はある．

問題 18　命題論理の観点から，前問を見てみよう．p を話し手が T 型であるという命題とし，q をこの地に金塊があるという命題とする．したがって，話し手は，$p \supset q$ と主張した．彼がこう主張したので，この状況の実体は $p \equiv (p \supset q)$ である．真理値表を用いると，p と q がともに真であるとき，そしてそのときに限り，$p \equiv (p \supset q)$ は真であること，そして，$p \wedge q$ は $p \equiv (p \supset q)$ と同値であることがわかる．

真理値表を使わなくても，$p \equiv (p \supset q)$ が $p \wedge q$ と同値であることを示す次のような論拠は示唆に富む．$p \equiv (p \supset q)$ が与えられたとして，$p \wedge q$ を推論しなければならない．それを行うために，前問の論拠をなぞる．p が真であるとする．$p \equiv (p \supset q)$ は真なので，$p \supset q$ は真である．しかし，p と $p \supset q$ の両方が得られたので，q が得られる．これで証明されたのは，q が真であることではなく，p が真ならば q も真である，すなわち，$p \supset q$ が真だということである．すなわち，$p \supset q$ が証明された．そして，p は $p \supset q$ と同値（すなわち，$p \equiv (p \supset q)$ は真）なので，p も真でなければならないことがわかる．すなわち，p は真であり，$p \supset q$ が真であることはわかっているので，q は真でなければならない．したがって，$p \wedge q$ は真である．（逆はきわめてあきらかである．$p \wedge q$ が真ならば，p と q はともに真である．したがって，$p \equiv (p \supset q)$ は真である．なぜなら，$\equiv$ の両辺はともに真だからである．）すなわち，$p \wedge q$ は $p \equiv (p \supset q)$ と同値である．

問題 19　$p \vee q$ は $q \equiv (p \supset q)$ と同値である．このことは，真理値表を用いて確かめることができ，この後のいくつかの問題の解についても同様である．

問題 20　$p \supset q$ は，$p \equiv (p \wedge q)$ と同値である．

問題 21　$p \wedge q$ は，$(p \vee q) \equiv (p \equiv q)$ と同値である．

問題 22　$p \vee q$ は，$(p \wedge q) \equiv (p \equiv q)$ と同値である．

問題 23　$p \vee q$ は，$(p \wedge q) \not\equiv (p \not\equiv q)$ と同値である．

問題 24　$p \wedge q$ は，$(p \vee q) \not\equiv (p \not\equiv q)$ と同値である．

問題 25　$\not\equiv$ だけから，f（偽）が得られる．なぜなら，f は $p \not\equiv p$ と同値だからである．すると，すでに見たように，$\supset$ と f から，ここまでに考察したほかの論理結合子をすべて得ることができる．

問題 26　$p \wedge q$ は，$p \not\supset (p \not\supset q)$ と同値である．

問題 27　$p \not\supset q$ は，$p \not\equiv (p \wedge q)$ と同値である．

問題 28　$p \not\supset q$ は，$q \not\equiv (p \vee q)$ と同値である．

問題 29　$p \not\equiv q$ は，$(p \not\supset q) \vee (q \not\supset p)$ と同値である．

問題 30　$\not\supset$ だけから，f（偽）が得られる．なぜなら，f は $p \not\supset p$ と同値だからである．すると，すでに見たように，$\not\supset$ と f から，ほかの論理結合子をすべて得ることができる．

問題 31　前問と同じく，$\not\supset$ から f が得られる．すると，f と $\equiv$ から $\sim$ が得られる．なぜなら，$\sim p$ は $p \equiv f$ と同値だからである．すると，$\sim$ と $\not\supset$ から $\supset$ が得られる．なぜなら，$p \supset q$ は $\sim(p \not\supset q)$ と同値だからである．これで，f と $\supset$（あるいは，$\sim$ と $\supset$）が得られたので，それらからほかの論理結合子がすべて得られる．

別のやり方として，$\not\supset$ と $\equiv$ から $\downarrow$ が直接得られる．なぜなら，$p \downarrow q$ は $q \equiv (p \not\supset q)$ と同値だからである．すると，$\downarrow$ からほかの論理結合子がすべて得られる．

また別のやり方として，$\equiv$ と $\not\supset$ から否定論理積が直接得られる．なぜなら，$p \mid q$ は $p \equiv (p \not\supset q)$ と同値だからである．

第 6 章

命題論理のタブロー

後ほど，**一階述語論理**を学ぶが，それは命題論理が格段に進展したものであり，実際，実質的にすべての数学にふさわしい論理である．一階述語論理に対しては，真理値表の方法では十分というにはほど遠いので，タブロー（もっと正確にいえば「分析タブロー」）として知られている方法に取り組む．この章では，初等的な命題論理のレベルでタブローを取扱い，後の章でそれを一階述語論理にまで拡張する．

まずはじめに，どのような解釈の下でも，任意の論理式 X と Y に対して次の 8 個の事実が成り立つことに注意しよう．

（1） $\sim X$ が真ならば，X は偽である．
　　$\sim X$ が偽ならば，X は真である．

（2） $X \wedge Y$ が真ならば，X と Y はともに真である．
　　$X \wedge Y$ が偽ならば，X と Y の少なくとも一方は偽である．

（3） $X \vee Y$ が真ならば，X と Y の少なくとも一方は真である．
　　$X \vee Y$ が偽ならば，X と Y はともに偽である．

（4） $X \supset Y$ が真ならば，X が偽であるか，Y が真であるかのいずれかである．
　　$X \supset Y$ が偽ならば，X は真であり，Y は偽である．

これらが，命題論理のタブロー法の背後にある 8 個の基本的事実である．

標識付き論理式

いくつかの理由によって，この形式言語に T と F という 2 種類の記号を組み込んで，式 TX と FX を**標識付き論理式**と定義すると便利になる．ただし，X はこれまでに定義した論理式であり，ここではこれを**標識なし論理式**と呼ぶ．形式ばらずにいえば，TX は「X は真である」と読むことができ，FX は「X は偽である」と読むことができる．命題変数の任意の解釈の下で，X が真ならば，標識付き論理式 TX は**真**であるといい，X が偽ならば，TX は**偽**であるという．また，X が偽ならば，標識付き論理式 FX は**真**であるといい，X が真ならば，FX は**偽**であるという．

標識付き論理式の**共役**とは，その標識 T と F をそれぞれ F と T に置き換えた結果のことである．すなわち，TX と FX は互いに共役である．

タブロー法の例

タブローを定義する前に，例を用いてタブロー法を説明しよう．

論理式 $[p \vee (q \wedge r)] \supset [(p \vee q) \wedge (p \vee r)]$ がトートロジーであることを証明したいとする．その証明には，次のようなタブローを用いる．その説明は，タブローのすぐ後に示す．

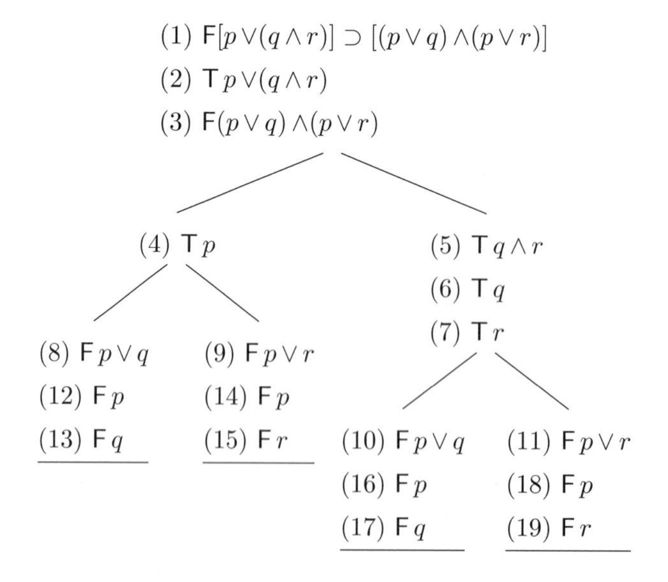

説明　このタブローは次のようにして構築されたものである．このタブローを構築することにより，論理式 $p \vee (q \wedge r) \supset [(p \vee q) \wedge (p \vee r)]$ が偽であるという仮定から矛盾を導くことができるかどうかを試みる．したがって，この論理式の前に標識 F をつけたものが 1 行目である．つぎに，X が真で Y が偽であるときのみ，$X \supset Y$ の形式の論理式は偽になりうる．すなわち，タブローの言語でいえば，TX と FY は，標識付き論理式 F$X \supset Y$ の**直接の帰結**になる．したがって，1 行目の直接の帰結として，2 行目と 3 行目を書く．

つぎに 2 行目を見ると，これは，$X = p$，$Y = q \wedge r$ とするときの T$X \vee Y$ の形式になっている．ここから，X の真偽や Y の真偽について，いかなる結論も導くことはできない．推論できるのは，TX（X が真）か TY（Y が真）の**いずれか**ということでだけである．したがって，タブローは，4 行目と 5 行目の 2 通りの可能性に分岐する．5 行目は，T$q \wedge r$ であり，直接の帰結として Tq と Tr が得られるので，それぞれが 6 行目と 7 行目になる．つぎに，3 行目を見よう．これは，$X = p \vee q$，$Y = p \vee r$ とするときの F$X \wedge Y$ の形式になっている．ここから直接結論できることはない．推論できるのは，FX か FY の**いずれか**ということだけである．4 行目と 5 行目のいずれかが成り立つことはわかっているので，4 行目と 5 行目の場合に対して，それぞれ FX と FY の 2 通りの可能性がある．したがって，全部で 4 通りの可能性がある．そこで，4 行目，5 行目のそれぞれの枝をふたたび FX と FY の可能性に分岐させる．すなわち，4 行目は 8 行目と 9 行目に分岐し，5 行目は 10 行目と 11 行目に分岐する．（10 行目と 11 行目は，それぞれ 8 行目と 9 行目と同じである．）12 行目と 13 行目は 8 行目の直接の帰結であり，一方，14 行目と 15 行目は 9 行目の直接の帰結である．同様にして，16 行目と 17 行目は 10 行目の直接の帰結であり，18 行目と 19 行目は 11 行目の直接の帰結である．

これで，すべての行のどの論理式の帰結もタブローにきちんと出現しているという意味で，タブローは**完成**している．使いうるタブローの行は，すべて使い切ったのである．

このタブローを調べることにして，左端の枝[訳注 1]を見てみると，13 行目で終わっている．この枝にある 4 行目と 12 行目の二つの行は，互いに

［訳注 1］　タブローの枝とは，タブローを木としてみたときの道のことである．

真っ向から矛盾していることがわかる．（12 行目は，4 行目の**共役**である．）したがって，この二つがともに真とはなりえないので，13 行目の下に，矛盾を生じているこの枝は現実の可能性にはならないことを意味する横線を引いて，この枝を**閉じる**．同様にして，14 行目と 4 行目は互いに矛盾するので，15 行目の下でこの枝を閉じる．（左から右へと順に調べると）その次の枝は，17 行目と 6 行目を理由として閉じられる．最後に，右端の枝は，19 行目と 7 行目を理由として閉じられる．

こうして，すべての枝で矛盾に至ったので，1 行目は成り立たない．すなわち，論理式 $p \vee (q \wedge r) \supset [(p \vee q) \wedge (p \vee r)]$ は，どんな解釈の下でも偽にはなりえず，したがって，トートロジーである．

タブロー法によって行ったことは，論理式 X が偽となりうるすべての可能な場合を調べるということである．完成したタブローのそれぞれの枝は，そうなりうる場合の中の一つの状況を示している．そして，この例の論理式 $p \vee (q \wedge r) \supset [(p \vee q) \wedge (p \vee r)]$ が決して偽とはなりえないと結論できた理由は，可能な場合をひとつずつ追いかけるといずれも矛盾に達したからである．

◉付記

それぞれの行の左に書いた番号は，どの行を説明しているのかがわかるようにするためであり，実際のタブローの構築では不要である．

この例のいくつかの枝はもう少し早く閉じることができる．たとえば，12 行目は 4 行目と矛盾しているので，13 行目は実際にはなくてもよい．したがって，12 行目のすぐ下に横線を引くことができた．同様にして，15 行目で終わる枝は，4 行目と矛盾する 14 行目の直後に閉じることができた．一般的に，タブローを構築している間に，二つの互いに矛盾する標識付き論理式が現れたら，（たとえその論理式が複雑でいくつかの論理結合子を含んでいたとしても）すぐにその枝を閉じることができる．

したがって，**完成した**タブローというのは，すべての**開いた枝**（すなわち，閉じていない枝）において，その枝の使いうる論理式はすべて**使い切った**ものと定義するほうがよい．

◉タブローの構築規則

本書の命題論理のタブローは，論理結合子 $\sim, \wedge, \vee, \supset$ を用いた標識付き論理式を基礎とする．これらの論理結合子のそれぞれに対して，T を標識とする論理式と F を標識とする論理式の二つの規則があるので，あわせると次の 8 個の規則がある．それに続けて，説明を行う．

（1）
$$\frac{\mathsf{T}\sim X}{\mathsf{F}X} \qquad\qquad \frac{\mathsf{F}\sim X}{\mathsf{T}X}$$

（2）
$$\frac{\mathsf{T}X\wedge Y}{\mathsf{T}X} \quad \frac{\mathsf{T}X\wedge Y}{\mathsf{T}Y} \qquad\qquad \begin{array}{c} \mathsf{F}X\wedge Y \\ \diagup \quad \diagdown \\ \mathsf{F}X \qquad \mathsf{F}Y \end{array}$$

（3）
$$\begin{array}{c} \mathsf{T}X\vee Y \\ \diagup \quad \diagdown \\ \mathsf{T}X \qquad \mathsf{T}Y \end{array} \qquad\qquad \frac{\mathsf{F}X\vee Y}{\mathsf{F}X} \quad \frac{\mathsf{F}X\vee Y}{\mathsf{F}Y}$$

（4）
$$\begin{array}{c} \mathsf{T}X\supset Y \\ \diagup \quad \diagdown \\ \mathsf{F}X \qquad \mathsf{T}Y \end{array} \qquad\qquad \frac{\mathsf{F}X\supset Y}{\mathsf{T}X} \quad \frac{\mathsf{F}X\supset Y}{\mathsf{F}Y}$$

説明　規則(1)は，$\mathsf{T}\sim X$ を通る任意の枝には $\mathsf{F}X$ を追加できるという意味で，$\mathsf{T}\sim X$ から直接 $\mathsf{F}X$ を推論できる．（ここで，「追加」というのは，その枝の終端にその論理式を加えることができるという意味である．）また，（この場合も，論理式 $\mathsf{F}\sim X$ を含む枝の終端に $\mathsf{T}X$ を追加することによって）$\mathsf{F}\sim X$ から直接 $\mathsf{T}X$ が推論できる．規則(2)は，$\mathsf{T}X\wedge Y$ を含む任意の枝に対して，二つの論理式 $\mathsf{T}X$ と $\mathsf{T}Y$ のどちらを追加してもよいという意味で，$\mathsf{T}X\wedge Y$ から直接 $\mathsf{T}X$ と $\mathsf{T}Y$ が生じる．一方，規則(2)は，論理式 $\mathsf{F}X\wedge Y$ を含む枝では，$\mathsf{F}X\wedge Y$ から結論を導くためには，その枝の終端を $\mathsf{F}X$ と $\mathsf{F}Y$ に分岐させなければならないことを示している．（言い換えると，$\mathsf{F}X\wedge Y$ の規則では，θ を $\mathsf{F}X\wedge Y$ が含まれる枝とするとき，$\mathsf{F}X\wedge Y$ に規則(2)を適用すると，θ の終端を 2 本の枝に分岐させ，その新しい枝の一方の最後の論理式は $\mathsf{F}X$ になり，もう一方の枝の最後の論理式は $\mathsf{F}Y$ になる．）規則(3)と(4)も，同じように考える．標識付き論理式からタブロー規則によって直接得られる結論は，**その論理式の標識ともっとも外側の論理結合子の意味に基づいて**（もちろん，それらだけでなく，それよ

り前の段階で X と Y に含まれるそれらの形成に関与するほかの論理結合子の意味にも基づきうる)，その標識付き論理式の真偽についての仮定から得られる結論とまったく同じであることに注意しよう．タブローの枝は，ある論理式とその共役がその枝に含まれているならば**閉じている**とみなし，そうでなければ**開いている**とみなす．タブローは，そのすべての枝が閉じていれば，**閉じている**とみなし，そうでなければ開いているとみなす．

標識付き論理式は，命題変数に標識を付けたものを除いて，2 種類の型に分けられる．一方の A 型は，（そこから結論を導こうとしている論理式が真であると仮定したときに）真でなければならないことがわかっている一つか二つの直接の帰結を持つ論理式（T $X \wedge Y$, F $X \vee Y$, F $X \supset Y$, T $\sim X$, F $\sim X$）で，もう一方の B 型は，2 通りの帰結のいずれかが真でなければならない場合に分岐する論理式（F $X \wedge Y$, T $X \vee Y$, T $X \supset Y$）である．

タブローを構築するときに，A 型の論理式による行が現れた場合には，その論理式の帰結をその行を通る**すべて**の枝に追加するほうがよい．そうすると，その A 型の論理式を二度と使う必要がない．B 型の論理式の行を使うときには，その行を通る**すべて**の枝を分岐させると，その B 型の論理式を二度と使う必要はない．このようにしてタブローを構築すると，有限回の規則の適用の後に，使うことのできる行はすべて使いきってしまい，したがって，タブローは完成する．（なぜなら，すでに引き出した結論を繰り返すことなく，タブローをそれ以上伸ばすことはできないからである．）

タブローが完成したことを確実にする一つのやり方は，木の起点から系統的に規則を適用していくことである．すなわち，それぞれの行は，（同じ枝の）それより上にあるすべての行が使われてしまうまで，決して使わないことである．しかしながら，A 型の論理式を含む行を優先的に使う，すなわち，B 型の論理式を含む行を使う前に A 型の論理式を含む行を先に使いきるほうが効率的である．こうすると，複数の枝に同じ論理式が繰り返し現れることを避けられる．そして，それらの論理式はすべての分岐点よりも上に一度だけ現れる．たとえば，それぞれの手順を使って，論理式 $[p \supset (q \supset r)] \supset [(p \supset q) \supset (p \supset r)]$ のタブローを作ってみると，後者の手順のほうがタブローが単純になることがわかるだろう．

論理的帰結

タブロー法は，論理式 X が論理式の有限集合 S の論理的帰結[訳注 2]であることを示すためにも使える．たとえば，$p \supset r$ が二つの論理式 $p \supset q$, $q \supset r$ の論理的帰結であることを示したいとしよう．もちろん，その一つの方法は，論理式 $\mathsf{F}[(p \supset q) \wedge (q \supset r)] \supset (p \supset r)$ から始まる閉タブローを構築することである．しかし，次の 3 行からタブローを始めて，すべての枝が閉じることを示すほうが，経済的である．（そして，わかりやすい．）

$$\mathsf{T}\, p \supset q$$
$$\mathsf{T}\, q \supset r$$
$$\mathsf{F}\, p \supset r$$

一般的に，論理式 Y が論理式 $X_1, \cdots, X_n$ の論理的帰結であることを示すためには，$(X_1 \wedge \cdots \wedge X_n) \supset Y$ から始まる閉タブローを構築してもよいし，次のような行から始まる閉タブローを構築してもよい．（適用しなければならない規則の数に関しては，後者のほうが好ましい）

$$\mathsf{T}\, X_1$$
$$\vdots$$
$$\mathsf{T}\, X_n$$
$$\mathsf{F}\, Y$$

標識なし論理式を用いるタブロー

ある種の目的のためには，**標識なし論理式**を用いるタブローも使うことがある．その目的の一つは，次章で明らかになる．標識付き論理式を用いるタブローとの違いは，標識 T を取り除き，標識 F の代わりに $\sim$ を用いることである．したがって，標識なし論理式のタブローを構築する規則は，次のとおりである．（標識付き論理式の規則(1)の左部分は，ここでは冗長になることに注意しよう．）

[訳注 2]　S を論理式の集合 $\{X_1, X_2, \cdots, X_n\}$ とするとき，X が S の論理的帰結であるとは，122 ページで説明されているように，論理式 $(X_1 \wedge \cdots \wedge X_n) \supset X$ がトートロジーになるということである．

（1）

$$\frac{\sim\sim X}{X}$$

（2）

$$\frac{X \wedge Y}{X} \quad \frac{X \wedge Y}{Y}$$

$$\begin{array}{ccc} & \sim(X \wedge Y) & \\ / & & \backslash \\ \sim X & & \sim Y \end{array}$$

（3）

$$\begin{array}{ccc} & X \vee Y & \\ / & & \backslash \\ X & & Y \end{array}$$

$$\frac{\sim(X \vee Y)}{\sim X} \quad \frac{\sim(X \vee Y)}{\sim Y}$$

（4）

$$\begin{array}{ccc} & X \supset Y & \\ / & & \backslash \\ \sim X & & Y \end{array}$$

$$\frac{\sim(X \supset Y)}{X} \quad \frac{\sim(X \supset Y)}{\sim Y}$$

標識なし論理式を用いるタブローでは，枝を閉じるというのは，ある論理式とその**否定**がともにその枝の上にあるときにはその枝を終了するということである．

任意の標識なし論理式 Z に対して，次のように $\overline{Z}$ を定義すると便利であることがわかる．Z が $(X \wedge Y)$, $(X \vee Y)$, $(X \supset Y)$, $(X \equiv Y)$ のいずれかの形式であれば，$\overline{Z}$ は $\sim Z$ とする．p を命題変数として，Z が p の形式であれば，$\overline{Z}$ は $\sim p$ とする．Z が $\sim X$, $\sim(X \wedge Y)$, $\sim(X \vee Y)$, $\sim(X \supset Y)$, $\sim(X \equiv Y)$ のいずれかの形式であれば，$\overline{Z}$ はそれぞれ X, $(X \wedge Y)$, $(X \vee Y)$, $(X \supset Y)$, $(X \equiv Y)$ とする．$\overline{Z}$ は $\sim Z$ と論理的に同値であり，Z の**共役**と呼ばれる．

命題論理のタブローによる証明

論理式 X に対して，（標識付き論理式で構築したタブローの場合は）F X，または（標識なし論理式で構築したタブローの場合は）$\sim X$ から始まる閉タブローが見つかれば，X はトートロジーであることが**証明**された，あるいは，単に論理式 X が**証明**されたという．注：標識なし論理式の文脈では，X の先頭が $\sim$ である場合には，（$\sim X$ と論理的に同値な）$\overline{X}$ からタブローを始めるほうが効率がよい．

後でわかるように，場合によっては，（標識付き論理式で構築したタブローの場合は）T X，または（標識なし論理式で構築したタブローの場合は）X から始めるタブローも役に立つ．そのようなタブローを X のタブローと呼ぶ．また，場合によっては，FX から始めるタブローを FX のタブローと呼ぶことがある．

練習問題 1　タブローによって，次の論理式を証明せよ．（いくつかの論理式は標識付き論理式を用いて証明し，いくつかの論理式は標識なし論理式を用いて証明すると，よい練習になるだろう．）

（a）　$q \supset (p \supset q)$

（b）　$[(p \supset q) \wedge (q \supset r)] \supset (p \supset r)$

（c）　$[p \supset (q \supset r)] \supset [(p \supset q) \supset (p \supset r)]$

（d）　$[(p \supset r) \wedge (q \supset r)] \supset [(p \vee q) \supset r]$

（e）　$[(p \supset q) \wedge (p \supset r)] \supset [p \supset (q \wedge r)]$

（f）　$\sim(p \vee q) \supset (\sim p \wedge \sim q)$

（g）　$(\sim p \wedge \sim q) \supset \sim(p \vee q)$

（h）　$[p \wedge (q \vee r)] \supset [(p \wedge q) \vee (p \wedge r)]$

（i）　$[(p \supset q) \wedge (p \supset \sim q)] \supset \sim p$

（j）　$[((p \wedge q) \supset r) \wedge (p \supset (q \vee r))] \supset (p \supset r)$

統一表記

$\sim, \wedge, \vee, \supset$ のうちのいくつかはほかのものから定義可能ではあるが，ここまでに考察してきたタブローではこれらを独立した論理結合子ととらえた．それらは「起点」と呼んでもよいだろうが，一般的には「原始結合子」と呼ばれる．命題論理を取り扱う公理系として，ここで用いる公理系も含めていくつかのものは，この 4 種類の論理結合子を原始結合子とする．ほかにも，$\sim$ と $\wedge$ を原始結合子とする公理系もあるし，$\sim$ と $\supset$ を原始結合子とする公理系も，$\sim, \wedge, \vee$ を原始結合子とする公理系もある．多くの原始結合子を用いる利点は，その公理系の**中**での証明が短くなりやすく，形式ばらずに考えるやり方に近いことである．しかし，残念ながら，原始結合子が多くなると，この後すぐに調べることになるその公理系に**ついて**の証明，いわゆる**メタ理論**は，長くなりやすく，多くの場合分けが必要になる．

別の観点からすると，多くの論理結合子を伴う論理式は直感的には極めて理解しやすく，それを少数の論理結合子しか含まない論理式に書き直すと，不自然になったり，見た目が悪くなったりしがちである．たとえば，三段論法として知られている次の論理式を考えてみよう．

$$[(p \supset q) \wedge (q \supset r)] \supset (p \supset r)$$

$\sim$ と $\wedge$ とだけを原始結合子とするならば，この論理式は

$$\sim[[\sim(p \wedge \sim q) \wedge \sim(q \wedge \sim r)] \wedge \sim(p \wedge \sim r)]$$

になる．

これは，見られたものではない．これをさらに論理結合子 $|$（否定論理積）だけで書き直すと，状況はもっと悲惨なものになるので，書き直す気にもならない．

ここで，原始結合子が多い場合と少ない場合それぞれのよい点を両立させたかったので，それらを組み合わせた統一記法を別途導入することにした．それは次のようなものである．

ギリシア文字 α を使って，A 型，すなわち，$\mathsf{T}(X \wedge Y)$, $\mathsf{F}(X \vee Y)$, $\mathsf{F}(X \supset Y)$, $\mathsf{T}\sim X$, $\mathsf{F}\sim X$ という 5 種類のいずれかの形式をもつ任意の標識付き論理式を表す．このような任意の論理式 α に対して，α の**構成要素**と呼ばれる論理式 α_1 と α_2 を次のように定義する．

$\alpha = \mathsf{T}(X \wedge Y)$ ならば，$\alpha_1 = \mathsf{T}X$, $\alpha_2 = \mathsf{T}Y$ とする．
$\alpha = \mathsf{F}(X \vee Y)$ ならば，$\alpha_1 = \mathsf{F}X$, $\alpha_2 = \mathsf{F}Y$ とする．
$\alpha = \mathsf{F}(X \supset Y)$ ならば，$\alpha_1 = \mathsf{T}X$, $\alpha_2 = \mathsf{F}Y$ とする．
$\alpha = \mathsf{T}\sim X$ ならば，α_1 と α_2 はともに $\mathsf{F}X$ とする．
$\alpha = \mathsf{F}\sim X$ ならば，α_1 と α_2 はともに $\mathsf{T}X$ とする．

見やすくするために，これらの定義を次表にまとめておく．

α	α_1	α_2
$\mathsf{T}(X \wedge Y)$	$\mathsf{T}X$	$\mathsf{T}Y$
$\mathsf{F}(X \vee Y)$	$\mathsf{F}X$	$\mathsf{F}Y$
$\mathsf{F}(X \supset Y)$	$\mathsf{T}X$	$\mathsf{F}Y$
$\mathsf{T}\sim X$	$\mathsf{F}X$	$\mathsf{F}X$
$\mathsf{F}\sim X$	$\mathsf{T}X$	$\mathsf{T}X$

任意の解釈の下で，任意の α が真となるのは，その構成要素 α_1 と α_2 がともに真であるとき，そしてそのときに限ることに注意しよう．これに基づ

いて，これらの α 論理式を**連言型論理式**と呼ぶ．

つぎに，ギリシア文字 β を使って，B型，すなわち，$\mathsf{F}(X \wedge Y)$, $\mathsf{T}(X \vee Y)$, $\mathsf{T}(X \supset Y)$, $\mathsf{T}{\sim}X$, $\mathsf{F}{\sim}X$ の5種類のいずれかの形式をもつ任意の標識付き論理式を表す．そして，β の**構成要素** β_1 と β_2 を次のように定義する．

β	β_1	β_2
$\mathsf{F}(X \wedge Y)$	$\mathsf{F}\,X$	$\mathsf{F}\,Y$
$\mathsf{T}(X \vee Y)$	$\mathsf{T}\,X$	$\mathsf{T}\,Y$
$\mathsf{T}(X \supset Y)$	$\mathsf{F}\,X$	$\mathsf{T}\,Y$
$\mathsf{T}{\sim}X$	$\mathsf{F}\,X$	$\mathsf{F}\,X$
$\mathsf{F}{\sim}X$	$\mathsf{T}\,X$	$\mathsf{T}\,X$

任意の解釈の下で，任意の β が真となるのは，その構成要素 β_1 と β_2 の少なくとも一方が真であるとき，そしてそのときに限ることに注意しよう．これに基づいて，これらの β 論理式を**選言型論理式**と呼ぶ．

付記　もちろん，タブローを構築するときには，$\mathsf{T}{\sim}X$ と $\mathsf{F}{\sim}X$ は α として扱う．なぜなら，β としてまったく同一の2本の枝に分岐するのは無駄だからである．

標識なし論理式については，$X \wedge Y$, ${\sim}(X \vee Y)$, ${\sim}(X \supset Y)$ をA型とし，$X \vee Y$, ${\sim}(X \wedge Y)$, $X \supset Y$ をB型とする．そして，${\sim}{\sim}X$ はA型でもB型でもあるとする．それらの構成要素は次のとおりである．

α	α_1	α_2
$X \wedge Y$	X	Y
${\sim}(X \vee Y)$	${\sim}X$	${\sim}Y$
${\sim}(X \supset Y)$	X	${\sim}Y$
${\sim}{\sim}X$	X	X

β	β_1	β_2
${\sim}(X \wedge Y)$	${\sim}X$	${\sim}Y$
$X \vee Y$	X	Y
$X \supset Y$	${\sim}X$	Y
${\sim}{\sim}X$	X	X

標識付き論理式 $\mathsf{T}{\sim}X$ と $\mathsf{F}{\sim}X$（または標識なし論理式 ${\sim}X$ と X）だけは，A型とB型の双方に分類される．これは，それぞれの論理式に対して，その二つの構成要素が同一であり，それゆえ，その二つの構成要素がともに真であるというのは，その二つの構成要素の少なくとも一方が真であるというのと同値だからである．

この α-β 記法を用いると，8種類のタブロー規則が次の2種類にまとめられるという好ましい事実に注意しよう．

規則 A　$\dfrac{\alpha}{\alpha_1}$　$\dfrac{\alpha}{\alpha_2}$　　規則 B　β ／＼ β_1　β_2

そして，これは，標識付き論理式によるタブローでも標識なし論理式によるタブローでも使えるのである．したがって，（標識付き論理式を用いるタブローと標識なし論理式を用いるタブローのそれぞれにおいて）8 種類の規則を 2 種類に統一しただけでなく，この 2 種類のタブローも統一したのである．これは，メタ理論の研究において非常に役立つことになる．

注　標識なし論理式 X に対して，X が α（β）ならば，$\overline{X}$ をそれに対応する β（α）と定義する．

問題 1　この α-β 記法にうまくあてはまり，原始結合子とすることのできる論理結合子は，$\downarrow$（否定論理和）や $|$（否定論理積）などほかにもある．これらを原始結合子とした場合，T $X \downarrow Y$, F $X \downarrow Y$, T $X \mid Y$, F $X \mid Y$ に対するタブロー規則はどうなるだろうか．また，それぞれの構成要素は何で，どの論理式が α になり，どの論理式が β になるだろうか．

◉双条件式 $\equiv$

$\equiv$ に対するタブロー規則は提示しなかった．なぜなら，$X \equiv Y$ は，$(X \wedge Y) \vee ({\sim}X \wedge {\sim}Y)$，あるいは，これと同値な論理式 $(X \supset Y) \wedge (Y \supset X)$ の省略形として扱うことができるからである．しかしながら，$\equiv$ を含んだ論理式を扱うならば，次のような規則を使うほうが証明は簡単になる．

T $X \equiv Y$ ／＼ T X, T Y ｜ F X, F Y　　F $X \equiv Y$ ／＼ T X, F Y ｜ F X, T Y

$\equiv$ を原始結合子とする命題論理の流儀は（あったとしても）数少なく，また，$\equiv$ はこの α-β 記法の枠組みにはうまくはまらないことを付記しておく．

練習問題 2　タブローを用いて，次の (a)–(g) を証明せよ．

（a）　$[p \equiv (q \equiv r)] \equiv [(p \equiv q) \equiv r]$

（b）　$[(p \supset q) \wedge (q \supset p)] \equiv [(p \wedge q) \vee ({\sim}p \wedge {\sim}q)]$

（c）　$(p \wedge q) \equiv (p \equiv (p \supset q))$
（d）　$(p \vee q) \equiv (q \equiv (p \supset q))$
（e）　$(p \supset q) \equiv (p \equiv (p \wedge q))$
（f）　$(p \wedge q) \equiv [(p \vee q) \equiv (p \equiv q)]$
（g）　$(p \vee q) \equiv [(p \wedge q) \equiv (p \equiv q)]$

論理式の次数

この後すぐに調べるメタ理論の準備のために，標識なし論理式の**次数**を，その論理式に現れる論理結合子の個数と定義する．すなわち，すべての命題変数の次数は 0 であり，次数がそれぞれ n_1 と n_2 である任意の論理式 X と Y に対して，$\sim X$ の次数は n_1+1，論理式 $X \wedge Y$, $X \vee Y$, $X \supset Y$ の次数はそれぞれ n_1+n_2+1 になる．標識付き論理式 TX と FX の次数とは，X の次数のことである．あきらかに，α の次数は，α_1 と α_2 いずれの次数よりも大きく，β の次数は，β_1 と β_2 いずれの次数よりも大きい．

健全性と完全性

もっとも興味深い部分であるタブローの**メタ理論**に取り組もう．簡単にするために，とくに断らない限り，標識付き論理式を用いたタブローについてだけ証明する．（しかし，標識なし論理式によって構築されるタブローについても，同様に論じることができる．）証明したいのは次の二つである．

（1）　**健全性**：標識なし論理式がタブロー法で証明可能（すなわち，FX で始まる閉タブローが存在する）ならば X は実際にトートロジーであるという意味で，タブロー法は**健全**である．

（2）　**完全性**：すべてのトートロジーはタブロー法で証明可能という意味で，タブロー法は**完全**である．さらに言えば，X がトートロジーならば，FX で始まる閉タブローが存在するだけでなく，FX で始まる**すべて**の完成したタブローは閉じている．

(1)の証明は比較的簡単であるが，(2)の証明はそれとはまったく別の話であることを付記しておく．

それでは，(1)の証明に取りかかろう．論理式は，標識付きであっても標識なしであっても，少なくとも一つの解釈の下で真になるならば，**充足可能**と呼ばれる．あきらかに，標識なし論理式 X がトートロジーであるのは，F X が充足不可能であるとき，そしてそのときに限る．論理式の集合 S は，少なくとも一つの解釈の下で S のすべての元が真となるならば，**充足可能**（または**同時に充足可能**）と呼ばれる．ここで，任意の標識なし論理式 X に対して，F X の閉タブローが存在すれば，X はトートロジーである，言い換えると，F X は充足不可能であることを示さなければならない．

タブローの枝は，その枝の上の論理式の集合が充足可能ならば，充足可能という．また，タブロー $\mathscr{T}$ は，その少なくとも一つの枝が充足可能ならば，充足可能という．

問題 2

（a）　タブロー $\mathscr{T}$ が充足可能ならば，規則 A か規則 B を適用して $\mathscr{T}$ を伸ばしたものも充足可能であることを示せ．

（b）　つぎに，X が充足可能な（標識なし）論理式ならば，X のタブローで閉じられるものはないことを示せ．

（c）　最後に，X が（標識なし）論理式であり，F X の閉タブローが存在するならば，X はトートロジーであり，したがってタブロー法は健全であることを示せ．

これで，タブロー法の健全性が示せたので，つぎにタブロー法が完全であること，すなわち，すべてのトートロジーはタブロー法で証明可能であること，実際には，X がトートロジーであれば，F X のすべての完成したタブローは閉じなければならないことの証明に取りかかろう．

θ を，**完成した**タブローの開枝とする．このとき，枝 θ の上の論理式の集合 S に対して，次の 3 条件が成り立つ．

H_0:　標識付き変数とその共役がともに S に属するということはない．（実際には，標識付き論理式とその共役がともに S に属することはないが，以降ではここまで強い事実を必要としない．）

H_1:　S に属する任意の α に対して，その構成要素 α_1 と α_2 はともに S に属する．

H_2:　S に属する任意の β に対して，その構成要素 β_1 と β_2 の少なくとも一方は S に属する．

条件 H_0, H_1, H_2 を満たす有限または無限の集合 S は，根本的に重要であり，（この重要性に気づいた論理学者ヤーッコ・ヒンティッカにちなんで）**ヒンティッカ集合**と呼ばれる．ここで，次の補題を示したい．

ヒンティッカの補題　すべての（有限または無限）ヒンティッカ集合は充足可能である．

問題 3　次の (a)–(c) を証明せよ．

（a）　ヒンティッカの補題（ヒント：ヒンティッカ集合 S が与えられたときに，S のすべての元が真になるような解釈を見つけなければならない．どの標識付き変数が S に属するかによって，この解釈の足がかりとせよ．そして，完全数学的帰納法を用いて，この解釈の下で S のすべての元が真になることを示せ．）

（b）　標識付き論理式 X が充足不可能ならば，X のすべての完成したタブローは閉じていなければならない．

（c）　標識なし論理式 X がトートロジーならば，F X のすべての完成したタブローは閉じていなければならない．

標識付き論理式 T X が充足可能**である**ことを示すために，F X ではなく T X の完成したタブローを構築する．その任意の開枝は，実際に T X が真になるような解釈を作り出す．具体的には，その枝の上に T p があるような変数 p に対して**真**を割り当て，その枝の上に F p があるような変数 p に対して**偽**を割り当てる．（標識なし論理式を用いたタブローについては，X がトートロジーであることを示すためには，$\sim X$ の完成したタブローを構築し，X が充足可能であることを示すためには，X の完成したタブローを構築する．）

有限集合 $\{X_1, \cdots, X_n\}$ が充足可能かどうかを知るためには，T $X_1 \wedge \cdots \wedge X_n$ の完成したタブローを構築するか，それよりも経済的な，次の論理式から始まる完成したタブローを構築する．

$$\mathsf{T}\,X_1$$
$$\mathsf{T}\,X_2$$
$$\vdots$$
$$\mathsf{T}\,X_n$$

論理式 Y が論理式の有限集合 $\{X_1, \cdots, X_n\}$ の論理的帰結であるかどうかを知るためには，$\mathsf{F}\,X_1 \wedge \cdots \wedge X_n \wedge \sim Y$ の完成したタブローを構築するか，それよりも経済的な，次の論理式から始まる完成したタブローを構築する．

$$\mathsf{T}\,X_1$$
$$\mathsf{T}\,X_2$$
$$\vdots$$
$$\mathsf{T}\,X_n$$
$$\mathsf{F}\,Y$$

コンパクト性

まず，命題論理の論理式の任意の無限集合は可算集合でなければならないことに注意する．なぜなら，（第 5 章の練習問題によって）命題論理のすべての論理式の集合は可算であり，（第 2 章の練習問題によって）このすべての論理式の集合の任意の無限部分集合もまた可算でなければならないことがわかっているからである．ここで，命題論理の論理式の任意の無限集合 S を考えると，この集合は可算でなければならないので，その元をある列 X_1, $\cdots$, X_n, $\cdots$ に並べたと仮定しよう．X_1 が真になるような解釈 I_1 があるとし，また，X_1 と X_2 がともに真になるような解釈 I_2 があるとし，一般に，それぞれの正整数 n に対して，列の最初の n 個の論理式 X_1, $\cdots$, X_n がすべて真になるような解釈 I_n があるとしよう．このとき，必然的に，S の無限個の論理式がすべて真になるような解釈 I が存在するだろうか．この問いは，次の問いと本質的に同値である．集合 S のすべての有限部分集合が充足可能ならば，S 全体が（同時に）充足可能になるか．

問題 4　この二つの問いが同値であることを示せ．すなわち，S のすべての有限部分集合が充足可能であるのは，すべての n に対して $\{X_1, \cdots, X_n\}$

が充足可能であるとき，そしてそのときに限ることを示せ．

それでは，もとの問いに対する答えが肯定的であることを証明しよう．すなわち，命題論理の論理式の無限集合 S のすべての有限集合が充足可能ならば，S 自体もまた充足可能であることを示そう．これは，**命題論理のコンパクト性定理**として知られていて，一階述語論理を調べるときに非常に役立つことになる．

この重要な結果に対して2種類の異なる証明を与える．一方の証明は，タブローとケーニヒの補題（またはブラウワーの扇定理）を用いる．もう一方の証明は，タブローもケーニヒの補題も（ブラウワーの扇定理も）使わないが，任意の可算無限集合 S と S の部分集合の任意のコンパクトな性質 P に対して，性質 P をもつ S の任意の部分集合 A は性質 P をもつ**極大**集合にまで拡大できる（すなわち，A はその部分集合になる）という前章で提示した事実を用いる．いずれの証明も興味深く，それぞれは互いに他方が明らかにしない興味深い事実を明らかにする．

一つ目の証明では，論理式の集合 S で，そのすべての有限部分集合が充足可能なものを考える．S の元をある無限列 $X_1, \cdots, X_n, \cdots$ として並べる．このとき，次のようにタブローを構築する．まず，X_1 のタブローを完成させる．X_1 は充足可能なので，このタブローは閉じることはない．つぎに，このすべての開枝の終端に X_2 を追加し，続けてその枝を完成させる．この新たに拡大されたタブローも閉じることはない．なぜなら，$\{X_1, X_2\}$ は充足可能だからである．そして，そのすべての開枝の終端に X_3 を追加し，その枝を完成させる．このときも，この枝は閉じることはない．なぜなら，$\{X_1, X_2, X_3\}$ は充足可能だからである．$X_4, X_5, \cdots, X_n, \cdots$ を順次追加して，この手順を限りなく続ける．こうして，無限に伸びるタブローを作り出す．どの段階においても，このタブローは閉じることはない．なぜなら，すべての n に対して，集合 $\{X_1, \cdots, X_n\}$ は充足可能だからである．この木はあきらかに有限生成である．なぜなら，それぞれの結節点ではたかだか二つ（その結節点が α ならば一つ，β ならば二つ）の後者しかもたないからである．このとき，ケーニヒの補題によって，このタブローには無限に伸びる枝 θ がある．閉じた枝はすべて有限なので，この枝 θ は閉じていない．そして，S のすべての元は，ある段階で枝 θ に現れる．したがって，枝 θ の上のすべての論理式の集合 S' はヒンティッカ集合であり，ヒンティッカの補題によって充足可能である．S は S' の部分集合なので，あきらかに S は充足可能である．これで証明は完成である．

つぎに，タブローもケーニヒの補題も使わない二つ目の証明にとりかかろう．

◉真理集合

まず，標識付き論理式を考える．任意の解釈 I に対して，I の**真理集合**とは，I の下で真になるすべての標識付き論理式の集合のことである．標識付き論理式の集合 S は，ある解釈 I の真理集合になっていれば，**真理集合**と呼ぶ．S が真理集合ならば，任意の標識付き論理式 X と任意の α と β に対して，次の3条件が成り立つ．

T_0: X とその共役 $\overline{X}$ のいずれか一方は S に属するが，その両方が S に属することはない．

T_1: α が S に属するのは，α_1 と α_2 がともに S に属するとき，そしてそのときに限る．

T_2: β が S に属するのは，β_1 と β_2 の少なくとも一つが S に属するとき，そしてそのときに限る．

この後すぐに，T_0, T_1, T_2 の成り立つ任意の集合 S は真理集合であることがわかる．

◉充満集合

標識付き論理式の集合 S は，任意の標識付き論理式 X に対して，X とその共役 $\overline{X}$ のいずれかが S に属するならば，**充満**しているという．

問題5 次の(a)–(c)を証明せよ．

(a) S が充足可能かつ充満しているならば，S は真理集合である．

(b) 充満しているすべてのヒンティッカ集合は真理集合である．

(c) 条件 T_0, T_1, T_2 が成り立つ任意の集合 S は真理集合である．

練習問題3 条件 T_0, T_1, T_2 は冗長である．条件 T_2 は，T_0 と T_1 から導くことができる．その理由を説明せよ．また，条件 T_1 は，T_0 と T_2 から導くことができる．その理由を説明せよ．また，条件 T_0 を X が標識付き変数である場合だけに弱めても，S は真理集合になることを証明せよ．

命題論理のコンパクト性定理の二つ目の証明のためには，次の補題が鍵となる．

補題 1　標識付き論理式の任意の集合 S と任意の標識付き論理式 X に対して，$S \cup \{X\}$ のある有限部分集合が充足不可能であり，$S \cup \{\overline{X}\}$ のある有限部分集合も充足不可能ならば，S のある有限部分集合が充足不可能になる．

注　この補題は，次のように述べ直すことができる．S のすべての有限部分集合が充足可能ならば，$S \cup \{X\}$ のすべての有限部分集合が充足可能か，$S \cup \{\overline{X}\}$ のすべての有限部分集合が充足可能かのいずれかである．

問題 6　この補題を証明せよ．

命題論理のコンパクト性定理の二つ目の証明は次のようになる．

第 4 章では，集合 A の部分集合の任意の性質 P に対して，（S を A の部分集合とするとき）$P^*(S)$ を，S のすべての有限部分集合が性質 P をもつことと定義したのを思い出そう．また，任意の可算集合 A と A の部分集合のコンパクトな性質 P に対して，A の任意の部分集合 S で性質 P をもつものは，A の性質 P をもつ極大部分集合 S^* の部分集合になるという，可算コンパクト性定理を思い出そう．

ここで，A としてすべての標識付き論理式の集合をとり，P として充足可能性をとる．このとき，標識付き論理式の集合 S の性質 P^* は，S のすべての有限部分集合が充足可能になるということである．そこで，S は可算であり，S のすべての有限部分集合は充足可能であるとする．すると，可算コンパクト性定理（と，任意の性質 P に対して P^* がコンパクトであるというすでに示した事実）によって，S は，そのすべての有限部分集合が充足可能であるという性質をもつ，論理式のある**極大**集合 S^* の部分集合になる．この S^* が真理集合であることを示さなければならない．

問題 7　S^* が真理集合であることを証明せよ．

これで S^* が真理集合であることがわかったので，もちろん，S^* は充足可能である．したがって，その部分集合 S も充足可能であり，これで命題論理のコンパクト性定理の二番目の証明ができた．

論理式の集合 S の元がすべて真になるような任意の解釈の下で論理式 x が真になるとき，X を集合 S の論理的帰結と呼ぶのであった．

命題論理のコンパクト性定理から次の系が得られる．

系　X が S の論理的帰結ならば，X は S のある有限部分集合の論理的帰結である．

問題 8　この系を証明せよ．

命題論理のコンパクト性定理は，標識なし論理式の集合に対しても成り立つ．証明は，標識付き論理式の場合と同じで，$\mathsf{T}X$ を X で置き換え，$\mathsf{F}X$ を $\sim X$ か $\overline{X}$ で置き換えるだけである．その系もまた成り立つので，X が S の論理的帰結ならば，X は S のある有限部分集合 $\{X_1, \cdots, X_n\}$ の論理的帰結になる．これは，論理式 $(X_1 \wedge \cdots \wedge X_n) \supset X$ がトートロジーだということである．

双対タブロー

ユーグ・ルブランと D・ポール・スナイダーは，論文「スマリヤン木の双対」[14] において，私が呼ぶところの**双対タブロー**（彼らは**双対スマリヤン木**と呼んだ）を導入した．次章では，双対タブローの役立つ応用を紹介する．

統一記法では，双対タブロー規則は次のようになる．

規則 A^0

$$\begin{array}{ccc} & \alpha & \\ / & & \backslash \\ \alpha_1 & & \alpha_2 \end{array}$$

規則 B^0

$$\frac{\beta}{\beta_1} \quad \frac{\beta}{\beta_2}$$

注　双対タブローには，標識付き論理式を用いるものも標識なし論理式を用いるものもある．（[14] では，標識なし論理式の場合だけが論じられた．）標識付き論理式を用いる双対タブローでは，論理式 $\mathsf{T}{\sim}X$ と $\mathsf{F}{\sim}X$ を β（B 型）とみなす．標識なし論理式を用いる双対タブローでは，$\sim\sim X$ を B 型として扱う．

任意の解釈 I の下で，α が偽であるのは，α_1 と α_2 の少なくとも一方が偽であるとき，そしてそのときに限ることに気づくと役立つだろう．そして，論理式 β が偽であるのは，β_1 と β_2 がともに偽であるとき，そしてそのときに限る．双対タブローで探るのは，こうした事実である．

ここからは，標識付き論理式を用いた双対タブローを考える．

混乱を避けるために，これまで**タブロー**と呼んでいたものをここでは（[24] のように）**分析タブロー**と呼ぶことにし，双対タブローと区別する．すると，標識なし論理式 X の分析タブローによる証明とは，F X の閉タブローのことである．ここで，X の**双対タブローによる証明**を，T X の閉双対タブローと定義する．X の双対タブローによる証明が存在するのは，X がトートロジーであるとき，そしてそのときに限るという意味で，双対タブロー法が健全でかつ完全であることを証明したい．ルブランとスナイダーが [14] で行ったように，これを何もないところから証明することもできるが，すでに証明した分析タブロー法の健全性と完全性の系として証明するほうがかなり楽である．

任意のタブロー $\mathscr{T}$ に対して，それが分析タブローであっても双対タブローであっても，その**共役タブロー** $\overline{\mathscr{T}}$ とは，$\mathscr{T}$ に現れるそれぞれの論理式 X をその共役 $\overline{X}$ で置き換えた結果のことである．すなわち，$\mathscr{T}$ から $\overline{\mathscr{T}}$ を得るためには，単にすべての T を F で置き換え，すべての F を T で置き換えればよい．

健全性については，$\mathscr{T}$ を T X の閉双対タブローとする．このとき，その共役 $\overline{\mathscr{T}}$ は F X の分析タブローであり，閉じている．（その理由がわかるだろうか．）すると，分析タブロー法の健全性によって，標識付き論理式 F X は充足不可能であり，したがって，X はトートロジーである．すなわち，双対タブロー法は健全である．

つぎに，X はトートロジーとする．このとき，すでに証明したように，分析タブロー法の完全性によって，F X の閉じた分析タブロー $\mathscr{T}$ が存在する．すると，$\mathscr{T}$ の共役 $\overline{\mathscr{T}}$ は，T X の閉じた双対タブローであり，したがって，X の双対タブローによる証明である．また，すべてのトートロジーには双対タブローによる証明があるので，双対タブロー法は完全である．

標識なし論理式を用いた双対タブローについては，X がトートロジーならば，T X から始まる閉双対タブロー $\mathscr{T}$ が存在する．$\mathscr{T}$ に現れるすべての標識付き論理式の T を取り除き，F を $\sim$ で置き換えると，標識なし論理式を用いた双対タブローによる X の証明が得られる．こうして，すべてのトートロジーには，標識なし論理式を用いた双対タブローによる証明がある．この結果は，次章で必要になる．

次の練習問題を解くことで，双対タブローについての理解がさらに深まるだろう．

練習問題 4　この練習問題は，前半と後半から構成されている．

（a）ルブランとスナイダーの論文 [14] にならって，**双対ヒンティッカ集合**（彼らの論文では**双対モデル集合**と呼ばれていた）を，標識付き論理式の集合 S で，すべての α, β と任意の標識なし論理式 X に対して次の条件を満たすものと定義する．

$H_0{}^0$:　TX と FX がともに S に属するということはない．
$H_1{}^0$:　α が S に属するならば，α_1 と α_2 のいずれか一方は S に属する．
$H_2{}^0$:　β が S に属するならば，β_1 と β_2 はともに S に属する．

このとき，S が双対ヒンティッカ集合ならば，S のすべての元が偽となるような解釈が存在することを証明せよ．

（b）つぎに，(a)を用いて，すべてのトートロジー X に対して，TX の閉双対タブローが存在することを，分析タブローの完全性の結果を使わずに**直接証明**せよ．

練習問題 5　タブローは，分析タブローであっても双対タブローであっても，そのすべての枝に対して，Tp と Fp がともにこの枝の上に現れるような命題変数 p が存在するならば，**原子的に閉じている**という．X がトートロジーならば，FX の**原子的に閉じている**分析タブローと，TX の**原子的に閉じている**双対タブローが存在することを証明せよ．

問題の解答

問題 1　↓と | のタブロー規則は次のようになる．

$$\frac{\mathsf{T}X\downarrow Y}{\mathsf{F}X}\qquad \frac{\mathsf{T}X\downarrow Y}{\mathsf{F}Y}\qquad \begin{array}{c}\mathsf{F}X\downarrow Y\\ \swarrow\ \searrow\\ \mathsf{T}X\quad \mathsf{T}Y\end{array}$$

$$\begin{array}{c}\mathsf{T}X\mid Y\\ \swarrow\ \searrow\\ \mathsf{F}X\quad \mathsf{F}Y\end{array}\qquad \frac{\mathsf{F}X\mid Y}{\mathsf{T}X}\qquad \frac{\mathsf{F}X\mid Y}{\mathsf{T}Y}$$

$\mathsf{T}X\downarrow Y$ と $\mathsf{F}X\mid Y$ は α であり，$\mathsf{F}X\downarrow Y$ と $\mathsf{T}X\mid Y$ は β である．

問題 2　(a)–(c) それぞれについて解を示す．

（a）　タブロー $\mathscr{T}$ が充足可能であるとする．θ を，規則 A または規則 B で伸ばす $\mathscr{T}$ の枝とする．θ は，充足可能であるか，充足可能でないかのいずれかである．もし，充足可能でないならば，$\mathscr{T}$ のほかの枝 γ が充足可能である．すると，θ を伸ばすことは枝 γ には何の影響も与えず，したがって，γ は充足可能のままである．したがって，伸ばされたタブローを $\mathscr{T}_1$ と呼ぶことにすると，$\mathscr{T}_1$ は充足可能である．それでは，θ が充足可能である場合を考えよう．この場合のほうが興味深い．I を，その下で θ の上の論理式がすべて真となるような解釈とする．まず，θ を規則 A によって伸ばしたとしよう．これは，枝 θ 上にある α があり，その枝に α_1 か α_2 を追加したということである．I の下で α は真なので，α_1 と α_2 もともに真である．したがって，このどちらを追加したとしても，その結果として得られる枝は充足可能である．つぎに，θ を規則 B によって伸ばしたとしよう．これは，枝 θ 上にある β があり，θ は 2 本の枝 θ_1 と θ_2 に分岐させられたということである．ここで，θ_1 は β_1 が追加された枝，θ_2 は β_2 が追加された枝である．解釈 I の下で β は真なので，同じく解釈 I の下で β_1 と β_2 の少なくとも一方は真である．したがって，θ_1 か θ_2 のいずれかのすべての要素は真である．すなわち，θ_1 と θ_2 の少なくとも一つは充足可能であり，伸ばされたタブロー $\mathscr{T}_1$ も充足可能である．

（b）　X を充足可能な標識付き論理式とし，単一の論理式 X からなるタブロー $\mathscr{T}$ から始める．あきらかに，このタブロー $\mathscr{T}$ は充足可能である．このとき，(a) によって，タブロー $\mathscr{T}$ の任意の直接拡大 $\mathscr{T}_1$ は充足可能であり，したがって，$\mathscr{T}_1$ の任意の直接拡大 $\mathscr{T}_2$ も充足可能であり，と続く．$\mathscr{T}$ のすべての拡大は充足可能なので，（閉じたタブローはあきらかに充足可能ではないので）$\mathscr{T}$ の拡大で閉じることのできるものはない．

（c）　とくに，任意の標識なし論理式 X に対して，$\mathsf{F}X$ が充足可能ならば，$\mathsf{F}X$ のタブローで閉じられるものはない．言い換えると，$\mathsf{F}X$ の閉タブローが存在すれば，$\mathsf{F}X$ は充足可能ではない．これは，X がトートロジーということである．

問題3　(a)–(c) それぞれについて解を示す.

（a）　S をヒンティッカ集合の条件を満たす論理式の集合とする. S の任意の元の中に現れるそれぞれの命題変数 p に対して, Tp が S の元であれば, p にはもちろん真を割り当て, Fp が S の元であれば, p に偽を割り当てる.（条件 H_0 によって, Tp と Fp がともに S の元となることはなく, 何の問題もなくこのように値を割り当てられることが保証されている.）Tp も Fp も S の元でなければ, p にどのような値を割り当ててもかまわない. こうして, S に属する次数 0 のすべての元（すべての標識付き命題変数）が真になるような解釈 I が得られる. I の下で S のすべての元が真になることを, S に属する論理式の次数に関する完全数学的帰納法によって示す.

n を, I の下で S に属する次数 n 以下のすべての論理式が真であるような数とする.（次数 n のとりうる最小値は 0 で, それは論理式が論理結合子を含まない場合, すなわち, 論理式が標識付き命題変数の場合である. この場合には, この主張はあきらかに成り立つ.）この主張を帰納法の仮定として, S に属する次数 $n+1$ 以下のすべての論理式に対してこの主張が成り立つことを証明しなければならない. そこで, X を S に属する次数 $n+1$ の論理式とする. $n+1$ の最小値は 1 なので, X は少なくとも一つの論理結合子を含み, したがって, X は α か β のいずれかである. まず, X が α だとしよう. すると,（条件 H_1 によって）α_1 と α_2 はともに S に属し, それらの次数はともに $n+1$ より小さい, すなわち次数は n 以下である. それゆえ, 帰納法の仮定によって, α_1 と α_2 はともに真である. α_1 と α_2 がともに真なので, α も真になる.

一方, X が β だとしよう. すると, 条件 H_2 によって, β_1 と β_2 の少なくとも一方は S に属する. このどちらが S に属したとしても, その次数は $n+1$ より小さい, すなわち, 次数は n 以下であり, それゆえ, 帰納法の仮定によって, それは真である. すなわち, β_1 と β_2 の少なくとも一方は真であり, このことから β は真になる. これで, 帰納法は完成した.

（b）　X を充足不可能な標識付き論理式とし, X から始まる任意の完成したタブローを考える. 完成したタブローのすべての開枝はヒンティッカ集合であり, すべてのヒンティッカ集合は充足可能なので, 完成したタブローのすべての開枝は充足可能である.（すなわち, その枝の上の論理式の集合は充足可能である.）しかし, どの完成したタブローのすべての枝の上にも, 最初の論理式として充足不可能な X があるので, X のどのような完成したタブローにも開枝はありえない. すなわち, X のすべての完成したタブローは閉じていなければならない.

（c）　標識なし論理式 X がトートロジーならば, FX は充足可能ではなく, したがって, (b) によって, FX のすべての完成したタブローは閉じていなければならない.

問題 4　$\Rightarrow$ は，自明である．S のすべての有限部分集合が充足可能ならば，すべての n に対して，集合 $\{X_1, \cdots, X_n\}$ はもちろん有限なので充足可能である．

逆に，すべての n に対して，集合 $\{X_1, \cdots, X_n\}$ は充足可能とする．ここで，S の任意の有限部分集合 A を考える．n を $X_i \in A$ であるような i の最大値とする．このとき，A は $\{X_1, \cdots, X_n\}$ の部分集合であり，この集合が充足可能なので，その部分集合である A も充足可能である．（もちろん，A が空集合ならば，A は空虚に充足可能である．実際，A に元はないので，すべての解釈の下で A のすべての元は真である．）

問題 5　(a)–(c) それぞれについて解を示す．

（a）　S は充足可能かつ充満しているとする．S は充足可能なので，ある解釈 I で，その下で S のすべての元が真になるようなものが存在する．このとき，I の下で真であるすべての論理式 X は S に属すること，すなわち，S は I の真理集合であることを示したい．

論理式 X は I の下で真であるとする．このとき，$\overline{X}$ は I の下で真ではないので，$\overline{X}$ が S に属することはない．（なぜなら，I の下で真である論理式だけが S に属するからである．）$\overline{X}$ は S に属さず，S は充満しているので，$X \in S$ が成り立つ．これで証明は完成した．

（b）　これは (a) から導くことができる．なぜなら，ヒンティッカの補題によって，すべてのヒンティッカ集合は充足可能だからである．

（c）　条件 T_0, T_1, T_2 を満たす任意の集合は，あきらかに H_0, H_1, H_2 を満たし，したがって，ヒンティッカ集合である．また，その集合は，T_0 によって，充満しているので，(b) によって，真理集合である．

問題 6　$S \cup \{X\}$ のある有限部分集合が充足不可能であることがわかっている．そのような集合は，S のある有限部分集合 S_1 に対して $S_1 \cup \{X\}$ であるか，それ自体が S の有限部分集合 S_1 であるかのいずれかである．したがって，いずれの場合も，S の有限部分集合 S_1 で，$S_1 \cup \{X\}$ が充足不可能になるものが存在する．同様にして，$S \cup \{\overline{X}\}$ のある有限部分集合が充足不可能であることが与えられているので，S の有限部分集合 S_2 で，$S_2 \cup \{\overline{X}\}$ が充足不可能になるものが存在する．S_3 を S_1 と S_2 の和集合とする．（すなわち，S_1 のすべての元の集合と S_2 のすべての元の集合をあわせた集合である．）S_1 は S_3 の部分集合なので，$S_1 \cup \{X\}$ は $S_3 \cup \{X\}$ の部分集合であり，$S_1 \cup \{X\}$ は充足不可能なので，$S_3 \cup \{X\}$ も充足不可能である．同様にして，S_2 は S_3 の部分集合なので，$S_2 \cup \{\overline{X}\}$ は $S_3 \cup \{\overline{X}\}$ の部分集合であり，$S_2 \cup \{\overline{X}\}$ は充足不可能なので，$S_3 \cup \{\overline{X}\}$ も充足不可能である．すなわち，$S_3 \cup \{X\}$ と $S_3 \cup \{\overline{X}\}$ はともに充足不可能なので，S_3 は充足不可能でなければならない．（なぜなら，S_3 は充足可能だとしたら，ある解釈 I の下で S_3 のすべての元は真になり，I の下で X と $\overline{X}$ のいずれか一方は真になって，$S_3 \cup \{X\}$ と $S_3 \cup \{\overline{X}\}$ のいずれか一方は充足可能になってしまうが，これはありえないからである．）したがって，S の有限部分集合 S_3 は充足不可能である．

問題 7　はじめに，集合 S^* は充満していることを証明する．まず，次のような一般的事実に注意する．M を性質 P をもつ集合 A の極大部分集合とする．このとき，A の任意の元 X に対して，$M \cup \{X\}$ が性質 P をもてば，X は M の元でなければならない．なぜなら，X が M の元でなければ，M は性質 P をもつ $M \cup \{X\}$ の**真**部分集合になり，M が性質 P をもつ集合 A の**極大**部分集合であることに反するからである．

ここで，S^* は，そのすべての有限部分集合は充足可能であるという性質をもつ極大集合である．このとき，任意の論理式 X に対して，$S^* \cup \{X\}$ のすべての有限部分集合は充足可能なので，X は S^* の元でなければならない．問題 6 で証明した補題によって，$S^* \cup \{X\}$ のすべての有限部分集合は充足可能か，$S^* \cup \{\overline{X}\}$ のすべての有限部分集合は充足可能かのいずれかである．前者の場合は，すでにみたように，X は S^* の元でなければならない．後者の場合は，$\overline{X}$ が S^* の元でなければならない．すなわち，$X \in S^*$ か $\overline{X} \in S^*$ のいずれかが成り立つ．これは，S^* が充満していることを意味する．

つぎに，S^* がヒンティッカ集合であることを示す．

条件 H_0 については，X と $\overline{X}$ がともに S^* に属するならば，S^* の有限部分集合 $\{X, \overline{X}\}$ が充足不可能になってしまい，S^* のすべての有限部分集合が充足可能ということに反する．したがって，X と $\overline{X}$ がともに S^* に属するということはない．これで，S^* は条件 H_0 を満たすことが証明された．

H_1 については，α が S^* に属するとしよう．このとき，S^* の有限部分集合 $\{\alpha, \overline{\alpha}_1\}$ は充足可能でないので，$\overline{\alpha}_1$ は S^* に属しえない．$\overline{\alpha}_1 \notin S^*$ であり S^* は充満しているので，$\alpha_1 \in S^*$ が成り立つ．同様にして，$\alpha_2 \in S^*$ も成り立つ．

H_2 については，β が S^* に属するとしよう．このとき，$\overline{\beta}_1$ と $\overline{\beta}_2$ がともに S^* に属することはありえない．なぜなら，S^* の有限部分集合 $\{\beta, \overline{\beta}_1, \overline{\beta}_2\}$ は充足可能でないからである．したがって，$\overline{\beta}_1 \notin S^*$ と $\overline{\beta}_2 \notin S^*$ の少なくとも一方が成り立つ．S^* は充満しているので，前者の場合には $\beta_1 \in S^*$ が成り立ち，後者の場合には $\beta_2 \in S^*$ が成り立つ．すなわち，$\beta_1 \in S^*$ と $\beta_2 \in S^*$ の少なくとも一方が成り立つ．これで，条件 H_2 が成り立つことが証明された．

これで，S^* はヒンティッカ集合であることがわかった．そして，S^* は充満しているので，問題 5 (b) によって，S^* は真理集合である．

問題 8　X が S の論理的帰結だというのは，$S \cup \{\overline{X}\}$ が充足不可能であるというのと同値である．

X が S の論理的帰結であるとする．このとき，$S \cup \{\overline{X}\}$ は充足不可能である．すると，命題論理のコンパクト性定理によって，$S \cup \{\overline{X}\}$ のある有限部分集合は充足不可能である．すなわち，S の有限部分集合 S_1 で，$S_1 \cup \{\overline{X}\}$ が充足不可能なものが存在する．したがって，X は S_1 の論理的帰結である．

第 7 章

公理論的命題論理

初期には，命題論理は公理系を使って取り扱われた．真理値表はかなり後に登場し，タブローはさらにその後である．公理系はそれ自体でも極めて興味深いが，それだけでなく，公理論的取扱いには後の章で述べるようないくつかの利点がある．

古代ギリシア人が使った意味では，公理系は，**自明な事項**と考えられる**公理**と呼ばれる命題の集合と，一見して疑いなく妥当な論理規則から構成される．この論理規則によって，これらの自明な命題から，その多くが自明とは程遠いほかの命題を導くことができる．

公理系は，現代的な意味では，その系の**公理**と呼ばれる論理式の集合と，**推論規則**と呼ばれるある種の関係によって構成される．それぞれの推論規則は，「論理式 $X_1, \cdots, X_n$ から論理式 X が推論できる」という形式をしている．公理系における**証明**とは，論理式の有限列で，通常は横ではなく縦に並べられるので，各列は証明の行と呼ばれる．それぞれの行は公理か，または推論規則のいずれかによってそれより前にある行から推論可能であるようなもののことである．論理式 X がある証明の最後の行になっていれば，その公理系において X は**証明可能**といい，そのような証明を X **の証明**と呼ぶ．

この**証明**の概念は，形式的でない証明の概念とは異なり，純粋に客観的である．与えられた公理系において論理式の列が実際に証明になっているかどうかを決定するプログラムを簡単に書くことができる．

通常，「論理式 $X_1, \cdots, X_n$ から論理式 X が推論できる」という推論規則は，次のように図式的に表記される．

$$\frac{X_1, \cdots, X_n}{Y}$$

命題論理の標準的な推論規則に，**分離規則**（**モドゥスポネンス**）として知られる規則がある．

$$\frac{X,\ X \supset Y}{Y}$$

この規則は，「論理式 X と $X \supset Y$ から，論理式 Y を推論できる」と読むことができる．

この規則は，X と $X \supset Y$ がともにトートロジーであれば，Y もトートロジーになるという意味で，**健全**であることに注意しよう．

命題論理の古い公理系では，有限個のトートロジーを公理とし，分離規則とこれから説明する**代入規則**と呼ばれるもう一つの規則を推論規則としていた．論理式 X の**代入例**とは，X の命題変数のすべてまたはいくつかに論理式を代入して得られる論理式のことである．たとえば，論理式 $p \supset p$ において，p に $(p \wedge \sim q)$ を代入すると，代入例 $(p \wedge \sim q) \supset (p \wedge \sim q)$ が得られる．p のとりうるすべての真理値に対して $p \supset p$ は真になるので，p に論理式 $(p \wedge \sim q)$ を代入した結果も真になることに注意しよう．すなわち，$p \supset p$ はトートロジーなので，その代入例 $(p \wedge \sim q) \supset (p \wedge \sim q)$ もトートロジーになる．一般に，トートロジーの代入例はトートロジーである．

代入規則は「X から X の任意の代入例が推論できる」というものである．すでに述べたように，初期の命題論理の公理系は，トートロジーの有限集合を公理系とし，分離規則と代入規則の二つ（だけ）を推論規則としていた．このとき，要点を繰り返すと，これらの体系における証明は論理式の有限列で構成され，その有限列のそれぞれの項は，公理か，その有限列の前方にある項の代入例か，前方にある二つの項から分離規則で推論されるものかのいずれかであった．

無限にある**すべて**のトートロジーが，トートロジーの**有限**集合から代入規則と分離規則だけを用いて導くことができることは，個人的には注目に値する．

これらの公理系の多くは，実に芸術的な作品である．これらの公理系を組み立てるときには，論理結合子のうちのいくつかを出発点（専門用語では**原始**結合子または**無定義**結合子と呼ぶ）として，それらから第 4 章で説明したようなやり方でほかの結合子を定義する．ラッセルとホワイトヘッドが『**プリンキピア・マテマティカ**』[32] で用いた公理系は，$\sim$ と $\wedge$ を原始結合子とした．（そして，$X \supset Y$ を，$\sim X \vee Y$ の単なる省略表記とした．）その公理系には次の 5 個の公理がある．

（a）　$(p \wedge p) \supset p$

（b）　$p \supset (p \wedge q)$

（c）　$(p \wedge q) \supset (q \wedge p)$

（d）　$(p \supset q) \supset ((r \wedge p) \supset (r \wedge q))$

（e）　$(p \wedge (q \wedge r)) \supset ((p \wedge q) \wedge r)$

のちに，公理(e)は冗長であること，すなわち，ほかの 4 個の公理から導けることがわかった．

$\sim$ と $\supset$ を原始結合子とする公理系は数多くある．そのような公理系でもっとも初期のものは，ゴットロープ・フレーゲ [7] にまで遡り，6 個の公理をもつ．その後，ヤン・ウカシェビッチ [15] は，その 6 個の公理を，次の 3 個の公理を用いたより単純な公理系に置き換えた．

（1）　$p \supset (q \supset p)$

（2）　$[p \supset (q \supset r)] \supset [(p \supset q) \supset (p \supset r)]$

（3）　$(\sim p \supset \sim q) \supset (q \supset p)$

これらより現代的な形をしたジョン・フォン・ノイマンによるものと思われる公理系では，有限個の論理式の代わりに有限個の論理式の**すべての代入例**を公理とし，推論規則として分離規則だけを用いる．その代入例が公理となるような論理式は，**公理図式**と呼ばれる．すなわち，現代的な公理系では，有限個の公理図式を用い，推論規則は分離規則だけである．したがって，前述のウカシェビッチの公理系を現代的にすると，公理は次の 3 種類の形式のいずれかの論理式になる．

i.　$X \supset (Y \supset X)$

ii.　$[X \supset (Y \supset Z)] \supset [(X \supset Y) \supset (X \supset Z)]$

iii.　$(\sim X \supset \sim Y) \supset (Y \supset X)$

この i, ii, iii はそれぞれ公理図式である．したがって，この公理系は無限個の公理をもつが，公理図式は 3 個だけである．

公理図式 iii を次の公理図式で置き換えると，この公理系の変形が得られる．

iii′. $(\sim Y \supset \sim X) \supset [(\sim Y \supset X) \supset Y]$

命題論理の公理系のこの変形の完全性を証明するほうが，わずかばかり簡単である．（命題論理の公理系は，すべてのトートロジーがその公理系において証明可能ならば，**完全**という．）

アロンゾ・チャーチ [5] は，$\supset$ と f だけを原始結合子とした公理系を与えた．この公理系では，$\sim X$ は $X \supset f$ と定義される．この公理系の公理図式としては，前述の i と ii，そして iii の代わりに

iii″. $((X \supset f) \supset f) \supset X$

を用いる．

J・バークレー・ロッサー [22] は，$\sim$ と $\wedge$ を原始結合子とした．ロッサーは，$X \supset Y$ を $\sim(X \wedge \sim Y)$ の省略とし，次の 3 個の公理図式を用いた．

（a） $X \supset (X \wedge X)$

（b） $(X \wedge Y) \supset X$

（c） $(X \supset Y) \supset [\sim(Y \wedge Z) \supset \sim(Z \wedge X)]$

公理図式がたった一つしかない公理系もある．そのような公理系の一つでは，$\sim$ と $\supset$ を原始結合子とする．$|$（否定論理積，シェファーの縦棒）を原始結合子とする公理系もある．興味のある読者は，エリオット・メンデルソン [17] やチャーチ [5] を参照されたい．

スティーブン・クリーネの著書 [12] には，4 種類の論理結合子 $\sim$, $\vee$, $\wedge$, $\supset$ すべてを原始結合子とし，次の 10 個を公理図式とする公理系が記述されている．

K_1: $X \supset (Y \supset X)$

K_2: $(X \supset Y) \supset [(X \supset (Y \supset Z)) \supset ((X \supset Y) \supset (X \supset Z))]$

K_3: $X \supset (Y \supset (X \wedge Y))$

K_4: $(X \wedge Y) \supset X$

K_5: $(X \wedge Y) \supset Y$

K_6: $X \supset (X \vee Y)$

K_7: $Y \supset (X \vee Y)$

K_8: $(X \supset Z) \supset [(Y \supset Z) \supset ((X \vee Y) \supset Z)]$

K_9: $(X \supset Y) \supset ((X \supset \sim Y) \supset \sim X)$

K_{10}: $\sim\sim X \supset X$

この公理系を**体系** $\mathcal{K}$ と呼ぶことにしよう．前章で述べたように，多くの原始結合子をもつ公理系は，その公理系における証明がより自然になるという利点がある．

ここで採用する公理系は，体系 $\mathcal{K}$ を修正したものである．それは，$\sim$, $\wedge$, $\vee$, $\supset$ の 4 種類を独立した原始結合子として，次の 9 個を公理図式とする．

S_1:　$(X \wedge Y) \supset X$

S_2:　$(X \wedge Y) \supset Y$

S_3:　$[(X \wedge Y) \supset Z] \supset [X \supset (Y \supset Z)]$　（移出律）

S_4:　$[(X \supset Y) \wedge (X \supset (Y \supset Z))] \supset (X \supset Z)$

S_5:　$X \supset (X \vee Y)$

S_6:　$Y \supset (X \vee Y)$

S_7:　$[(X \supset Z) \wedge (Y \supset Z)] \supset ((X \vee Y) \supset Z)$

S_8:　$[(X \supset Y) \wedge (X \supset \sim Y)] \supset \sim X$

S_9:　$\sim\sim X \supset X$

この公理系を**体系** $\mathcal{S}_0$ と呼ぶことにしよう．近年論じられている前述のほかの現代的な公理系と同様に，この公理系も分離規則を唯一の推論規則とする．このすべての公理がトートロジー（すなわち恒真）であり，分離規則があきらかに恒真性を保つことから，この体系 $\mathcal{S}_0$ が**健全**，すなわち，$\mathcal{S}_0$ において証明可能なすべての論理式はトートロジーであることが確認できる．

体系 $\mathcal{S}_0$ が，すべてのトートロジーはこの公理系において証明可能という意味で，完全であることを示すのが目標である．これは，さまざまなやり方で示すことができる．その一つは，トートロジー X に対する真理値表から，公理系 $\mathcal{S}_0$ における X の証明を見つけるというやり方である．これは，私の著書 [27] で採用したやり方である．ここで行おうとしているのは，本質的に，$\sim X$ の完成したタブローから公理系 $\mathcal{S}_0$ における X の証明を得るやり方を示すことである（ただし，途中で中間の体系を経由する）．すなわち，タブロー法の完全性の結果として，公理系 $\mathcal{S}_0$ の完全性を示す．このためには，順を追って多くのことを証明しなければならない．

以降では，「X は体系 $\mathcal{S}_0$ において証明可能」を $\vdash X$ と略記する．また，「X が体系 $\mathcal{S}_0$ において証明可能ならば，Y も体系 $\mathcal{S}_0$ において証明可能」を $X \vdash Y$ と略記する．さらに，「X と Y がともに体系 $\mathcal{S}_0$ において証明可能ならば，Z も体系 $\mathcal{S}_0$ において証明可能」を $X, Y \vdash Z$ と略記する．後の二つの形式の文は，健全であることが証明された新たな推論規則といってもよいだろう．

問題 0　準備として，次の事実 F_1–F_4 を証明せよ．

F_1:　$\vdash X \supset Y$ ならば，$X \vdash Y$

F_2:　$\vdash X \supset (Y \supset Z)$ ならば，$X, Y \vdash Z$

F_3:　$(X \wedge Y) \supset Z \vdash X \supset (Y \supset Z)$　（移出律）

F_4:　$\vdash (X \wedge Y) \supset Z$ ならば，$X, Y \vdash Z$

問題 1　公理図式 S_1, S_2, S_3, S_4 だけを用いて，次の T_1–T_{15} を示せ．

T_1:　$\vdash X \supset (Y \supset Y)$

T_2:　$\vdash Y \supset Y$

T_3:　$X \supset Y, X \supset (Y \supset Z) \vdash X \supset Z$

T_4:　$\vdash X \supset (Y \supset X)$

T_5:　$X \vdash Y \supset X$

T_6:　$X \supset Y, Y \supset Z \vdash X \supset Z$　（三段論法）

T_7:　$\vdash X \supset (Y \supset (X \wedge Y))$

T_8:　$X, Y \vdash X \wedge Y$

T_9:　$X \supset Y, X \supset Z \vdash X \supset (Y \wedge Z)$

T_{10}:　$\vdash (X \wedge Y) \supset (Y \wedge X)$

T_{11}:　$\vdash (X \wedge (X \supset Y)) \supset Y$

T_{12}:　$X \supset (Y \supset Z) \vdash (X \wedge Y) \supset Z$　（移入律）

T_{13}:　$X \supset (Y \supset Z) \vdash Y \supset (X \supset Z)$

$(X_1 \wedge X_2) \wedge X_3$ は，$X_1 \wedge X_2 \wedge X_3$ と略記されることを思い出そう．

T_{14}:　（a）$\vdash (X_1 \wedge X_2 \wedge X_3) \supset X_1$

　　　（b）$\vdash (X_1 \wedge X_2 \wedge X_3) \supset X_2$

　　　（c）$\vdash (X_1 \wedge X_2 \wedge X_3) \supset X_3$

T_{15}:　$\vdash ((X \supset Y) \wedge (Y \supset Z)) \supset (X \supset Z)$

つぎに，前問と同じく公理図式 S_1, S_2, S_3, S_4 を用いるが，それだけでな

く S_8 と S_9 も用いて，いくつかの結果を証明したい．それは，3 種類の論理結合子 $\supset$, $\wedge$, $\sim$ を用いた論理式についての結果である．

問題 2　公理図式 S_1, S_2, S_3, S_4, S_8, S_9 だけを用いて，次の T_{16}–T_{24} を証明せよ．

T_{16}:　$(X \wedge Y) \supset Z, (X \wedge Y) \supset {\sim}Z \vdash X \supset {\sim}Y$

T_{17}:　（a）$\vdash (X \supset Y) \supset ({\sim}Y \supset {\sim}X)$

（b）$\vdash (X \supset {\sim}Y) \supset (Y \supset {\sim}X)$

（c）$\vdash ({\sim}X \supset Y) \supset ({\sim}Y \supset X)$

（d）$\vdash ({\sim}X \supset {\sim}Y) \supset (Y \supset X)$

T_{18}:　（a）$X \supset Y \vdash {\sim}Y \supset {\sim}X$

（b）$X \supset {\sim}Y \vdash Y \supset {\sim}X$

（c）${\sim}X \supset Y \vdash {\sim}Y \supset X$

（d）${\sim}X \supset {\sim}Y \vdash Y \supset X$

T_{19}:　$\vdash {\sim}X \supset (X \supset Y)$

T_{20}:　（a）$\vdash {\sim}(X \supset Y) \supset X$

（b）$\vdash {\sim}(X \supset Y) \supset {\sim}Y$

T_{21}:　$\vdash X \supset {\sim\sim}X$

T_{22}:　$\vdash (X \wedge {\sim}Y) \supset {\sim}(X \supset Y)$

T_{23}:　（a）$\vdash {\sim}X \supset {\sim}(X \wedge Y)$

（b）$\vdash {\sim}Y \supset {\sim}(X \wedge Y)$

T_{24}:　（a）$X \supset {\sim}X \vdash {\sim}X$

（b）${\sim}X \supset X \vdash X$

練習問題 1　二つの公理図式 S_8 と S_9 は，つぎの単一の公理図式で置き換えることができる．

S_8':　$(({\sim}X \supset {\sim}Y) \wedge ({\sim}X \supset {\sim\sim}Y)) \supset X$

すなわち，公理図式 S_8 と S_9 はいずれも，S_8' と，S_8, S_9 以外のほかの公理図式から導くことができる．どうすれば，これが示せるだろうか．（ヒント：次の (a)–(c) を順に導く．）

（a）S_9　（b）$(X \supset Y) \supset ({\sim\sim}X \supset Y)$　（c）S_8

注　単一の公理図式 S_8' の代わりに二つの公理図式 S_8 と S_9 を用いると，次のような利点がある．**直観主義論理**として知られる流儀では，S_1 から S_8 までの公理図式は恒真であるが，S_9 は恒真ではない．したがって，S_8 と S_9 を公理図式とすることは，直観主義論理を S_9 を用いる古典的論理から切り離すのに役立つ．クリーネは，そのすばらしい著書 [12] において，これを巧みに行った．そして，クリーネは，S_9 を用いる定理に特別な印をつけた．

問題 3　公理図式 S_1–S_9 すべてを用いて，次の T_{25}–T_{42} を示せ．

T_{25}:　（a）$\vdash \sim(X \vee Y) \supset \sim X$
　　　（b）$\vdash \sim(X \vee Y) \supset \sim Y$

T_{26}:　$X \supset Z, Y \supset Z \vdash (X \vee Y) \supset Z$

T_{27}:　$\vdash (\sim X \wedge \sim Y) \supset \sim(X \vee Y)$

T_{28}:　$\vdash \sim(X \wedge Y) \supset (\sim X \vee \sim Y)$

T_{29}:　$\vdash (X \supset Y) \supset (\sim X \vee Y)$

T_{30}:　$\vdash (X \vee Y) \supset (\sim X \supset Y)$

T_{31}:　$\vdash \sim(\sim X \wedge \sim Y) \supset (X \vee Y)$

T_{32}:　$\vdash (\sim X \supset Y) \supset (X \vee Y)$

T_{33}:　$X \vee Y, X \vee Z \vdash X \vee (Y \wedge Z)$

T_{34}:　$\vdash X \vee \sim X$

T_{35}:　$X \supset Y, \sim X \supset Y \vdash Y$

T_{36}:　$\vdash (\sim X \vee Y) \supset (X \supset Y)$

T_{37}:　$\sim(X \wedge Y) \vdash X \supset \sim Y$

T_{38}:　$X \supset Y, \sim(X \wedge Y) \vdash \sim X$

T_{39}:　$X \supset (Y_1 \vee Y_2), \sim(X \wedge Y_1), \sim(X \wedge Y_2) \vdash \sim X$

T_{40}:　$Y \supset X, X \vee Z, Z \supset Y \vdash X$

T_{41}:　$Y \supset X, X \vee Y_1, X \vee Y_2, (Y_1 \wedge Y_2) \supset Y \vdash X$

T_{42}:　数学的帰納法を用いて，すべての $n \geq 2$ と $i \leq n$ に対して，次が成り立つことを示せ．
　（a）$\vdash (X_1 \wedge X_2 \wedge \cdots \wedge X_n) \supset X_i$
　（b）$\vdash X_i \supset (X_1 \vee X_2 \vee \cdots \vee X_n)$

一様公理系

つぎに，前章で導入した標識なし論理式の α-β による統一記法に取りかかろう．統一記法を用いると，$\mathcal{S}_0$ において次の論理式が証明可能であることを示した．

事実 A： $(\alpha_1 \wedge \alpha_2) \supset \alpha$	(1)	$(X \wedge Y) \supset (X \wedge Y)$	(T_2)
	(2)	$(\sim X \wedge \sim Y) \supset \sim(X \vee Y)$	(T_{27})
	(3)	$(X \wedge \sim Y) \supset \sim(X \supset Y)$	(T_{22})
事実 A_1： $\alpha \supset \alpha_1$	(1)	$(X \wedge Y) \supset X$	(S_1)
	(2)	$\sim(X \vee Y) \supset \sim X$	$(T_{25}(\mathrm{a}))$
	(3)	$\sim(X \supset Y) \supset X$	$(T_{20}(\mathrm{a}))$
	(4)	$\sim\sim X \supset X$	(S_9)
事実 A_2： $\alpha \supset \alpha_2$	(1)	$(X \wedge Y) \supset Y$	(S_2)
	(2)	$\sim(X \vee Y) \supset \sim Y$	$(T_{25}(\mathrm{b}))$
	(3)	$\sim(X \supset Y) \supset \sim Y$	$(T_{20}(\mathrm{b}))$
事実 B： $\beta \supset (\beta_1 \vee \beta_2)$	(1)	$(X \vee Y) \supset (X \vee Y)$	(T_2)
	(2)	$\sim(X \wedge Y) \supset (\sim X \vee \sim Y)$	(T_{28})
	(3)	$(X \supset Y) \supset (\sim X \vee Y)$	(T_{29})
事実 B_1： $\beta_1 \supset \beta$	(1)	$X \supset (X \vee Y)$	(S_5)
	(2)	$\sim X \supset \sim(X \wedge Y)$	$(T_{23}(\mathrm{a}))$
	(3)	$\sim X \supset (X \supset Y)$	(T_{19})
事実 B_2： $\beta_2 \supset \beta$	(1)	$Y \supset (X \vee Y)$	(S_6)
	(2)	$\sim Y \supset \sim(X \wedge Y)$	$(T_{23}(\mathrm{b}))$
	(3)	$Y \supset (X \supset Y)$	(T_4)

問題 4　次の事実(a)–(e)を証明せよ．

(a)　$X \supset \alpha, (X \wedge \alpha_1) \supset Y \vdash X \supset Y$

(b)　$X \supset \alpha, (X \wedge \alpha_2) \supset Y \vdash X \supset Y$

(c)　$X \supset \beta, (X \wedge \beta_1) \supset Y, (X \wedge \beta_2) \supset Y \vdash X \supset Y$

(d)　$X \supset Z, X \supset \sim Z \vdash X \supset Y$

(e)　$X \supset \sim X \vdash \sim X$

一様公理系 U_1

命題論理の公理系は，すべてのトートロジーがその公理系において証明可能ならば，完全ということを思い出そう．この公理系 $\mathcal{S}_0$ が完全であることよりもさらに一般的なことを証明しよう．別の公理系 U_1 を導入し，まず，U_1 において証明可能な論理式はすべて $\mathcal{S}_0$ でも証明可能であることを示す．そして，公理系 U_1 が完全であることを示す．もちろん，これによって，$\mathcal{S}_0$ も完全であることが示される．しかし，これによって U_1 が**健全**であることも示されていることに注意しよう．なぜなら，恒真でない論理式 X が U_1 において証明可能だとしたら，X は $\mathcal{S}_0$ においても証明可能になってしまうが，$\mathcal{S}_0$ はすでに健全であることを示しているので，恒真でない論理式は U_1 において証明可能にはならないからである．その公理がすべてトートロジーであり，その推論規則が恒真性を保つことを示して，U_1 の健全性を直接証明するのも簡単である．$\mathcal{S}_0$ と U_1 が健全だとわかっていなければ，U_1 が完全であり，それが結果として $\mathcal{S}_0$ の完全性を含意することを示しても，つまらない情報が得られるだけかもしれないことに注意しよう．なぜなら，たとえば，これらの公理系において恒真でない論理式も含めたすべての論理式が証明可能になってしまうかもしれないからである．

以降では，θ を論理式の有限列 $\langle X_1, \cdots, X_n \rangle$ とする．論理式 X_1, $\cdots$, X_n は，この有限列の**項**と呼ばれる．θ の項の集合がある論理式とその否定を含むならば，θ は**閉じている**という．$C(\theta)$ によって，n 個の項の連言 $X_1 \wedge \cdots \wedge X_n$ を表す．$n = 1$ の場合には，$C(\theta)$ は単一の論理式 X_1 である．任意の論理式 Y に対して，(θ, Y) は，列 $\langle X_1, \cdots, X_n, Y \rangle$ を表す．$C(\theta, Y) = C(\theta) \wedge Y$ であることに注意しよう．

公理系 U_1 は，ただ一つの公理図式と 4 個の推論規則をもつ．

公理　θ を論理式からなる任意の閉じた有限列とするとき，$\sim C(\theta)$ の形式の論理式．

推論規則

規則 A_1, 規則 A_2: α が θ の項ならば，

$$A_1: \ \frac{\sim C(\theta, \alpha_1)}{\sim C(\theta)} \qquad A_2: \ \frac{\sim C(\theta, \alpha_2)}{\sim C(\theta)}$$

規則 B: β が θ の項ならば,

$$\frac{\sim C(\theta, \beta_1), \ \sim C(\theta, \beta_2)}{\sim C(\theta)}$$

規則 N:

$$\frac{\sim\sim X}{X}$$

注　$X = C(\theta)$ とすると，規則 A_1, A_2, B はそれぞれ次のように表すことができる.

A_1: α が θ の項ならば,　$\dfrac{\sim(X \wedge \alpha_1)}{\sim X}$

A_2: α が θ の項ならば,　$\dfrac{\sim(X \wedge \alpha_2)}{\sim X}$

B:　β が θ の項ならば,　$\dfrac{\sim(X \wedge \beta_1), \ \sim(X \wedge \beta_2)}{\sim X}$

U_1 の公理と推論規則に明示的に現れる論理結合子は $\sim$ と $\wedge$ だけであるが，θ に含まれる論理式には $\mathcal{S}_0$ のすべての論理結合子が使われると仮定してよいことに注意しよう[原注 1].

まず，U_1 において証明可能な論理式がすべて $\mathcal{S}_0$ において証明可能であることを示したい．そのあとで，すべてのトートロジーが U_1 において証明可能であることを示し，それによって，すべてのトートロジーは $\mathcal{S}_0$ においても証明可能であることがわかる．したがって，次の定理を証明しなければならない.

定理 1　U_1 において証明可能な論理式は，すべて $\mathcal{S}_0$ において証明可能である.

[原注 1]　公理系 U_1 は，実際には，どの論理結合子を原始結合子としても構わない（もちろん，すべての論理結合子はその原始結合子から定義可能でなければならない）という意味で，一様という興味深い性質をもつ．ここでの U_1 の定義に明示的に現れる記号は $\sim$ と $\wedge$ であるが，それらは必ずしもこの公理系の原始結合子でなくてもよい．すなわち，これらのどちらか一方，あるいは，両方が原始結合子から定義できればよいのである.

定理 2　すべてのトートロジーは，U_1 において証明可能である．

定理 1 を証明するには，まず，U_1 のすべての公理は $\mathcal{S}_0$ において証明可能であることを示さなければならない．そして，つぎに，U_1 のそれぞれの推論規則は，その規則の前提が $\mathcal{S}_0$ で証明可能ならば規則の結論も証明可能であるという意味で，$\mathcal{S}_0$ において成り立つことを示さなければならない．

問題 5　次の (a), (b) を示すことで，定理 1 を証明せよ．

(a)　U_1 のすべての公理は，$\mathcal{S}_0$ において証明可能である．

(b)　U_1 のそれぞれの推論規則は，$\mathcal{S}_0$ において成り立つ．

つぎに，定理 2 を証明したい．このために，$\sim X$ の閉タブローから U_1 における X の証明がどのようにして得られるかを示す．すると，定理 2 は，前章で証明した，X がトートロジーならば $\sim X$ の閉タブローが存在するというタブロー法の完全性から導くことができる．

この目的を達成するために，ここでは，（論理式の）**列** θ を，U_1 において $\sim C(\theta)$ が証明可能ならば，**悪列**と呼ぶことにしよう．論理式 X を項が X 一つだけの列 $\langle X \rangle$ と同一視すると，X が悪列になるのは，$\sim X$ が U_1 において証明可能なとき，そしてそのときに限る．あきらかに，すべての閉じた列 θ は悪列である．（なぜなら，このとき，$\sim C(\theta)$ は，U_1 の公理だからである．）また，規則 A_1, A_2, B は次のように書き直すことができる．

A_1:　α が θ の項で，θ, α_1 が悪列ならば，θ も悪列である．

A_2:　α が θ の項で，θ, α_2 が悪列ならば，θ も悪列である．

B:　β が θ の項で，θ, β_1 と θ, β_2 がともに悪列ならば，θ も悪列である．

任意のタブロー $\mathscr{T}$ に対して，タブロー $\mathscr{T}'$ は，$\mathscr{T}$ からタブロー規則 A または B を一度だけ適用して得られるならば，$\mathscr{T}$ の**直接拡大**と呼ぶ．

タブロー $\mathscr{T}$ のすべての枝が悪列ならば，$\mathscr{T}$ を**悪タブロー**という．

問題 6　$\mathscr{T}'$ を $\mathscr{T}$ の直接拡大とする．このとき，$\mathscr{T}'$ が悪タブローならば，$\mathscr{T}$ も悪タブローであることを示せ．

問題 7　X の閉タブロー $\mathscr{T}$ が存在するならば，X は悪列であることが簡単に導かれる．その理由を述べよ．（ヒント：$\mathscr{T}$ を構成するすべての段階において，その段階で構成されているタブローは悪タブローであることを示せ.）

問題 8　定理 2 の証明を完成せよ.

覚えているかもしれないが，少し前に述べたのは，これから着手しようとする考察によって，タブロー法によるトートロジーの証明からそのトートロジーの U_1 における証明を作り出す方法が得られるということであった. 一方，私がここまでで与えた証明は，多くの人が「純粋存在証明」とでも呼びそうなものに見えるかもしれない. たしかに，あるものを見つけたり構成したりするやり方を示さず，その存在を証明する存在証明が数多くある. それどころか，それが存在すること以外にはまったく詳細を示さない証明もよくある. しかしながら，この場合はそうではない. なぜなら，ここで提示した存在証明に隠されているのは，標識なし論理式を用いた X の任意のタブローによる証明からトートロジー X の U_1 における証明を直接構成する方法だからである. その方法をこれから説明しよう. しかし，この方法を思いつくために，ここで提示した存在証明を理解し，それをどのように用いることができるかを解明するのは読者に委ねる. この方法の説明のすぐ後にそれを用いた例を示す. 説明を読みながら，その例にあたるのもよいだろう.

論理式 $\sim X$ に対する（標識なし論理式を用いた）閉タブロー（すなわち，X がトートロジーであるという証明）が与えられていると仮定する. $\sim X$ の閉タブローのそれぞれの枝 θ に対して，論理式 $\sim C(\theta)$ を作る. （$\sim C(\theta)$ を作るときに，左から右への順にそれぞれの枝のすべての論理式を，タブローの上から下への順で書き出し，ある枝の上に特定の論理式が，異なるタブロー規則を使った結果として 2 度以上現れることも許すと仮定する.）

この論理式のリストから U_1 における証明を始める. この論理式は，すべて公理である. （なぜなら，それぞれの論理式は，閉タブローのそれぞれの枝であるので，ある論理式とその否定を含むからである.） そして，タブローを一段一段逆向きにたどり，タブローを構築するときに適用したタブロー規則を一つずつなぞる. （すなわち，タブローを構築したときに最後に適用したタブロー規則から始めて，$\sim X$ に最初に適用したタブロー規則まで遡る.） この作業のそれぞれの段階で保証しなければならないのは，タブロー規則の

i 回の適用後にできているタブローのすべての枝 θ^* に対して，その時点で作られている U_1 における証明の中に対応する論理式 $\sim C(\theta^*)$ があるようにすることである．タブローの構築が終わっている時点では，これが成り立っていることが保証されていて，これが U_1 における証明を構築する最初の段階になる．次に，それぞれのタブロー規則の適用に対して U_1 における証明に一行を追加する．そのそれぞれの行は，タブロー規則の適用が指示するように，U_1 における証明のそれ以前の 1 行か 2 行を短くした結果になっている．

正確には，次のようになる．タブローの構築において第 j 段階が終了した時点のタブローを見ているとし，構築中の U_1 における部分的証明には（タブローにその後で作られるほかのすべての枝に対応する行とともに）**その段階でのタブローのすべての枝** θ に対する論理式 $\sim C(\theta)$ が行としてあると仮定する．この段階でのタブローが（第 $j-1$ 段階終了時のタブローにおける）枝 θ^* を規則 A によって α_1 か α_2 で伸ばした結果ならば，その時点で構築されている U_1 における証明の中の論理式の一つは，$\sim C(\theta^*, \alpha_i)$（$i$ は 1 か 2 のいずれか）である．（実際，α_i が枝 θ^* から伸ばされた枝の上の最後の論理式であり，その枝に対応する U_1 における証明の論理式の最後に連結された構成要素でもある．）しかし，α が θ^* の中の論理式の一つであることもわかっているので，U_1 における証明では，U_1 の規則 A_i によって，$\sim C(\theta^*, \alpha_i)$ から $\sim C(\theta^*)$ を推論することができる．すなわち，U_1 における証明に $\sim C(\theta^*)$ を加えられるのである．枝 θ^* は，第 $j-1$ 段階で変化のあった唯一の枝であり，その段階で適用された規則に対応する論理式を U_1 における証明に追加した．したがって，この時点で，U_1 における証明には，タブローの証明の第 $j-1$ 段階でのすべての枝に対する論理式が含まれている．タブローに適用された規則が規則 B である場合も同様である．ただし，U_1 における証明に加えられる論理式は，U_1 における証明の中にすでにある二つの論理式，具体的には，β 規則によって一つの枝を伸ばして作られた二つの枝に対応する論理式から推論されたものでなければならない．したがって，それぞれの段階で新しい論理式が U_1 における証明に加えられ，そのそれぞれの論理式は，連言の構成要素が一つだけ少ないことを除いて，U_1 における証明にすでにある論理式と同じである．すなわち，U_1 における証明に新たに加えられる行はどんどん短くなり，さらに，タブローの証明に後で追加された論理式は，常にそれより前の論理式よりも先に連言から取り除かれることがわかる．あきらかに，ある時点で，U_1 における証明の最後の行は $\sim C(\sim X)$ になる．なぜなら，それは，タブロー規則を適用した結果としてタブローの証明に追加されたのではない唯一の論理式だからである．そして，それは論理式 $\sim\sim X$ に等しい．$\sim X$ は，U_1 における証明に最初に置かれたすべての公理において先頭にある論理式なので，U_1 における証明のすべての行の連言に含まれていることも思い出そう．しかし，U_1 における証明を構築する最後の段階では，U_1 の規則 N によって $\sim\sim X$ から X をすぐに推論することができる．

この方法の例として，（標識なし論理式を用いた）タブロー法によるトートロジー $(X \supset Y) \supset (\sim X \wedge Y)$ の証明を示す．このタブロー法による証明から作られた U_1 における証明は，すぐあとに示す．

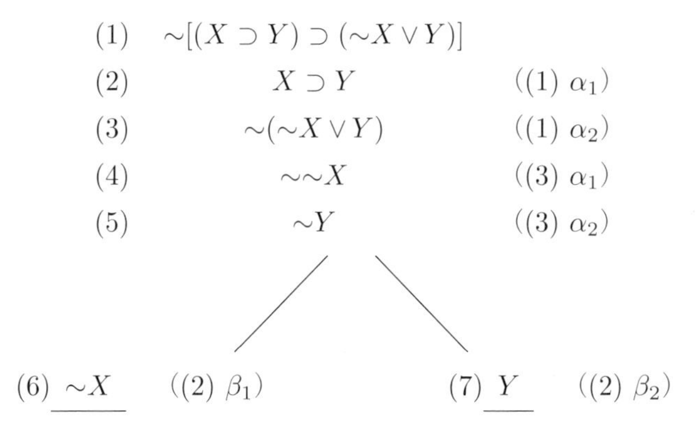

この閉じたタブローが与えられたとき，U_1 における証明の最初の段階は，このタブローの 2 本の枝それぞれから U_1 の公理を作ることである．そして，適用されたタブロー規則を逆向きにたどっていく．

（1） $\sim\{\sim[(X \supset Y) \supset (\sim X \vee Y)] \wedge (X \supset Y) \wedge \sim(\sim X \vee Y)$
$\wedge \sim\sim X \wedge \sim Y \wedge \sim X\}$
タブローの左の枝から作られた公理

（2） $\sim\{\sim[(X \supset Y) \supset (\sim X \vee Y)] \wedge (X \supset Y) \wedge \sim(\sim X \vee Y)$
$\wedge \sim\sim X \wedge \sim Y \wedge Y\}$
タブローの右の枝から作られた公理

（3）　$\sim\{\sim[(X \supset Y) \supset (\sim X \vee Y)] \wedge (X \supset Y) \wedge \sim(\sim X \vee Y)$
$\wedge \sim\sim X \wedge \sim Y\}$
（(1), (2), 規則 B）

（4）　$\sim\{\sim[(X \supset Y) \supset (\sim X \vee Y)] \wedge (X \supset Y) \wedge \sim(\sim X \vee Y)$
$\wedge \sim\sim X\}$
（(3), 規則 A_2）

（5）　$\sim\{\sim[(X \supset Y) \supset (\sim X \vee Y)] \wedge (X \supset Y) \wedge \sim(\sim X \vee Y)\}$
（(4), 規則 A_1）

（6）　$\sim\{\sim[(X \supset Y) \supset (\sim X \vee Y)] \wedge (X \supset Y)\}$
（(5), 規則 A_2）

（7）　$\sim\{\sim[(X \supset Y) \supset (\sim X \vee Y)]\}$
（(6), 規則 A_1）

（8）　$(X \supset Y) \supset (\sim X \vee Y)$
（(7), 規則 N）

体系 $\mathcal{S}_0$ の公理と推論規則を用いたこの論理式の証明と，公理系 U_1 における証明を比較すると興味深いことがわかる．このトートロジーは，問題 3 で T_{29} という名前がつけられている．この問題の解答で示す証明は，前述の証明と同じく 8 行であるが，その行の多くは，それより前に恒真と証明されているほかのトートロジーや推論規則である．しかし，U_1 における証明が，公理系 $\mathcal{S}_0$ の公理からの間接的な証明全体よりかなり短くなるとしても，与えられた証明すべき論理式に対して，適切な U_1 の公理を自分で思いつくのは難しいだろう．なぜなら，それらの公理は，$\mathcal{S}_0$ の公理のように直感的ではないからである．それは，証明しようとする論理式が（タブローによる証明が多くの分岐を含まざるをえなくなって）複雑になればなるほど，こうなりがちであろう．この例は，（標識付き論理式であっても標識なし論理式であっても）タブローの体系が，トートロジーを証明するのに直感的なやり方というだけでなく，しばしばもっとも効率的なやり方であることを示していると言えるだろう（しかし，常にもっとも効率的というわけではない．体系 $\mathcal{S}_0$ においてすでにみた証明と，読者が考え出せるもっとも効率的なタブローの証明を比較してみるとわかるだろう）．しかし，さらに重要なのは，タブローの証明においては，常に非常にあきらかなことを行っている，すなわち，直接の帰結を見出しているということだ．場合によっては，それを見出す最適な順序がすぐにはあきらかでないとしても，それは非常に簡単である．少し言い方を変えると，よく言われるのは，トートロジーが恒真なのは単にその構造と論理結合子の意味によってであり，タブロー法は，**論理式の構造を系統的に分解**し，元の論理式を真にするような基本構成部品への真理値のすべての割り当て方に対してその構造が何を表すかをわかるようにしている，ということだ．いずれにしても，（おそらく考えられるうちでタブロー体系にもっとも近い公理系である）体系 U_1 の主たる価値は，伝統的な公理系 $\mathcal{S}_0$ よりも完全性が非常に簡単に証明できること，すなわち，他の体系の**メタ理論**を調べるという目的において極めて価値ある体系だということに尽きる．

しかし，U_1 における証明を $\mathcal{S}_0$ における証明にどのように変換するかがわかれば，X のタブローによる証明から $\mathcal{S}_0$ における X の証明自体へどのように進めればよいかがわかると主張することもできる．問題 5 では，U_1 のすべての公理を $\mathcal{S}_0$ においてどのように証明するのかも見たし，U_1 の推論規則が恒真性を保つことを $\mathcal{S}_0$ においてどのように証明するのかも見た．この後者の事実は，実際には，$\mathcal{S}_0$ の証明において，U_1 の推論規則が使えることを意味する．これは，例に示した U_1 の証明を $\mathcal{S}_0$ の証明に書き換えるのには，その証明のはじめにある二つの公理の正当性の理由を，それらが U_1 の公理であるからではなく，U_1 のすべての公理は $\mathcal{S}_0$ において証明されているからと述べるだけでよいことを意味している．

一様公理系 U_2

多くの観点から見て公理系 U_1 より好ましい公理系として，一様公理系 U_2 がある．U_2 の完全性の証明は，U_1 の完全性の証明ほどは回りくどくない．そして，体系 $\mathcal{S}_0$ が完全であることのより直接的な別証明を与える．U_2 が完全であることの証明は，前章の**双対タブロー**にもとづいている．$\sim X$ に対する閉タブローから U_1 における X の証明を得るのではなく，X 自体の閉**双対**タブローから U_2 における X の証明を得るのである．X が $\sim\sim X$ から推論可能という U_1 の規則は，ここでは必要としない．U_2 もまた唯一の公理図式をもち，U_2 の推論規則は，U_1 のように 4 個ではなく，3 個である．それでは，これに取りかかろう．

ここでも，θ を論理式の有限列 $\langle X_1, \cdots, X_n \rangle$ とする．$D(\theta)$ によって，n 個の項の**選言** $X_1 \vee \cdots \vee X_n$ を表す．$D(\theta, Y) = D(\theta) \vee Y$ であることに注意しよう．θ の項の集合がある論理式とその否定を含むならば，θ は**閉じている**という．θ が閉じていれば，$C(\theta)$ が矛盾になるのとは異なり，論理式 $D(\theta)$ はトートロジーになる．

U_2 の公理と推論規則は次のとおりである．

公理　θ を論理式からなる任意の閉じた有限列とするとき，$D(\theta)$ の形式の論理式．

推論規則

規則 A^0: α が θ の項ならば，

$$\frac{D(\theta, \alpha_1),\ D(\theta, \alpha_2)}{D(\theta)}$$

規則 B^0: β が θ の項ならば，

$$B_1^0: \ \frac{D(\theta, \beta_1)}{D(\theta)} \qquad B_2^0: \ \frac{D(\theta, \beta_2)}{D(\theta)}$$

これで，体系 U_2 の記述は完了である．

列 θ は，U_2 において $D(\theta)$ が証明可能ならば，**良列**と呼ぶことにする．

すると，U_2 の公理と推論規則は，次のように書き直すことができる．

公理　すべての閉じた列 θ は良列である．

推論規則

A^0: α が θ の項で，θ, α_1 と θ, α_2 がともに良列ならば，θ も良列である．

B_1^0: β が θ の項で，θ, β_1 が良列ならば，θ も良列である．

B_2^0: β が θ の項で，θ, β_2 が良列ならば，θ も良列である．

定理 1^0　U_2 において証明可能な論理式は，すべて $\mathcal{S}_0$ において証明可能である．

定理 2^0　すべてのトートロジーは，U_2 において証明可能である．

問題 9　定理 1^0 を証明せよ．

双対タブロー $\mathscr{T}'$ は，双対タブロー $\mathscr{T}$ からタブロー規則 A^0 または B^0 を一度だけ適用して得られるならば，$\mathscr{T}$ の**直接拡大**と呼ぶ．

双対タブロー $\mathscr{T}$ のすべての枝が良列ならば，$\mathscr{T}$ を**良タブロー**という．

問題 10

（a）　まず，双対タブロー $\mathscr{T}'$ を双対タブロー $\mathscr{T}$ の直接拡大とするとき，$\mathscr{T}'$ が良タブローならば，$\mathscr{T}$ も良タブローであることを示せ．

（b）　つぎに，双対タブローの列 $\mathscr{T}_0, \mathscr{T}_1, \cdots, \mathscr{T}_n$ で，それぞれの $i \leq n$ に対して，双対タブロー $\mathscr{T}_{i+1}$ は $\mathscr{T}_i$ の直接拡大になっているようなものを考える．このとき，$\mathscr{T}_n$ が閉タブローならば，双対タブロー $\mathscr{T}_0, \mathscr{T}_1, \cdots, \mathscr{T}_n$ はすべて良タブローであることを示せ．

（c）　最後に，定理 2^0 の証明を完成せよ．

U_2 の健全性は，$\mathcal{S}_0$ の健全性と U_2 において証明可能な論理式はすべて $\mathcal{S}_0$ において証明可能であるという事実からの帰結として導くこともできる．また，同じくらい簡単に直接証明することもできる．

私の著書 [27] で実質的に導入したことになる別の一様公理系についても簡単に触れておきたい．この公理系の公理は，$(X_1 \wedge \cdots \wedge X_n) \supset X_i$（$i \leq n$）の形式のすべての論理式である．

その推論規則は次のとおりである．

I.　$$\frac{X \supset \alpha_1,\ X \supset \alpha_2}{X \supset \alpha}$$

II.　（a）$$\frac{X \supset \beta_1}{X \supset \beta}$$　（b）$$\frac{X \supset \beta_2}{X \supset \beta}$$

III.　$$\frac{(X \wedge Y) \supset Z,\ (X \wedge {\sim}Y) \supset Z}{X \supset Z}$$

IV.　$$\frac{X \supset Z,\ {\sim}X \supset Z}{Z}$$

注　[27] の公理系では，III の代わりに，次の移出律を推論規則とした．

$$\frac{(X \wedge Y) \supset Z}{X \supset (Y \supset Z)}$$

この公理系の完全性は，トートロジーに対する真理値表からこの公理系におけるトートロジーの証明を生み出す方法を示すことによって証明した．意欲のある読者は，練習問題としてこれに挑戦するのもいいだろう．興味のある読者は，[27] を参照するとよい．

問題の解答

推論のそれぞれの行の右側に，その行がどの行，論理式，推論規則から導かれたかを括弧で囲んで示す．

問題 0　F_1–F_4 それぞれについて解を示す．

F_1．$\vdash X \supset Y$ ならば $X \vdash Y$ を示す．

(1) $\vdash X \supset Y$　（前提）
(2) $\vdash X$　（前提）
(3) $\vdash Y$　((2), (1), 分離規則)

したがって，$\vdash X \supset Y$ は $X \vdash Y$ を含意する．

F_2．$\vdash X \supset (Y \supset Z)$ ならば $X, Y \vdash Z$ を示す．

(1) $\vdash X \supset (Y \supset Z)$　（前提）

つぎに，$X, Y \vdash Z$，すなわち，X と Y が Z を含意することを示さなければならない．したがって，次の (2) と (3) が成り立つとする．

(2) $\vdash X$
(3) $\vdash Y$

このとき，

(4) $\vdash Y \supset Z$　((2), (1), 分離規則)
(5) $\vdash Z$　((3), (4), 分離規則)

したがって，（前提 (1) の下で）$\vdash X$ と $\vdash Y$ は $\vdash Z$ を含意する．すなわち，前提 (1) は $X, Y \vdash Z$ を含意する．

F_3．$(X \wedge Y) \supset Z \vdash X \supset (Y \supset Z)$ を示す．

(1) $\vdash (X \wedge Y) \supset Z$　（前提）
(2) $\vdash [(X \wedge Y) \supset Z] \supset [X \supset (Y \supset Z)]$　(S_3)
(3) $\vdash X \supset (Y \supset Z)$　((1), (2), 分離規則)

したがって，$(X \wedge Y) \supset Z$ は $\vdash X \supset (Y \supset Z)$ を含意する．

F_4．$\vdash (X \wedge Y) \supset Z$ ならば $X, Y \vdash Z$ を示す．

(1) $\vdash (X \wedge Y) \supset Z$　（前提）
(2) $\vdash X \supset (Y \supset Z)$　((1), F_3(移出律))
(3) $X, Y \vdash Z$　((2), F_2)

したがって，$\vdash (X \wedge Y) \supset Z$ は $X, Y \vdash Z$ を含意する．

問題 1　T_1–T_{15} それぞれについて解を示す．

T_1．$\vdash X \supset (Y \supset Y)$ を示す．

(1) $(X \wedge Y) \supset Y \vdash X \supset (Y \supset Y)$　（F_3 の Z を Y で置き換えたもの）
(2) $\vdash (X \wedge Y) \supset Y$　（S_2）
(3) $\vdash X \supset (Y \supset Y)$　（(2), (1), 分離規則）

T_2．$\vdash Y \supset Y$ を示す．

(1) $X \supset (Y \supset Y)$　（T_1）

ここで X を任意の証明可能な論理式，たとえば公理とする．この X と (1) から，分離規則によって $Y \supset Y$ が得られる．

T_3．$X \supset Y, X \supset (Y \supset Z) \vdash X \supset Z$ を示す．

(1) $\vdash X \supset Y$　（前提）
(2) $\vdash X \supset (Y \supset Z)$　（前提）
(3) $\vdash [(X \supset Y) \wedge (X \supset (Y \supset Z))] \supset (X \supset Z)$　（S_4）
(4) $\vdash (X \supset Y) \supset [(X \supset (Y \supset Z)) \supset (X \supset Z)]$　（(3), F_3(移出律)）
(5) $\vdash (X \supset (Y \supset Z)) \supset (X \supset Z)$　（(1), (4), 分離規則）
(6) $\vdash X \supset Z$　（(2), (5), 分離規則）

T_4．$\vdash X \supset (Y \supset X)$ を示す．

(1) $\vdash (X \wedge Y) \supset X$　（S_1）
(2) $\vdash X \supset (Y \supset X)$　（(1), F_3(移出律)）

T_5．$X \vdash Y \supset X$ を示す．

(1) $\vdash X \supset (Y \supset X)$　（T_4）
(2) $X \vdash Y \supset X$　（(1), F_1）

T_6．$X \supset Y, Y \supset Z \vdash X \supset Z$（三段論法）を示す．

(1) $\vdash X \supset Y$　（前提）
(2) $\vdash Y \supset Z$　（前提）
(3) $\vdash X \supset (Y \supset Z)$　（(2), T_5）
(4) $\vdash X \supset Z$　（(1), (3), T_3）

T_7．$\vdash X \supset (Y \supset (X \wedge Y))$ を示す．

(1) $\vdash (X \wedge Y) \supset (X \wedge Y)$　（T_2）
(2) $\vdash X \supset (Y \supset (X \wedge Y))$　（(1), F_3(移出律)）

T_8.　$X, Y \vdash X \wedge Y$ を示す.

(1) $\vdash X \supset (Y \supset (X \wedge Y))$　（T_7）
(2) $X, Y \vdash X \wedge Y$　（F_2）

T_9.　$X \supset Y, X \supset Z \vdash X \supset (Y \wedge Z)$ を示す.

(1) $\vdash X \supset Y$　（前提）
(2) $\vdash X \supset Z$　（前提）
(3) $\vdash Y \supset (Z \supset (Y \wedge Z))$　（T_7）
(4) $\vdash X \supset (Z \supset (Y \wedge Z))$　（(1), (3), T_6(三段論法)）
(5) $\vdash X \supset (Y \wedge Z)$　（(2), (4), T_3）

T_{10}.　$\vdash (X \wedge Y) \supset (Y \wedge X)$ を示す.

(1) $\vdash (X \wedge Y) \supset Y$　（S_2）
(2) $\vdash (X \wedge Y) \supset X$　（S_1）
(3) $\vdash (X \wedge Y) \supset (Y \wedge X)$　（(1), (2), T_9）

T_{11}.　$\vdash (X \wedge (X \supset Y)) \supset Y$ を示す.

(1) $\vdash (X \wedge (X \supset Y)) \supset X$　（S_1）
(2) $\vdash (X \wedge (X \supset Y)) \supset (X \supset Y)$　（S_2）
(3) $\vdash (X \wedge (X \supset Y)) \supset Y$　（(1), (2), T_3）

T_{12}.　$X \supset (Y \supset Z) \vdash (X \wedge Y) \supset Z$（移入律）を示す.

(1) $\vdash X \supset (Y \supset Z)$　（前提）
(2) $\vdash (X \wedge Y) \supset X$　（S_1）
(3) $\vdash (X \wedge Y) \supset (Y \supset Z)$　（(2), (1), T_6(三段論法)）
(4) $\vdash (X \wedge Y) \supset Y$　（S_2）
(5) $\vdash (X \wedge Y) \supset Z$　（(4), (3), T_3）

T_{13}.　$X \supset (Y \supset Z) \vdash Y \supset (X \supset Z)$ を示す.

(1) $\vdash X \supset (Y \supset Z)$　（前提）
(2) $\vdash (X \wedge Y) \supset Z$　（(1), T_{12}）
(3) $\vdash (Y \wedge X) \supset (X \wedge Y)$　（T_{10}）
(4) $\vdash (Y \wedge X) \supset Z$　（(3), (2), T_6(三段論法)）

(5) $\vdash Y \supset (X \supset Z)$　　((4), F_3(移出律))

T_{14}. 次の (a)–(c) を示す.

(a) $\vdash (X_1 \wedge X_2 \wedge X_3) \supset X_1$

(b) $\vdash (X_1 \wedge X_2 \wedge X_3) \supset X_2$

(c) $\vdash (X_1 \wedge X_2 \wedge X_3) \supset X_3$

(1) $\vdash ((X \wedge Y) \wedge Z) \supset (X \wedge Y)$　(S_1)
(2) $\vdash (X \wedge Y) \supset X$　(S_1)
(3) $\vdash (X \wedge Y) \supset Y$　(S_2)
(4) $\vdash ((X \wedge Y) \wedge Z) \supset X$　((1), (2), T_6(三段論法))　(a)
(5) $\vdash ((X \wedge Y) \wedge Z) \supset Y$　((1), (3), T_6(三段論法))　(b)
(6) $\vdash ((X \wedge Y) \wedge Z) \supset Z$　(S_2)　(c)

T_{15}. $\vdash ((X \supset Y) \wedge (Y \supset Z)) \supset (X \supset Z)$ を示す.

(1) $\vdash ((X \supset Y) \wedge (Y \supset Z) \wedge X) \supset (X \supset Y)$　(T_{14})
(2) $\vdash ((X \supset Y) \wedge (Y \supset Z) \wedge X) \supset (Y \supset Z)$　(T_{14})
(3) $\vdash ((X \supset Y) \wedge (Y \supset Z) \wedge X) \supset X$　(T_{14})
(4) $\vdash ((X \supset Y) \wedge (Y \supset Z) \wedge X) \supset Y$　((3), (1), T_3)
(5) $\vdash ((X \supset Y) \wedge (Y \supset Z) \wedge X) \supset Z$　((2), (4), T_3)
(6) $\vdash ((X \supset Y) \wedge (Y \supset Z)) \supset (X \supset Z)$　((5), F_3(移出律))

問題 2　T_{16}–T_{24} それぞれについて解を示す.

T_{16}. $(X \wedge Y) \supset Z, (X \wedge Y) \supset \sim Z \vdash X \supset \sim Y$ を示す.

(1) $\vdash (X \wedge Y) \supset Z$　(前提)
(2) $\vdash (X \wedge Y) \supset \sim Z$　(前提)
(3) $\vdash X \supset (Y \supset Z)$　((1), F_3(移出律))
(4) $\vdash X \supset (Y \supset \sim Z)$　((2), F_3(移出律))
(5) $\vdash X \supset [(Y \supset Z) \wedge (Y \supset \sim Z)]$　((3), (4), T_9)
(6) $\vdash [(Y \supset Z) \wedge (Y \supset \sim Z)] \supset \sim Y$　(S_8)
(7) $\vdash X \supset \sim Y$　((5), (6), T_6(三段論法))

T_{17}.

(a) $\vdash (X \supset Y) \supset (\sim Y \supset \sim X)$ を示す.

(1) $\vdash ((X \supset Y) \wedge \sim Y \wedge X) \supset (X \supset Y)$　(T_{14})
(2) $\vdash ((X \supset Y) \wedge \sim Y \wedge X) \supset \sim Y$　(T_{14})

(3) $\vdash ((X \supset Y) \wedge \sim Y \wedge X) \supset X$ 　(T_{14})
(4) $\vdash ((X \supset Y) \wedge \sim Y \wedge X) \supset Y$ 　((3), (1), T_3)
(5) $\vdash ((X \supset Y) \wedge \sim Y) \supset \sim X$ 　((4), (2), T_{16})
(6) $\vdash (X \supset Y) \supset (\sim Y \supset \sim X)$ 　((5), F_3(移出律))

（b）$\vdash (X \supset \sim Y) \supset (Y \supset \sim X)$ を示す.

(1) $\vdash ((X \supset \sim Y) \wedge Y \wedge X) \supset (X \supset \sim Y)$ 　(T_{14})
(2) $\vdash ((X \supset \sim Y) \wedge Y \wedge X) \supset Y$ 　(T_{14})
(3) $\vdash ((X \supset \sim Y) \wedge Y \wedge X) \supset X$ 　(T_{14})
(4) $\vdash ((X \supset \sim Y) \wedge Y \wedge X) \supset \sim Y$ 　((3), (1), T_3)
(5) $\vdash ((X \supset \sim Y) \wedge Y) \supset \sim X$ 　((4), (2), T_{16})
(6) $\vdash (X \supset \sim Y) \supset (Y \supset \sim X)$ 　((5), F_3(移出律))

（c）$\vdash (\sim X \supset Y) \supset (\sim Y \supset X)$ を示す.

(1) $\vdash ((\sim X \supset Y) \wedge \sim Y \wedge \sim X) \supset (\sim X \supset Y)$ 　(T_{14})
(2) $\vdash ((\sim X \supset Y) \wedge \sim Y \wedge \sim X) \supset \sim Y$ 　(T_{14})
(3) $\vdash ((\sim X \supset Y) \wedge \sim Y \wedge \sim X) \supset \sim X$ 　(T_{14})
(4) $\vdash ((\sim X \supset Y) \wedge \sim Y \wedge \sim X) \supset Y$ 　((3), (1), T_3)
(5) $\vdash ((\sim X \supset Y) \wedge \sim Y) \supset \sim\sim X$ 　((2), (4), T_{16})
(6) $\vdash \sim\sim X \supset X$ 　(S_9)
(7) $\vdash ((\sim X \supset Y) \wedge \sim Y) \supset X$ 　((5), (6), T_6(三段論法))
(8) $\vdash (\sim X \supset Y) \supset (\sim Y \supset X)$ 　((7), F_3(移出律))

（d）$\vdash (\sim X \supset \sim Y) \supset (Y \supset X)$ を示す.

(1) $\vdash ((\sim X \supset \sim Y) \wedge Y \wedge \sim X) \supset (\sim X \supset \sim Y)$ 　(T_{14})
(2) $\vdash ((\sim X \supset \sim Y) \wedge Y \wedge \sim X) \supset Y$ 　(T_{14})
(3) $\vdash ((\sim X \supset \sim Y) \wedge Y \wedge \sim X) \supset \sim X$ 　(T_{14})
(4) $\vdash ((\sim X \supset \sim Y) \wedge Y \wedge \sim X) \supset \sim Y$ 　((3), (1), T_3)
(5) $\vdash ((\sim X \supset \sim Y) \wedge Y) \supset \sim\sim X$ 　((2), (4), T_{16})
(6) $\vdash \sim\sim X \supset X$ 　(S_9)
(7) $\vdash ((\sim X \supset \sim Y) \wedge Y) \supset X$ 　((5), (6), T_6(三段論法))
(8) $\vdash (\sim X \supset \sim Y) \supset (Y \supset X)$ 　((7), F_3(移出律))

T_{18}. 次の (a)–(d) を示す.

（a）$X \supset Y \vdash \sim Y \supset \sim X$
（b）$X \supset \sim Y \vdash Y \supset \sim X$

（c）　$\sim X \supset Y \vdash \sim Y \supset X$
（d）　$\sim X \supset \sim Y \vdash Y \supset X$

これらは，T_{17} と F_1 からすぐさま導くことができる．

T_{19}．$\vdash \sim X \supset (X \supset Y)$ を示す．

(1) $\vdash ((\sim X \wedge X) \wedge \sim Y) \supset X$　（T_{14}）
(2) $\vdash ((\sim X \wedge X) \wedge \sim Y) \supset \sim X$　（T_{14}）
(3) $\vdash (\sim X \wedge X) \supset \sim\sim Y$　（(1), (2), T_{16}）
(4) $\vdash \sim\sim Y \supset Y$　（S_9）
(5) $\vdash (\sim X \wedge X) \supset Y$　（(3), (4), T_6(三段論法)）
(6) $\vdash \sim X \supset (X \supset Y)$　（(5), F_3(移出律)）

T_{20}．

（a）$\vdash \sim(X \supset Y) \supset X$ を示す．

(1) $\vdash \sim X \supset (X \supset Y)$　（T_{19}）
(2) $\vdash \sim(X \supset Y) \supset \sim\sim X$　（(1), T_{18}（a））
(3) $\vdash \sim\sim X \supset X$　（S_9）
(4) $\vdash \sim(X \supset Y) \supset X$　（(2), (3), 分離規則）

（b）$\vdash \sim(X \supset Y) \supset \sim Y$ を示す．

(1) $\vdash Y \supset (X \supset Y)$　（T_4）
(2) $\vdash \sim(X \supset Y) \supset \sim Y$　（(1), T_{18}（a））

T_{21}．$\vdash X \supset \sim\sim X$ を示す．

(1) $\vdash (X \wedge \sim X) \supset X$　（S_1）
(2) $\vdash (X \wedge \sim X) \supset \sim X$　（S_2）
(3) $\vdash X \supset \sim\sim X$　（(1), (2), T_{16}）

T_{22}．$\vdash (X \wedge \sim Y) \supset \sim(X \supset Y)$ を示す．

(1) $\vdash (X \wedge \sim Y \wedge (X \supset Y)) \supset X$　（T_{14}）
(2) $\vdash (X \wedge \sim Y \wedge (X \supset Y)) \supset \sim Y$　（T_{14}）
(3) $\vdash (X \wedge \sim Y \wedge (X \supset Y)) \supset (X \supset Y)$　（T_{14}）
(4) $\vdash (X \wedge \sim Y \wedge (X \supset Y)) \supset Y$　（(1), (3), T_3）
(5) $\vdash (X \wedge \sim Y) \supset \sim(X \supset Y)$　（(2), (4), T_{16}）

T_{23}.

（a）$\vdash \sim X \supset \sim(X \wedge Y)$ を示す.

(1) $\vdash (X \wedge Y) \supset X$　（S_1）
(2) $\vdash \sim X \supset \sim(X \wedge Y)$　（(1), T_{18} (a)）

（b）$\vdash \sim Y \supset \sim(X \wedge Y)$ を示す.

(1) $\vdash (X \wedge Y) \supset Y$　（S_2）
(2) $\vdash \sim Y \supset \sim(X \wedge Y)$　（(1), T_{18} (a)）

T_{24}.

（a）$X \supset \sim X \vdash \sim X$ を示す.

(1) $\vdash X \supset \sim X$　（前提）
(2) $\vdash X \supset X$　（T_2）
(3) $\vdash (X \supset X) \wedge (X \supset \sim X)$　（(1), (2), T_8）
(4) $\vdash [(X \supset X) \wedge (X \supset \sim X)] \supset \sim X$　（S_8）
(5) $\vdash \sim X$　（(3), (4), 分離規則）

（b）$\sim X \supset X \vdash X$ を示す.

(1) $\vdash \sim X \supset X$　（前提）
(2) $\vdash X \supset \sim\sim X$　（T_{21}）
(3) $\vdash \sim X \supset \sim\sim X$　（(1), (2), T_6(三段論法)）
(4) $\vdash \sim\sim X$　（(3), T_{24} (a)）
(5) $\vdash \sim\sim X \supset X$　（S_9）
(6) $\vdash X$　（(2), (3), 分離規則）

練習問題 1

（a）S_9, すなわち, $\sim\sim X \supset X$ を示す.

(1) $\vdash ((\sim X \supset \sim X) \wedge (\sim X \supset \sim\sim X)) \supset X$　（S_8' の Y を X で置き換えたもの）
(2) $\vdash (\sim X \supset \sim X) \supset ((\sim X \supset \sim\sim X) \supset X)$　（(1), F_3(移出律)）
(3) $\vdash \sim X \supset \sim X$　（T_2）
(4) $\vdash (\sim X \supset \sim\sim X) \supset X$　（(2), (3), 分離規則）
(5) $\vdash \sim\sim X \supset (\sim X \supset \sim\sim X)$　（T_4）
(6) $\vdash \sim\sim X \supset X$　（(4), (5), T_6(三段論法)）

（b）　$(X \supset Y) \supset (\sim\sim X \supset Y)$ を示す．

(1) $\vdash ((\sim\sim X \supset X) \wedge (X \supset Y)) \supset (\sim\sim X \supset Y)$　（T_{15}）
(2) $\vdash (\sim\sim X \supset X) \supset ((X \supset Y) \supset (\sim\sim X \supset Y))$　（(1), F_3(移出律)）
(3) $\vdash \sim\sim X \supset X$　（練習問題 1 (a)）
(4) $\vdash (X \supset Y) \supset (\sim\sim X \supset Y)$　（(2), (3), 分離規則）

（c）　S_8，すなわち，$[(X \supset Y) \wedge (X \supset \sim Y)] \supset \sim X$ を示す．

(1) $\vdash ((\sim\sim X \supset Y) \wedge (\sim\sim X \supset \sim Y)) \supset \sim X$　（S_8' の X を $\sim X$ で置き換えたもの）
(2) $\vdash (\sim\sim X \supset Y) \supset ((\sim\sim X \supset \sim Y) \supset \sim X)$　（(1), F_3(移出律)）
(3) $\vdash (X \supset Y) \supset (\sim\sim X \supset Y)$　（練習問題 1 (b)）
(4) $\vdash (X \supset Y) \supset ((\sim\sim X \supset \sim Y) \supset \sim X)$　（(2), (3), T_6(三段論法)）
(5) $\vdash (\sim\sim X \supset \sim Y) \supset ((X \supset Y) \supset \sim X)$　（(4), T_{13}）
(6) $\vdash (X \supset \sim Y) \supset (\sim\sim X \supset \sim Y)$　（練習問題 1 (b)）
(7) $\vdash (X \supset \sim Y) \supset ((X \supset Y) \supset \sim X)$　（(5), (6), T_6(三段論法)）
(8) $\vdash (X \supset Y) \supset ((X \supset \sim Y) \supset \sim X)$　（(7), T_{13}）
(9) $\vdash ((X \supset Y) \wedge (X \supset \sim Y)) \supset \sim X$　（(8), T_{12}）

問題 3

T_{25}．

（a）　$\vdash \sim(X \vee Y) \supset \sim X$ を示す．

(1) $\vdash X \supset (X \vee Y)$　（S_5）
(2) $\vdash \sim(X \vee Y) \supset \sim X$　（(1), T_{18} (a)）

（b）　$\vdash \sim(X \vee Y) \supset \sim Y$ を示す．

(1) $\vdash Y \supset (X \vee Y)$　（S_6）
(2) $\vdash \sim(X \vee Y) \supset \sim Y$　（(1), T_{18} (a)）

T_{26}．$X \supset Z, Y \supset Z \vdash (X \vee Y) \supset Z$ を示す．

(1) $\vdash [(X \supset Z) \wedge (Y \supset Z)] \supset ((X \vee Y) \supset Z)$　（S_7）
(2) $X \supset Z, Y \supset Z \vdash (X \vee Y) \supset Z$　（(1), F_4）

T_{27}．$\vdash (\sim X \wedge \sim Y) \supset \sim(X \vee Y)$ を示す．

(1) $\vdash (\sim X \wedge \sim Y) \supset \sim X$　(S_1)
(2) $\vdash X \supset \sim(\sim X \wedge \sim Y)$　((1), T_{18} (b))
(3) $\vdash (\sim X \wedge \sim Y) \supset \sim Y$　(S_2)
(4) $\vdash Y \supset \sim(\sim X \wedge \sim Y)$　((3), T_{18} (b))
(5) $\vdash (X \vee Y) \supset \sim(\sim X \wedge \sim Y)$　((2), (4), T_{26})
(6) $\vdash (\sim X \wedge \sim Y) \supset \sim(X \vee Y)$　((5), T_{18} (b))

T_{28}. $\vdash \sim(X \wedge Y) \supset (\sim X \vee \sim Y)$ を示す.

(1) $\vdash \sim X \supset (\sim X \vee \sim Y)$　(S_5)
(2) $\vdash \sim Y \supset (\sim X \vee \sim Y)$　(S_6)
(3) $\vdash \sim(\sim X \vee \sim Y) \supset X$　((1), T_{18} (c))
(4) $\vdash \sim(\sim X \vee \sim Y) \supset Y$　((2), T_{18} (c))
(5) $\vdash \sim(\sim X \vee \sim Y) \supset (X \wedge Y)$　((3), (4), T_9)
(6) $\vdash \sim(X \wedge Y) \supset (\sim X \vee \sim Y)$　((5), T_{18} (c))

T_{29}. $\vdash (X \supset Y) \supset (\sim X \vee Y)$ を示す.

(1) $\vdash \sim X \supset (\sim X \vee Y)$　(S_5)
(2) $\vdash Y \supset (\sim X \vee Y)$　(S_6)
(3) $\vdash \sim(\sim X \vee Y) \supset X$　((1), T_{18} (c))
(4) $\vdash \sim(\sim X \vee Y) \supset \sim Y$　((2), T_{18} (a))
(5) $\vdash \sim(\sim X \vee Y) \supset (X \wedge \sim Y)$　((3), (4), T_9)
(6) $\vdash (X \wedge \sim Y) \supset \sim(X \supset Y)$　(T_{22})
(7) $\vdash \sim(\sim X \vee Y) \supset \sim(X \supset Y)$　((5), (6), T_6(三段論法))
(8) $\vdash (X \supset Y) \supset (\sim X \vee Y)$　((7), T_{18} (d))

T_{30}. $\vdash (X \vee Y) \supset (\sim X \supset Y)$ を示す.

(1) $\vdash \sim X \supset (X \supset Y)$　(T_{19})
(2) $\vdash X \supset (\sim X \supset Y)$　((1), T_{13})
(3) $\vdash Y \supset (\sim X \supset Y)$　(T_4)
(4) $\vdash (X \vee Y) \supset (\sim X \supset Y)$　((2), (3), T_{26})

T_{31}. $\vdash \sim(\sim X \wedge \sim Y) \supset (X \vee Y)$ を示す.

(1) $\vdash \sim(X \vee Y) \supset \sim X$　(T_{25} (a))
(2) $\vdash \sim(X \vee Y) \supset \sim Y$　(T_{25} (b))

(3) $\vdash \sim(X \vee Y) \supset (\sim X \wedge \sim Y)$　((1), (2), T_9)
(4) $\vdash \sim(\sim X \wedge \sim Y) \supset (X \vee Y)$　((3), T_{18} (c))

T_{32}. $\vdash (\sim X \supset Y) \supset (X \vee Y)$ を示す.

(1) $\vdash (\sim X \wedge \sim Y) \supset \sim(\sim X \supset Y)$　(T_{22} の X を $\sim X$ で置き換えたもの)
(2) $\vdash (\sim X \supset Y) \supset \sim(\sim X \wedge \sim Y)$　((1), T_{18} (b))
(3) $\vdash \sim(\sim X \wedge \sim Y) \supset (X \vee Y)$　(T_{31})
(4) $\vdash (\sim X \supset Y) \supset (X \vee Y)$　((2), (3), T_6(三段論法))

T_{33}. $X \vee Y, X \vee Z \vdash X \vee (Y \wedge Z)$ を示す.

(1) $\vdash X \vee Y$　(前提)
(2) $\vdash X \vee Z$　(前提)
(3) $\vdash (X \vee Y) \supset (\sim X \supset Y)$　(T_{30})
(4) $\vdash \sim X \supset Y$　((1), (3), 分離規則)
(5) $\vdash (X \vee Z) \supset (\sim X \supset Z)$　(T_{30})
(6) $\vdash \sim X \supset Z$　((2), (5), 分離規則)
(7) $\vdash \sim X \supset (Y \wedge Z)$　((4), (6), T_9)
(8) $\vdash (\sim X \supset (Y \wedge Z)) \supset (X \vee (Y \wedge Z))$　(T_{32})
(9) $\vdash X \vee (Y \wedge Z)$　((7), (8), 分離規則)

T_{34}. $\vdash X \vee \sim X$ を示す.

(1) $\vdash \sim X \supset \sim X$　(T_2)
(2) $\vdash (\sim X \supset \sim X) \supset (X \vee \sim X)$　(T_{32})
(3) $\vdash X \vee \sim X$　((1), (2), 分離規則)

T_{35}. $X \supset Y, \sim X \supset Y \vdash Y$ を示す.

(1) $\vdash X \supset Y$　(前提)
(2) $\vdash \sim X \supset Y$　(前提)
(3) $\vdash (X \vee \sim X) \supset Y$　((1), (2), T_{26})
(4) $\vdash (X \vee \sim X)$　(T_{34})
(5) $\vdash Y$　((4), (3), 分離規則)

T_{36}. $\vdash (\sim X \vee Y) \supset (X \supset Y)$ を示す.

(1) $\vdash \sim X \supset (X \supset Y)$　(T_{19})

(2) $\vdash Y \supset (X \supset Y)$　(T_4)
(3) $\vdash (\sim X \vee Y) \supset (X \supset Y)$　((1), (2), T_{26})

T_{37}.　$\sim(X \wedge Y) \vdash X \supset \sim Y$ を示す.

(1) $\vdash \sim(X \wedge Y)$　(前提)
(2) $\vdash \sim(X \wedge Y) \supset (\sim X \vee \sim Y)$　(T_{28})
(3) $\vdash \sim X \vee \sim Y$　((1), (2), 分離規則)
(4) $\vdash (\sim X \vee \sim Y) \supset (X \supset \sim Y)$　(T_{36})
(5) $\vdash X \supset \sim Y$　((3), (4), 分離規則)

T_{38}.　$X \supset Y, \sim(X \wedge Y) \vdash \sim X$ を示す.

(1) $\vdash X \supset Y$　(前提)
(2) $\vdash \sim(X \wedge Y)$　(前提)
(3) $\vdash X \supset X$　(T_2)
(4) $\vdash X \supset (X \wedge Y)$　((3), (1), T_9)
(5) $\vdash \sim(X \wedge Y) \supset \sim X$　((4), T_{17} (a))
(6) $\vdash \sim X$　((2), (5), 分離規則)

T_{39}.　$X \supset (Y_1 \vee Y_2), \sim(X \wedge Y_1), \sim(X \wedge Y_2) \vdash \sim X$ を示す.

(1) $\vdash X \supset (Y_1 \vee Y_2)$　(前提)
(2) $\vdash \sim(X \wedge Y_1)$　(前提)
(3) $\vdash \sim(X \wedge Y_2)$　(前提)
(4) $\vdash X \supset \sim Y_1$　((2), T_{37})
(5) $\vdash X \supset \sim Y_2$　((3), T_{37})
(6) $\vdash Y_1 \supset \sim X$　((4), T_{17} (b))
(7) $\vdash Y_2 \supset \sim X$　((5), T_{17} (b))
(8) $\vdash (Y_1 \vee Y_2) \supset \sim X$　((6), (7), T_{26})
(9) $\vdash X \supset \sim X$　((1), (8), T_6(三段論法))
(10) $\vdash \sim X$　((9), T_{24} (a))

T_{40}.　$Y \supset X, X \vee Z, Z \supset Y \vdash X$ を示す.

(1) $\vdash Y \supset X$　(前提)
(2) $\vdash X \vee Z$　(前提)
(3) $\vdash Z \supset Y$　(前提)

(4) $\vdash (X \vee Z) \supset (\sim X \supset Z)$　(T_{30})
(5) $\vdash \sim X \supset Z$　((2), (4), 分離規則)
(6) $\vdash \sim X \supset Y$　((5), (3), T_6(三段論法))
(7) $\vdash \sim X \supset X$　((6), (1), T_6(三段論法))
(8) $\vdash X$　((7), T_{24} (b))

T_{41}. $Y \supset X, X \vee Y_1, X \vee Y_2, (Y_1 \wedge Y_2) \supset Y \vdash X$ を示す.

(1) $\vdash Y \supset X$　(前提)
(2) $\vdash X \vee Y_1$　(前提)
(3) $\vdash X \vee Y_2$　(前提)
(4) $\vdash (Y_1 \wedge Y_2) \supset Y$　(前提)
(5) $\vdash X \vee (Y_1 \wedge Y_2)$　((2), (3), T_{33})
(6) $\vdash (X \vee (Y_1 \wedge Y_2))$
$\supset (\sim X \supset (Y_1 \wedge Y_2))$　(T_{30})
(7) $\vdash \sim X \supset (Y_1 \wedge Y_2)$　((5), (6), 分離規則)
(8) $\vdash \sim X \supset Y$　((7), (4), T_6(三段論法))
(9) $\vdash \sim X \supset X$　((8), (1), T_6(三段論法))
(10) $\vdash X$　((9), T_{24} (b))

T_{42}.

(a) $n = 2$ から数学的帰納法を始める．この場合には，S_1 と S_2 によって，$\vdash (X_1 \wedge X_2) \supset X_1$ および $\vdash (X_1 \wedge X_2) \supset X_2$ となる．

つぎに，$n \geq 2$ として，すべての $i \leq n$ に対して $\vdash (X_1 \wedge X_2 \wedge \cdots \wedge X_n) \supset X_i$ であるとする．このとき，すべての $i \leq n{+}1$ に対して，$\vdash (X_1 \wedge X_2 \wedge \cdots \wedge X_{n+1}) \supset X_i$ を示さなければならない．$X_1 \wedge X_2 \wedge \cdots \wedge X_{n+1} = (X_1 \wedge X_2 \wedge \cdots \wedge X_{n+1}) \wedge X_{n+1}$ なので，S_1 と S_2 によって

(1) $\vdash (X_1 \wedge X_2 \wedge \cdots \wedge X_{n+1}) \supset X_{n+1}$
(2) $\vdash (X_1 \wedge X_2 \wedge \cdots \wedge X_{n+1}) \supset (X_1 \wedge X_2 \wedge \cdots \wedge X_n)$

ここで，$i \leq n + 1$ とする．すると，$i = n + 1$ か $i \leq n$ のいずれかである．前者であれば，(1) によって $\vdash (X_1 \wedge X_2 \wedge \cdots \wedge X_{n+1}) \supset X_i$ となる．それでは，後者，すなわち，$i \leq n$ の場合は

(3) $\vdash (X_1 \wedge X_2 \wedge \cdots \wedge X_n) \supset X_i$　(帰納法の仮定)

したがって，((2), (3), T_6(三段論法) によって) $\vdash (X_1 \wedge X_2 \wedge \cdots \wedge X_{n+1}) \supset$

X_i となる．

これで，帰納法は完成した．

（b）S_1 と S_2 の代わりにそれぞれ S_5 と S_6 を用いると，(a)と同様に証明できる．

問題 4

（a）$X \supset \alpha, (X \wedge \alpha_1) \supset Y \vdash X \supset Y$ を示す．

(1) $\vdash X \supset \alpha$　（前提）
(2) $\vdash (X \wedge \alpha_1) \supset Y$　（前提）
(3) $\vdash X \supset (\alpha_1 \supset Y)$　((2), F_3(移出律))
(4) $\vdash \alpha \supset \alpha_1$　（事実 A_1）
(5) $\vdash X \supset \alpha_1$　((1), (4), T_6(三段論法))
(6) $\vdash X \supset Y$　((5), (3), T_3)

（b）これは，α_1 の代わりに α_2 を用い，事実 A_1 の代わりに事実 A_2 を用いると，(a)と同様に証明できる．

（c）$X \supset \beta, (X \wedge \beta_1) \supset Y, (X \wedge \beta_2) \supset Y \vdash X \supset Y$ を示す．

(1) $\vdash X \supset \beta$　（前提）
(2) $\vdash (X \wedge \beta_1) \supset Y$　（前提）
(3) $\vdash (X \wedge \beta_2) \supset Y$　（前提）
(4) $\vdash X \supset (\beta_1 \supset Y)$　((2), F_3(移出律))
(5) $\vdash X \supset (\beta_2 \supset Y)$　((3), F_3(移出律))
(6) $\vdash \beta_1 \supset (X \supset Y)$　((4), T_{13})
(7) $\vdash \beta_2 \supset (X \supset Y)$　((5), T_{13})
(8) $\vdash (\beta_1 \vee \beta_2) \supset (X \supset Y)$　((6), (7), T_{26})
(9) $\vdash \beta \supset (\beta_1 \vee \beta_2)$　（事実 B）
(10) $\vdash \beta \supset (X \supset Y)$　((8), (9), T_6(三段論法))
(11) $\vdash X \supset (\beta \supset Y)$　((10), T_{13})
(12) $\vdash X \supset Y$　((1), (11), T_3)

（d）$X \supset Z, X \supset \sim Z \vdash X \supset Y$ を示す．

(1) $\vdash X \supset Z$　（前提）
(2) $\vdash X \supset \sim Z$　（前提）
(3) $\vdash \sim Z \supset (Z \supset Y)$　(T_{19})
(4) $\vdash X \supset (Z \supset Y)$　((2), (3), T_6(三段論法))
(5) $\vdash X \supset Y$　((1), (4), T_3)

（e）$X \supset \sim X \vdash \sim X$ を示す．

これは T_{24}（a）である．

問題 5　以降では，$\vdash X$ は，体系 $\mathcal{S}_0$ において X が証明可能であることを意味する．

（a）U_1 の公理に対して，θ がある項 Y を含み，$\sim Y$ も θ の項ならば，$\sim C(\theta)$ は $\mathcal{S}_0$ において証明可能であることを示さなければならない．

(1) Y は θ の項	（前提）
(2) $\sim Y$ は θ の項	（前提）
(3) $\vdash C(\theta) \supset Y$	（(1), T_{42}（a））
(4) $\vdash C(\theta) \supset \sim Y$	（(2), T_{42}（a））
(5) $\vdash (C(\theta) \supset Y) \wedge (C(\theta) \supset \sim Y)$	（(3), (4), T_8）
(6) $\vdash \sim C(\theta)$	（(5), S_8）

（b）

規則 A_1:　α が θ の項であり，$\mathcal{S}_0$ において $\sim(C(\theta) \wedge \alpha_1)$（これは $\sim C(\theta, \alpha_1)$ である）が証明可能ならば，$C(\theta)$ も証明可能であることを示さなければならない．

(1) α は θ の項	（前提）
(2) $\vdash \sim(C(\theta) \wedge \alpha_1)$	（前提）
(3) $\vdash C(\theta) \supset \alpha$	（(1), T_{42}（a））
(4) $\vdash \alpha \supset \alpha_1$	（事実 A_1）
(5) $\vdash C(\theta) \supset \alpha_1$	（(3), (4), T_6(三段論法)）
(6) $\vdash \sim C(\theta)$	（(5), (2), T_{38}）

規則 A_2:　事実 A_1 の代わりに事実 A_2 を用いれば，規則 A_1 の証明と同様である．

規則 B:　β が θ の項で，$\sim(C(\theta) \wedge \beta_1)$ と $\sim(C(\theta) \wedge \beta_2)$ がともに $\mathcal{S}_0$ において証明可能ならば，$\sim C(\theta)$ も $\mathcal{S}_0$ において証明可能であることを示さなければならない．

(1) β は θ の項	（前提）
(2) $\vdash \sim(C(\theta) \wedge \beta_1)$	（前提）
(3) $\vdash \sim(C(\theta) \wedge \beta_2)$	（前提）
(4) $\vdash C(\theta) \supset \beta$	（(1), T_{42}（a））
(5) $\vdash \beta \supset (\beta_1 \vee \beta_2)$	（事実 B）
(6) $\vdash C(\theta) \supset (\beta_1 \vee \beta_2)$	（(4), (5), T_6(三段論法)）
(7) $\vdash \sim C(\theta)$	（(6), (2), (3), T_{39}）

問題 6　$\mathscr{T}'$ は $\mathscr{T}$ の直接拡大で，$\mathscr{T}'$ は悪タブローであることが与えられてい

る．このとき，$\mathscr{T}$ が悪タブローであることを示さなければならない．

θ は $\mathscr{T}$ の枝で，それに規則 A または B を使って $\mathscr{T}'$ が得られたとする．

使われたのが規則 A の場合：ある α が θ 上にあり，$\mathscr{T}'$ は $\mathscr{T}$ から枝 θ を θ' に拡大した結果で，θ' は θ, α_1 か θ, α_2 のいずれかである．θ' は悪列（$\mathscr{T}'$ のすべての枝は悪列）なので，（U_1 の規則 A_1 または A_2 によって）$\mathscr{T}$ も悪列である．$\mathscr{T}$ のそのほかの枝は，すべて $\mathscr{T}'$ の枝なので，すべて悪列である．したがって，$\mathscr{T}$ のすべての枝は悪列であり，$\mathscr{T}$ は悪タブローである．

使われたのが規則 B の場合：ある β が θ 上にあり，$\mathscr{T}$ の θ の代わりに $\mathscr{T}'$ では 2 本の枝 θ, β_1 と θ, β_2 になっている点を除いて，$\mathscr{T}'$ は $\mathscr{T}$ と同じである．この 2 本の枝は悪列なので，（U_1 の規則 B によって）θ も悪列である．この場合も，$\mathscr{T}$ のそのほかの枝は，すべて $\mathscr{T}'$ の枝なので，すべて悪列である．したがって，$\mathscr{T}$ は悪タブローである．

問題 7　$\mathscr{T}$ を X の閉タブローとする．このとき，X が悪列であることを示さなければならない．

n を，$\mathscr{T}$ を構成するときに規則 A と規則 B を適用した回数とする．任意の $i \leq n$ に対して，$\mathscr{T}_i$ をこれらの規則を i 回適用して得られたタブローとする．したがって，$\mathscr{T}_n$ は $\mathscr{T}$ である．また，$\mathscr{T}_0$ は，単なる論理式 X である．それぞれの $i < n$ に対して，タブロー $\mathscr{T}_{i+1}$ は $\mathscr{T}_i$ の直接拡大である．そして，$\mathscr{T}_{i+1}$ が悪タブローならば，（問題 6 によって）$\mathscr{T}_i$ も悪タブローである．また，$\mathscr{T}_n$ は閉じているので，悪タブローである．すると，$\mathscr{T}_{n-1}$ は悪タブローであり，$\mathscr{T}_{n-2}$ は悪タブローであり，……，$\mathscr{T}_1$ は悪タブローであり，$\mathscr{T}_0$ は悪タブローである．（より形式的には，それぞれの $i \leq n$ に対して，$P(i)$ を $\mathscr{T}_{n-i}$ が悪タブローであることを意味すると定義する．このとき，$P(0)$ が成り立ち（その理由は？），それぞれの $i < n$ に対して，$P(i)$ が成り立つならば，$P(i+1)$ も成り立つ．（その理由がわかるか．）したがって，限定的数学的帰納法の原理によって，すべての $i \leq n$ に対して P が成り立つ．すなわち，$\mathscr{T}_n, \mathscr{T}_{n-1}, \cdots, \mathscr{T}_0$ は，すべて悪タブローである．）

問題 8　X をトートロジーとする．このとき，命題論理のタブローの完全性定理によって，$\sim X$ の閉タブローが存在する．したがって，（問題 7 によって）$\sim X$ は悪タブローである．すなわち，$\sim\sim X$ は U_1 において証明可能である．すると，規則 N によって，X は U_1 において証明可能である．

問題 9

公理：まず，U_2 のすべての公理は，$\mathcal{S}_0$ において証明可能であることを示す．θ は閉じているので，ある論理式 Y で，Y と $\sim Y$ がともに θ の項であるようなものが存在する．

(1) Y は θ の項　（前提）
(2) $\sim Y$ は θ の項　（前提）
(3) $\vdash Y \supset D(\theta)$　（(1), T_{42} (b)）
(4) $\vdash \sim Y \supset D(\theta)$　（(2), T_{42} (b)）
(5) $\vdash D(\theta)$　（(3), (4), T_{35}）

規則 A^0：α が θ の項で，$D(\theta) \vee \alpha_1$ と $D(\theta) \vee \alpha_2$ がともに $\mathcal{S}_0$ において証明可能ならば，$D(\theta)$ は $\mathcal{S}_0$ において証明可能であることを示さなければならない．

(1) α は θ の項　（前提）
(2) $\vdash D(\theta) \vee \alpha_1$　（前提）
(3) $\vdash D(\theta) \vee \alpha_2$　（前提）
(4) $\vdash \alpha \supset D(\theta)$　（(1), T_{42} (b)）
(5) $\vdash (\alpha_1 \wedge \alpha_2) \supset \alpha$　（事実 A）
(6) $\vdash D(\theta)$　（(4), (2), (3), (5), T_{41}）

規則 B_1^0：

(1) β は θ の項　（前提）
(2) $\vdash D(\theta) \vee \beta_1$　（前提）
(3) $\vdash \beta \supset D(\theta)$　（(1), T_{42} (b)）
(4) $\vdash \beta_1 \supset \beta$　（事実 B_1）
(5) $\vdash D(\theta)$　（(3), (2), (4), T_{40}）

規則 B_2^0：事実 B_1 の代わりに事実 B_2 を用いれば，この証明は規則 B_1^0 の場合と同じである．

問題 10

（a）　この証明は，問題 8 の解答で示した証明と同様である．

双対タブロー $\mathcal{T}'$ が双対タブロー $\mathcal{T}$ の直接拡大であるとする．また，$\mathcal{T}'$ は良タブローであるとする．このとき，$\mathcal{T}$ が良タブローであることを示さなければならない．θ は $\mathcal{T}$ の枝で，それに規則 A^0 または B^0 を使って $\mathcal{T}'$ が得られるとする．

使われたのが双対タブローの規則 B^0 の場合：ある β が θ 上にあり，θ を拡大すると $\mathcal{T}'$ の枝 θ' になり，θ' は θ, β_1 か θ, β_2 のいずれかである．θ' は良列（$\mathcal{T}'$ のすべての枝は良列）なので，（公理系 U_2 の規則 B_1^0 または B_2^0 によって）θ は良列である．$\mathcal{T}$ のそのほかの枝は，すべて $\mathcal{T}'$ の枝なので，すべて良列である．すなわち，$\mathcal{T}$ は良タブローである．

使われたのが双対タブローの規則 A^0 の場合：ある α が θ 上にあり，θ は 2 本の枝 θ, α_1 と θ, α_2 で置き換えられている．これら 2 本の枝はともに $\mathcal{T}'$ の枝なので，ともに良列である．それゆえ，（公理系 U_2 の規則 A^0 によって）θ は良列である．これで，(a)の証明が完成した．

（b）この証明は，問題 6 の証明の「タブロー」を「双対タブロー」で置き換え，「悪」を「良」で置き換えたものと同じである．

（c）X をトートロジーとする．このとき，双対タブローの完全性定理によって，X の閉双対タブローが存在する．すると，(b)によって，X は良列である．したがって，X は U_2 において証明可能である．

［第 III 部］

一階述語論理

第 8 章

一階述語論理事始め

ここまでに調べた命題論理は，数学や科学に必要な論理学の端緒にすぎない．本当の核心は，**一階述語論理**として知られる領域であり，それは命題論理の論理結合子に「**すべて**」や「**ある**」の概念をあわせたものを扱う．まず，形式ばらない形でこれらの概念を取り扱おう．

日常で使われる英語とは異なり，論理学の用語では，「ある（some）……」という語が言外に複数を意味することはない．それは，「**二つ以上**」を意味するのではなく，「**少なくとも一つ**」を意味するにすぎない．すなわち，「**一つ以上**」を意味するのである．したがって，論理学において，「ある人は善良である」という文は，善良な人が少なくとも一人存在するということにほかならない．

「**すべて**」の概念に関して，「すべての A は B である」という文は，A が存在しなければ自動的に真と見なされることを思い出そう．（ここで「自動的に真」と呼んだものは，専門用語では「空虚に真」という．たとえば，一角獣は存在しないので，「すべての一角獣は 5 本の足をもつ」という文は空虚に真である．）

次に挙げる問題は，**すべて**と**いくつか**の概念に関するものである．はるか彼方にあるあの群島に立ち戻ろう．そこでは，それぞれの島のすべての住民は T 型か F 型のいずれかであり[訳注 1]，T 型の住民の言うことはすべて真であり，F 型の住民の言うことはすべて偽なのであった．

［訳注 1］ それぞれの島には少なくとも一人の住民がいるものとする．

問題 1　これらの島へのとある旅の途中，ある島に立ち寄り，島のそれぞれの住民に，その島の住民全員の型について何か発言をするように頼んだ．すべての住民は「住民は全員が同じ型である」と同じことを言った．住民は本当に全員が同じ型だろうか．そして，そうであれば，住民全員がどちらの型であるかを決めることができるだろうか．

問題 2　次に訪れた島では，すべての住民が「私たちのある者は T 型で，ある者は F 型である」と言った．この島の住民は，どのような構成になっているだろうか．

問題 3　次に訪れた島では，私は住民の喫煙習慣について興味を持ち，喫煙と嘘をつくことの間に相関関係があるかどうかについて調べた．すべての住民は「T 型の住民は全員がタバコを吸う」と同じ発言をした．このことから，T 型と F 型の住民構成や，喫煙習慣について，何が結論できるだろうか．（この問題は，前の 2 問よりも少し難しく，そしてとくに教育的である．）

問題 4　次の島では，すべての住民が「住民のあるものは F 型でタバコを吸う」と言った．これから何が結論できるだろうか．

問題 5　次の島では，住民は全員が同じ型であり，全員が「私がタバコを吸うならば，この島の全員がタバコを吸う」と言った．これから何が結論できるだろうか．

問題 6　次の島も，住民は全員が同じ型であり，全員が「住民の誰かがタバコを吸うならば，私はタバコを吸う」と言った．これから何が結論できるだろうか．

問題 7　次の島でも，住民は全員が同じ型であった．彼らは全員が「住民のある者はタバコを吸うが，私は吸わない」と言った．これから何が結論できるだろうか．

問題 8　前問で，私が読者に，その島の住民全員が「住民のある者はタバコを吸うが，私は吸わない」という単一の発言をしたのでなく，次のような二つの別個の発言をしたと言ったとしよう．（1）「住民のある者はタバコを吸う」（2）「私はタバコを吸わない」 これから何が結論できるだろうか．この答えは前問の答えと同じだろうか．

∀と∃の導入

一階述語論理では，文字 x, y, z およびそれらに添字をつけたものを用いて，考察している領域の任意の対象を表す．何を領域とするかは，何を問題として扱うかに依存する．たとえば，代数では，文字 x, y, z は任意の数を表すことが多い．幾何学では，これらの文字は平面上の点を表すことが多い．社会学では，これらの文字はおそらく任意の人を表すだろう．一階述語論理は，極めて一般性があり，広い範囲の領域に適用することができ，計算機科学でも役立っている．

与えられた性質 P と任意の対象 x に対して，x が性質 P をもつという命題は Px と記号化される．それでは，「**すべての対象が性質 P をもつ**」と言いたいとしよう．ここで，**全称量化子**と呼ばれる記号 ∀ を導入する．すべての対象 x が性質 P をもつという命題は，簡潔に $\forall xPx$ と記号化される．（これは，「すべての x に対して，Px」と読む．）

それでは，（「少なくとも一つ」という意味で）**ある** x は性質 P をもつという命題，あるいは，それと同値な「性質 P をもつ対象 x が存在する」という命題はどうだろうか．これは，$\exists xPx$ と記号化される．（「x が存在して，性質 P をもつ」と読む．） 記号 ∃ は，**存在量化子**と呼ばれる．

それでは，量化子 ∀ と ∃ を，命題論理で頻繁に使ってきた論理結合子，すなわち，$\sim$, $\wedge$, $\vee$, $\supset$, $\equiv$ と組み合わせて使おう．

G を善良であるという性質とする．すると，Gx は「x は善良である」を表す．$\forall xGx$ は，「すべての人は善良である」と述べている．$\exists xGx$ は，「少なくとも一人の個人 x は善良である」すなわち「ある人は善良である」と述べている．（「**ある人**」というのは，「**少なくとも一人**」を意味するにすぎないことを思い出そう．） それでは，善良な人はいないという命題はどのように記号化されるだろうか．その一つのやり方は $\sim\exists xGx$（x が善良であるような x は存在しない） である．別のやり方は，$\forall x(\sim Gx)$（すべての x に対して，x は善良ではない）である．つぎに，「x は天に召される」を Hx と表記しよう．このとき，「すべての善良な人は天に召される」はどのように記号化されるだろうか．これは，「すべての人 x に対して，x が善良ならば，x は天に召される」と言うことと同値であり，それに従って記号化すると $\forall x(Gx \supset Hx)$ になる．それでは，命題「善良な人だけが天に召される」はどうか．その一つのやり方は $\forall x(Hx \supset Gx)$ である．別のやり方は，$\forall x({\sim}Gx \supset {\sim}Hx)$ である．また別のやり方は，${\sim}\exists x(Hx \wedge {\sim}Gx)$ である．それでは，「ある善良な人は天に召される」はどうか．これが $\exists x(Gx \wedge Hx)$ と記号化されることはあきらかだろう．

つぎに，古くからの言い習わし「神は自ら助くる者を助く」を考えてみよう．これにはいくらかの曖昧さがあるように思われる．この言い習わしが意味するのは，「神は自らを助ける**すべての**者を助ける」なのか，「神は自らを助ける者**だけ**を助ける」なのか，それとも，「神は自らを助けるすべての者，そしてその者だけを助ける」なのか．そこで，「神」を g で表し，「x が y を助ける」を xHy で表す．すると，「神は自らを助ける**すべての**者を助ける」は，$\forall x(xHx \supset gHx)$ と記号化される．命題「神は自らを助ける者**だけ**を助ける」は，$\forall x(gHx \supset xHx)$ と記号化される．そして，命題「神は自らを助けるすべての者，そしてその者だけを助ける」は，$\forall x((xHx \supset gHx) \wedge (gHx \supset xHx))$，あるいはもっと簡単に $\forall x(gHx \equiv xHx)$ と記号化される．

それでは，さらにいくつかの記号化をしてみよう．

問題9 h はホームズ（シャーロック・ホームズ）を表し，m はモリアーティ教授を表す．そして，「x は y を捕まえうる」を xCy と表記する．このとき，次のそれぞれを記号化せよ．

（a） ホームズは，モリアーティを捕まえうるすべての人を捕まえうる．

（b） ホームズは，モリアーティが捕まえうるすべての人を捕まえうる．

（c） ホームズは，モリアーティによって捕まえられるすべての人を捕まえうる．

（d） ある者がモリアーティを捕まえうるならば，ホームズはモリアーティを捕まえうる．

（e） 誰もがモリアーティを捕まえうるならば，ホームズはモリアーティを捕まえうる．

（f） ホームズを捕まえうる者は，モリアーティを捕まえうる．

（g）誰も，モリアーティを捕まええない限り，ホームズを捕まええない．

（h）誰もが，モリアーティを捕まええない者を捕まえうる．

（i）ホームズを捕まえうる者は，ホームズが捕まえうる者を捕まえうる．

問題 10　「x は y を知っている」を xKy と表記する．このとき，次のそれぞれを記号化せよ．

（a）すべての者はある者を知っている．

（b）ある者は全員を知っている．

（c）ある者は，全員に知られている．

（d）それぞれの人 x は，x を知らないある者を知っている．

（e）x を知っている者全員を知っている x が存在する．

問題 11　「x はそれができる」を Dx と記号化し，b はバーナードを表す．また，「x は y と同一である」を $x = y$ と表記する．このとき，次のそれぞれを記号化せよ．

（a）誰かがそれをできるとしたら，バーナードはそれができる．

（b）バーナードはそれができる唯一の者である．

問題 12　算術に関するいくつかの例を考えよう．ここで，「数」は自然数，すなわち0または正の整数を意味するものとする．「x は y よりも小さい」は普通に $x < y$ と表記し，「x は y よりも大きい」は $x > y$ と表記する．このとき，次の文をそれぞれ記号化せよ．

（a）すべての数に対して，それよりも大きい数が存在する．

（b）0以外のすべての数は，ある数よりも大きい．

（c）0は，それよりも小さい数が存在しないという性質をもつ唯一の数である．

（d）等号 $=$ は用いず，$<$ と $>$ だけを用いて，x は y に等しいという性質を表現せよ．また，x は y に等しくないという性質を表現せよ．

∀と∃の相互依存関係

問題 13　ふたたび，対象の性質 P を考え，x が性質 P をもつことを Px で表す．すべての対象 x が性質 P をもつという命題は $\forall xPx$ と記号化される．しかしながら，すべての x が性質 P をもつという命題は，全称量化子

∀を使わず，存在量化子∃と命題論理のいくつかの論理結合子を組み合わせて記号化することもできる．それは，どのようにすればよいだろうか．これによって，∀は，∃と命題論理の論理結合子を用いて定義可能である．それは，どのようにすればよいだろうか．

関係を表す記号

二つの対象の間の関係 R を考える．x が y に対して R の関係にあるという命題は，Rx, y，あるいは場合によっては xRy と記号化される．つぎに，3 項関係，すなわち，対象 x, y, z の関係 R（たとえば，$x + y = z$）を考える．x, y, z が R の関係にあるという命題は，Rx, y, z と記号化される．同様にして，$n > 3$ に対しても，n 項関係 R を考えることができる．すなわち，$Rx_1, x_2, \cdots, x_n$ は，x_1, x_2, $\cdots$, x_n が R の関係にあることを表している．1 項関係は，**性質**と呼ばれる．

一階述語論理の論理式

一階述語論理（**量化理論**とも呼ばれる）に対して，次の記号を用いる．

（a）　命題変数以外の命題論理の記号
（b）　∀（「すべての……に対して」と読む）
　　　∃（「ある……が存在して」と読む）
（c）　**個体変数**と呼ばれる可算個の記号
（d）　**個体パラメータ**と呼ばれる可算個の記号
（e）　それぞれの正整数 n に対して，n **項述語**，または n **次の述語**と呼ばれる記号の集合

これ以降では，**変数**という語は，**個体変数**を意味する．（命題論理の命題変数と混同しないように．）英小文字 x, y, z やそれに添字をつけたもので，任意の変数を表す．英小文字 a, b, c やそれに添字をつけたものは，個体パラメータを表す．（これ以降では，単に「パラメータ」と呼ぶ．）英大文字 P, Q, R やそれに添字をつけたものは，述語を表す．その次数は，文脈からあきらかであろう．（個体）変数とパラメータをあわせて「個体記号」と呼ぶ．

◉原子論理式

原子論理式とは，n 次の述語の後に n 個の個体記号を続けたもののことである．

◉論理式

原子論理式から始めて，命題論理の構成規則と，任意の論理式 F，任意の変数 x に対して式 $\forall xF$ と $\exists xF$ は論理式であるという規則をあわせて，（一階述語論理の）すべての論理式が作られる．すなわち，この規則をまとめると次のようになる．

（1）　すべての原子論理式は論理式である．

（2）　任意の論理式 F と G に対して，式 $\sim F$, $(F \wedge G)$, $(F \vee G)$, $(F \supset G)$, $(F \equiv G)$ は論理式である．

（3）　任意の論理式 F と変数 x に対して，式 $\forall xF$（**x に関する F の全称量化**と呼ばれる）と式 $\exists xF$（**x に関する F の存在量化**と呼ばれる）は論理式である．

上記 3 個の規則の結果として得られるもの以外に論理式となる式はない．

◉論理式の次数

論理式の**次数**とは，それの中に出現する記号 $\sim$, $\wedge$, $\vee$, $\supset$, $\equiv$, $\forall$, $\exists$ の個数のことである．

変数の自由な出現と束縛された出現

ここで取り組まなければならないのは，一階述語論理のもっとも厄介な側面と見なしている人もいる（著者もそうである）事柄だ．

個体変数の自由な出現と束縛された出現という重要な概念を定義するまえに，いくつかの例を見てみよう．

自然数の算術として，次の等式を考える．

$$x = 5y$$

この等式は，このままでは真でも偽でもない．しかし，変数 x と y に値を割り当てると，真か偽になる．たとえば，x を 15 にし，y を 3 にすると，真になる．また，x を 12 にし，y を 9 にすると，あきらかに偽になる．ここで重要なのは，この式の真偽は，x の値の選び方と y の値の選び方の双方に依存しているということである．これは，x と y がこの等式に**自由**に出現しているという事実の反映である．

それでは，次の式を考える．

$$\exists x(y = 5x)$$

この式の真偽は y の値の選び方に依存しているが，x の値は選ぶ余地がない．実際には，この式は，x が現れもしないような形式で「y は 5 で割りきれる」と書き直すことができる．これは，この式に y は自由に出現しているが，x はそうでないという事実を反映している．x はこの式で**束縛**されているという．

x が論理式 F の中に出現しているとする．F の前に $\forall x$ か $\exists x$ を置くと，それぞれ $\forall xF$ と $\exists xF$ の中の x の出現はすべて束縛される．すなわち，$\forall xF$ と $\exists xF$ の中の x のすべての出現は，束縛された出現である．出現が自由なものか束縛されたものかを決める正確な規則は次のとおりである．

（1） 原子論理式の中の変数の出現は，すべて自由な出現である．

（2） $\sim F$ の中の変数 x の自由な出現は，F の中の x 自由な出現と同じである．$(F \wedge G)$ の中の変数 x の自由な出現は，F の中の x の自由な出現と G の中の x の自由な出現と同じである．$\wedge$ の代わりに $\vee$, $\supset$, $\equiv$ とした場合も同様である．

（3） $\forall xF$ の中の変数 x の出現は，すべて束縛されている．（すなわち，自由ではない．）しかし，x とは異なる任意の変数 y に対しては，$\forall xF$ の中の変数 y の出現は，F 自体の中の y の自由な出現と同じである．$\forall$ の代わりに $\exists$ とした場合も同様である．

一つの論理式の中にある変数の自由な出現と束縛された出現の両方があることも起こりうる．その一例は $Px \supset \forall xQx$ である．（Px の x は自由な出現であり，Qx の x は束縛された出現である．）

変数の自由な出現のない論理式は，**閉じている**といい，そうでない論理式は**開いている**という．閉論理式（閉じている論理式）は，**文**とも呼ばれる．

◉代入

任意の論理式 F，変数 x，パラメータ a に対して，F^x_a は，F の中の x のすべての自由な出現を a で置き換えた結果を表す．この代入操作は，次の規則に従う．

（1） F が原子論理式の場合，F^x_a は F の中の x のすべての出現に a を代入した結果である．

（2） 任意の論理式 F と G に対して，$(F \wedge G)^x_a = F^x_a \wedge G^x_a$ である．$\wedge$ の代わりに $\vee$, $\supset$, $\equiv$ とした場合も同様である．また，$(\sim F)^x_a = \sim(F^x_a)$ である．

（3） $(\forall x F)^x_a = \forall x F$ および $(\exists x F)^x_a = \exists x F$ である．しかし，x とは異なる任意の変数 y に対しては，$(\forall x F)^y_a = \forall x(F^y_a)$ および $(\exists x F)^y_a = \exists x(F^y_a)$ である．

次のような表記を用いると便利である．$\varphi(x)$ を，x を自由変数とする任意の論理式とする．このとき，任意のパラメータ a に対して，$\varphi(a)$ によって，$\varphi(x)$ の中の x のすべての自由な出現に a を代入した結果を表す．すなわち，$\varphi(a)$ は $(\varphi(x))^x_a$ である．$\varphi(x)$ の中に x の自由な出現がなくても，$\varphi(x)$ という表記を使うことができ（つまり，$\varphi(x)$ とは φ が自由変数 x をもつかもしれない論理式であることを意味する），やはり $\varphi(a) = (\varphi(x))^x_a$ になる．なぜなら，定義によって，この場合には $\varphi(x)$ の中の x のすべての自由な出現に a を代入しても何の影響もなく，単に $\varphi(x)$ がふたたび得られるだけだからである．

注　数学では「……であるとき，そしてそのときに限り，……」という言い回しが頻繁に現れるので，数学者ポール・ハルモスは，これを iff と省略するすることを提案した．

解釈

純粋論理式とは，パラメータを含まない論理式のことである．しばらくの間，純粋閉論理式（パラメータを含まず，自由変数の出現もない論理式）を考える．

◉U 論理式

解釈の概念を定義するときに，まず最初にしなければならないのは，解釈の**領域**とよばれる空でない集合 U を選ぶことである．一般性を失うことなく，U の元は，ここまでに考えている一階述語論理のいずれの記号とも異なる記号としてよい．選んだ領域において重要なのは，その元の個数だけである．U の元が記号ではなく，数のような非言語的対象であるならば，相異なる U の元には相異なる名前をつけるという了解の下で，U のそれぞれの元に名前として記号を割り当てると，U はその名前の集合と同じ大きさになる．しかし，問題を単純にするために，U の元自体が記号であると仮定しよう．ここでは，領域について述べるとき，記号の個数を有限または可算とは仮定しないことに注意せよ．

ここで，U の元を伴う論理式，略していうと U 論理式の概念を定義したい．**原子** U 論理式とは，ある次数 n の述語に n 個の記号が続き，そのそれぞれの記号は変数か U の元であるようなもののことである．すなわち，P を n 次の述語，それぞれの e_i を変数か U の元のいずれかとするとき，原子 U 論理式は $Pe_1, \cdots, e_n$ という形式の式である．したがって，原子 U 論理式は，パラメータの代わりに U の元になっていることを除いて，原子論理式と同じである．原子論理式 $Pe_1, \cdots, e_n$ が閉じているならば，もちろん，それぞれの e_i は U の記号である．（なぜなら，原子論理式の中の変数はすべて自由な出現であり，原子論理式の中に自由変数がないならば，それは変数がまったくないということだからである．）

命題論理の**解釈**とこれまで呼んでいたものは，ここでは**命題解釈**と呼ぶ．一階述語論理では，解釈 I は，まず空でない領域 U を選び，そして，それぞれの n 次の述語 P に U の元の n 項関係を割り当てる．$I(P)$ を，I の下で P に割り当てられた関係とする．解釈 I の下で，すべての閉 U 論理式（これには，U の定数が現れないすべての純粋閉論理式が含まれる）は，次の規則に従って真偽が決まる．

（1） 任意の n 項述語 P と U の元 $u_1, \cdots, u_n$ に対して，（I の下で）原子 U 論理式 $Pu_1, \cdots, u_n$ が真になるのは，I の下で P に割り当てられた関係が n 個の元 $u_1, \cdots, u_n$ において成り立つとき，そしてそのときに限る．

（2） 命題論理として，（I の下で）$\sim F$ が真になるのは，F が真でないとき，そしてそのときに限る．$(F \wedge G)$ が真になるのは，F と G がともに真になるとき，そしてそのときに限る．$(F \vee G)$ が真になるのは，F と G の少なくとも一方が真になるとき，そしてそのときに限る．$(F \supset G)$ が真になるのは，F が真でないか G が真であるとき，そしてそのときに限る．$(F \equiv G)$ が真になるのは，F と G がともに真になるか F と G がともに偽になるとき，そしてそのときに限る．

（3） $\forall \varphi(x)$ が真になるのは，U のすべての元 u に対して $\varphi(u)$ が真になるとき，そしてそのときに限る．$\exists \varphi(x)$ が真になるのは，U の少なくとも一つの元 u に対して $\varphi(u)$ が真になるとき，そしてそのときに限る．

これで，領域 U における**述語の解釈の下で純粋閉論理式の**真偽が定義できた．

自由変数やパラメータを含む論理式 F に対して，**領域 U における F の解釈** I とは，F の述語の解釈に，F の自由変数とパラメータへの U の元の割り当てをあわせたもののことである．このとき，F のそれぞれの自由変数とパラメータを I の下でそれらに割り当てられた U の元で置き換えた結果を F' とすると，F' が I の下で真となるとき，F は I の下で真とする．

これで，領域 U における解釈の下で，自由変数やパラメータを含みうる論理式の真偽が定義できた．

一階述語論理において，論理式は，領域 U における**すべて**の解釈の下で真になるならば，U において**恒真**であるという．また，U における少なくとも一つの解釈の下で真になるならば，U において**充足可能**という．論理式は，空でないすべての領域において恒真であるならば，**恒真**であるという．また，空でない少なくとも一つの領域において充足可能ならば，**充足可能**という．論理式の集合は，少なくとも一つの領域で，その領域における少なくとも一つの解釈の下でその集合の論理式すべてが真になるならば，同時に充足可能という．

純粋閉論理式 X が（空でない）領域 U_1 において充足可能ならば，それよりも大きい任意の領域 U_2，すなわち，U_1 を真部分集合とする任意の領域 U_2 において充足可能である．このことは，次のようにしてわかる．

I_1 を領域 U_1 における X の解釈とし，I_1 の下で X は真になるものとする．このとき，X が真になるような U_2 の解釈 I_2 を構成したい．

r を U_1 の任意の元とする．U_2 の任意の元 e に対して，e' を次のように定義する．e が U_1 に属するならば，e' を e とする．e が U_2 に属するが U_1 には属さないならば，e' を U_1 の元 r とする．任意の U_2 論理式 F に対して，F' を U_2 のそれぞれの元 e を e' で置き換えた結果とする．これで，U_2 における解釈 I_2 を定義する準備ができた．X に含まれるそれぞれの次数 n の述語 P に対して，$I_2(P)$ を，I_1 の下で $Pe'_1, \cdots, e'_n$ が真になるような U_2 の元の n 個組 $(e_1, \cdots, e_n)$ すべての集合とする．次数に関する数学帰納法によって，すべての U_2 論理式 F に対して，論理式 F が I_2 の下で真になるのは，F' が I_1 の下で真になるとき，そしてそのときに限ることが示せる（後述の練習問題）．とくに，X が I_2 の下で真になるのは，X が I_1 の下で真になるとき，そしてそのときに限る．そして，X は I_1 の下で真なので，X は I_2 の下で真になる．

練習問題　この数学的帰納法を実行せよ．

問題 14　領域 U_1 を，U_2 の真部分集合とする．逆に，純粋閉論理式が U_2 において充足可能ならば，U_1 においても必然的に充足可能となるというのは，成り立たない．この反例として，純粋閉論理式で，2 元の任意の領域において充足可能であるが，1 元だけの任意の領域においては充足可能でないものを具体的に示せ．

問題 15　純粋閉論理式で，可算領域において充足可能であるが，任意の有限領域にいては充足可能でないものを具体的に示せ．

問題 16　非可算領域において充足可能であるが，任意の可算領域において充足可能でないような論理式を見つけることができるか．

トートロジー

X を一階述語論理の論理式とするとき，命題論理の論理式 Y の命題変数に一階述語論理の論理式を代入して X が得られるならば，X を論理式 Y の**代入例**という．たとえば，$\forall xQx \vee \sim\exists yPy$ は命題論理の論理式 $p \vee \sim q$ の代入例である．（p に $\forall xQx$ を代入し，q に $\exists yPy$ を代入して得られるからである.）また，一階述語論理の論理式 X は，命題論理のトートロジーの代入例であるならば，**トートロジー**という．たとえば，$\forall xQx \vee \sim\forall xQx$ はトートロジーである．なぜなら，これは命題論理のトートロジー $p \vee \sim p$ の代入例だからである．たとえ記号 $\forall$ が何を意味するかを知らなくても，$\vee$ と $\sim$ の意味を知っていれば，$\forall xQx \vee \sim\forall xQx$ が真にちがいないとわかる．なぜなら，**任意**の命題に対して，その命題かその否定のいずれかは真でなければならないからである．別のトートロジーの例として，$(\forall xPx \wedge \forall xQx) \supset \forall xPx$ がある．なぜなら，これは $(p \wedge q) \supset p$ の代入例だからである．しかしながら，論理式 $(\forall xPx \wedge \forall xQx) \supset \forall x(Px \wedge Qx)$ は恒真ではあるが，トートロジー**ではない**．この論理式が恒真であるのは，すべての元が性質 P をもち，また，すべての元が性質 Q をもつならば，すべての元は性質 P と Q の両方をもつからである．しかし，この論理式は，命題論理のいかなるトートロジーの代入例でもない．この論理式の恒真性を理解するには，記号 $\forall$ が何を意味するのか知っていなければならない．たとえば，$\forall$ を「すべての……について」ではなく「ある……が存在して」を意味すると解釈しなおすと，この論理式は常に真にはならなくなる．（ある元が性質 P をもち，また，ある元が性質 Q をもつとしても，そこからある元が性質 P と Q の両方をもつことは導けない.）すべてのトートロジーはもちろん恒真であるが，トートロジーは一階述語論理の恒真な論理式の一部分を構成しているにすぎないのである．

一階述語論理の公理系

文献には，一階述語論理のいくつもの公理系が見られる．それらのうちのいくつかは，命題論理の完全な公理系に量化子に対する公理と推論規則を加えて，一階述語論理の公理系に拡張している．そのほかの公理系では，命題論理の公理を用いずに，単にすべてのトートロジーを公理として用いている．これは，完全に理にかなっている．なぜなら，論理式がトートロジーかどうかは，真理値表によって実効的に見分けることができるからである．これが，この本で当面採用しようとしているやり方である．（後の章では，第7章の公理系のように命題論理の公理を用いるほうが便利であることがわかる.）

その一階述語論理の公理系は次のとおりで，これを $\mathcal{S}_1$ と名づけよう．（添字の 1 は，これが**一階**述語論理の公理系であることをわかるようにするためである．）

公理：

第 1 群　すべてのトートロジー

第 2 群　（a）$\forall x \varphi(x) \supset \varphi(a)$ の形式のすべての文

（b）$\varphi(a) \supset \exists x \varphi(x)$ の形式のすべての文

推論規則：

I.　分離規則　$\dfrac{X,\ X \supset Y}{Y}$

II.　（a）　$\dfrac{\varphi(a) \supset X}{\exists x \varphi(x) \supset X}$　　（b）　$\dfrac{X \supset \varphi(a)}{X \supset \forall x \varphi(x)}$

ここで，X は閉論理式で，a は X の中にも $\varphi(x)$ の中にも現れないパラメータである．

問題 17　一階述語論理の公理系 $\mathcal{S}_1$ が健全であること，すなわち，$\mathcal{S}_1$ において証明可能なすべての論理式は恒真であることを証明せよ．

こうして，この公理系は健全であることがわかった．驚くべきことに，この公理系は**完全**，すなわち，すべての恒真な論理式はこの公理系において証明可能なのである．これは，一階述語論理の大きな成果であり，実際にはクルト・ゲーデルによるもので，**ゲーデルの完全性定理**として知られている．ゲーデルは，1930 年にウィーン大学での Ph.D. 論文として，前述の公理系に密接に関わる体系に対してこの定理を証明した．そのたった 1 年後に，ゲーデルはさらに有名な不完全性定理を証明した．（不完全性定理は，自然数の算術を記述できるほど十分に強力な任意の形式的公理系に適用することができる．）この不完全性定理は，本書の第 IV 部で考察する主題である．

後で与える完全性の証明は，ゲーデルの本来の証明よりもかなり単純になっている．それは一階述語論理のタブローを使って証明されており，これが次章の主題である．

問題の解答

問題1　住民全員が島の状態について同じことを言ったので，もちろん，住民は全員が同じ型である．住民全員は，全員が同じ型であると正しく言ったので，住民は全員がT型である．

問題2　この問題でも，住民全員が同じことを言ったので，住民は全員が同じ型である．そして，それぞれの住民の言ったことは偽なので，住民は全員がF型である．

問題3　前2問と同じく，住民全員が島に関して同じことを言ったので，住民は全員が同じ型である．それでは，住民は全員がF型だと仮定しよう．すると，彼らは常に嘘をつくので，彼らの発言は偽であり，したがって，T型の住民全員がタバコを吸うというのは偽である．しかし，これが偽となるのは，タバコを吸わないT型住民が少なくとも一人いる場合に限られる．これは，住民全員がF型であるという仮定と矛盾する．したがって，この仮定は真にはなりえず，住民は全員が同じ型なので，全員がT型でなければならない．すると，彼らの発言は真なので，彼ら全員がタバコを吸う．すなわち，住民は全員がT型で，全員がタバコを吸う，というのが答えである．

問題4　この問題でも，住民は全員が同じ型である．住民全員がT型ならば，住民のあるものはF型でタバコを吸う，と住民が言うことはない．なぜなら，この発言から住民のあるものはF型であることが含意されるからである．したがって，住民はT型ではありえない．すなわち，住民は全員がF型である．このことから，住民の発言は偽であることが導かれ，それは，住民のあるものはF型でタバコを吸うという事実はないことを意味する．したがって，住民は全員がF型で，タバコを吸う者はいない．

問題5　住民は全員が同じ型であることがわかっている．住民全員がF型だとしよう．すると，住民それぞれの発言は偽であり，それは，住民たちが，自分はタバコを吸うが住民全員がタバコを吸うわけではないと言ったことになる．しかし，それぞれの住民がタバコを吸って，全員がタバコを吸うということはない，というのはあきらかに不可能である．すなわち，住民全員がF型であるという仮定からは矛盾が生じた．したがって，住民は全員がT型である．すると，住民それぞれの発言は真であり，それは，それぞれの住民にとって，その住民はタバコを吸わないか，または住民全員がタバコを吸う，ということを意味する．結果として，住民は誰もタバコを吸わないか，または全員がタバコを吸うことになるが，そのどちらであるかを知る手だてはない．つまり，この問題からわかるのは，住民は全員がT

型であり，全員がタバコを吸うか誰もタバコを吸わないかのいずれかということだけである．

問題 6　この問題でも，住民は全員が同じ型であることがわかっている．それぞれの住民は，ある住民がタバコを吸うならば自分もタバコを吸うと主張した．すなわち，それぞれの住民は，少なくとも一人の住民がタバコを吸うならば自分もタバコを吸うと主張している．この主張が偽ならば，ある住民はタバコを吸うがこの発言者はタバコを吸わないことを意味する．そして，それは，（すべての住民がこう言うのだから）ある住民はタバコを吸うがそれぞれの発言者はタバコを吸わないということである．これは明らかに矛盾している．したがって，この主張は真であり，前問と同じように，住民は全員が T 型である．また，前問と同じく，誰もタバコを吸わないか，全員がタバコを吸うかのいずれかであるが，そのどちらであるかを知る手だてはない．

問題 7　この問題でも，住民は全員が同じ型であることがわかっている．住民は全員が T 型とはなりえない．なぜなら，住民の発言が真だとしたら，ある住民はタバコを吸うがそれぞれの住民はタバコを吸わないことになる．こんなことはありえない．それゆえ，住民は全員が F 型である．したがって，住民の発言は偽なので，それぞれの住民 x に対して，ある住民がタバコを吸うというのは偽であるか，または，x はタバコを吸わないというのは偽であるかのいずれかである．言い換えると，誰もタバコを吸わないか，または，x はタバコを吸うかのいずれかということになる．誰もタバコを吸わないということはありえる．この選択肢が成り立たないとしたら，それぞれの x はタバコを吸うことになり，これは住民全員がタバコを吸うということである．すなわち，住民は全員が F 型であり，住民全員がタバコを吸うか，誰もタバコを吸わないかのいずれかであるが，そのどちらであるかを知る手だてはない．

問題 8　私は住民がそのように発言したとは言っていない．しかし，私がそう言ったの**ならば**，読者が結論すべきは，私が嘘をついたか誤解をしているにちがいないということだ．なぜなら，住民全員がこのような別個の発言をすることは不可能だからである．その理由は次のとおりである．

それぞれの住民 x が次のように言ったとする．

（1）　住民のある者はタバコを吸う．

（2）　私はタバコを吸わない．

住民は全員が同じ型であることがわかっている．住民は全員が T 型だとしよう．このとき，住民の二つの発言はともに真である．すると，(1) によって，住民のある者はタバコを吸う．そして，(2) によって，それぞれの x はタバコを吸わない．

これは，あきらかに矛盾している．

それでは，住民は全員が F 型だとしよう．すると，住民の二つの発言はともに偽である．(1)が偽なので，住民は誰もタバコを吸わない．しかし，それぞれの x が自分はタバコを吸わないと嘘をついているので，すべての x はタバコを吸う．これもまた，矛盾している．すなわち，私が言ったような(1)と(2)の発言を住民全員がすることはできない．

注　この問題と前問をあわせると，F 型の住民は二つの文の連言を主張できるが，それぞれの文を個別に主張できないという興味深い例になる．そして，これが，この二つの問題の答えが異なる理由である．

問題 9

(a)　$\forall x(xCm \supset hCx)$

(b)　$\forall x(mCx \supset hCx)$

(c)　(b)と同じ．

(d)　$\exists x(xCm) \supset hCm$

(e)　$\forall x(xCm) \supset hCm$

(f)　$\forall x(xCh \supset xCm)$

(g)　(f)と同じ．

(h)　$\forall x \exists y(xCy \wedge \sim yCm)$

(i)　$\forall x(xCh \supset \forall y(hCy \supset xCy))$

あるいは $\forall x \forall y((xCh \wedge hCy) \supset xCy)$ でもよい．

問題 10

(a)　$\forall x \exists y(xKy)$

(b)　$\exists x \forall y(xKy)$

(c)　$\exists x \forall y(yKx)$

(d)　$\forall x \exists y(xKy \wedge \sim yKx)$

(e)　$\exists x \forall y(yKx \supset xKy)$

問題 11

(a)　$\exists x Dx \supset Db$

あるいは，$\forall x(Dx \supset Db)$ でもよい．

(b)　$Db \wedge \forall x(Dx \supset (x = b))$

あるいは，$\forall x(Dx \equiv (x = b))$ でもよい．

問題 12

(a)　$\forall x \exists y(y > x)$

（b）　$\forall x(\sim(x = 0) \supset \exists y(x > y))$

（c）　$\sim\exists y(y < 0) \land \forall x(\sim\exists y(y < x) \supset (x = 0))$
　　あるいは，$\forall x(\sim\exists y(y < x) \equiv (x = 0))$ でもよい．

（d）「x が y に等しい」は，$\sim(x < y) \land \sim(y < x)$ と表すことができる．
　　「x が y に等しくない」は，$(x < y) \lor (y < x)$ と表すことができる．

問題 13　すべての x が性質 P をもつのは，性質 P をもたないような x は存在しないのと同値である．したがって，$\forall xPx$ は $\sim\exists x\sim Px$ と同値である．また，性質 P をもつ x が存在するのは，すべての x は性質 P をもたないということが成り立たないのと同値である．したがって，$\exists xPx$ は $\sim\forall x\sim Px$ と同値である．

問題 14　F を次の二つの論理式の連言とする．

F_1:　$\forall x\exists yRxy$

F_2:　$\sim\exists xRxx$

すなわち，$F = \forall x\exists yRxy \land \sim\exists xRxx$ である．相異なる二つの対象 a と b からなる領域 $\{a, b\}$ をもってくる．Rxy は $x \neq y$（x は y と等しくない）を意味すると解釈する．この解釈の下で，まず F_1 が成り立つことを示す．$x = a$ ならば，ある y が存在して（これは具体的には b である），$a \neq y$ となり，$x = b$ ならば，ある y が存在して（これは具体的には a である），$b \neq y$ となるからである．したがって，この領域のそれぞれの x に対して，ある y が存在して，Rxy となる．つまり $\forall x\exists yRxy$ は真であり，F_1 は成り立つ．また，F_2 も成り立つことを示す．$\sim a \neq a$ かつ $\sim b \neq b$ であり，これは，この解釈の下で $\sim Raa$ および $\sim Rbb$ を意味する．すなわち，この領域のすべての x に対して，$\sim Rxx$ である．結果として，$\sim\exists xRxx$ が成り立つ．こうして，F_1 と F_2 はともに成り立ち，したがって，同じ領域においてそれらの連言 F も成り立つ．すなわち，F は 2 元 $\{a, b\}$ の領域において充足可能である．

つぎに，F が 1 要素の領域において充足可能でないことを示すために，D を少なくとも一つの元 e をもつ領域とする．F は，D において充足可能であると仮定する．したがって，R をどう解釈するかに関係なく，この解釈の下で F_1 と F_2 はともに真になる．F_1 が真なので，D の少なくとも一つの元 y に対して，Rey は真になる．この y は，F_2 によって，e 自体にはなりえない．すなわち，y は e と相異なるので，D は少なくとも二つの相異なる元 e と y を含む．したがって，F は元が一つだけの領域において充足可能ではない．

問題 15　F_1, F_2, F_3 はそれぞれの次の論理式とする．（F_1 と F_2 は前問と同じである．）

F_1:　$\forall x\exists yRxy$

F_2:　$\sim\exists x Rxx$

F_3:　$\forall x \forall y \forall z((Rxy \wedge Ryz) \supset Rxz)$

F をこれらの連言 $F_1 \wedge F_2 \wedge F_3$ とする．このとき，Rxy を $x < y$（x は y よりも小さい）を意味するものとすると，すべての自然数からなる可算領域において F が充足可能になることを示す．

（1）もちろん，任意の数 x に対して，ある y で，x が y よりも小さいようなものが存在する．したがって，F_1 が成り立つ．

（2）どの数もそれ自体より小さくはない．したがって，F_2 が成り立つ．

（3）x が y よりも小さく，y が z より小さければ，もちろん，x は z より小さいので，F_3 が成り立つ．

つぎに，D が空でなく，F を充足する領域であるとすると，D は無限個の元を含まなければならないことを示す．R を，D の元に対する任意の関係で，F が真になるものとする．D は空でないので，少なくとも一つの元 e_1 を含む．F_1 によって，元 e_1 は，ある元 e_2 と R の関係にある．F_2 によって，元 e_2 は e_1 と相異なっていなければならない．つぎに，（F_1 によって）ある元 e_3 に対して Re_2e_3 が成り立ち，（ふたたび，F_2 によって）e_3 は e_2 と相異なっていなければならない．また，Re_1e_2 と Re_2e_3 が成り立つので，（F_3 によって）Re_1e_3 が成り立ち，e_3 は e_1 とも異なる．これで，相異なる 3 個の元 e_1, e_2, e_3 があることがわかる．さらに，ある元 e_4 に対して Re_3e_4 となり，これまでと同様に論拠によって，e_4 は e_1, e_2, e_3 と相異なる．すると，ある新しい元 e_5 に対して，Re_4e_5 が成り立つ，というようにどこまでも続く．したがって，$e_1, e_2, \cdots, e_n, \cdots$ という相異なる元の無限列が得られる．

問題 16　この問いの答えは否定的である．そのような論理式を見つけることはできない．なぜなら，そのようなものは存在しないからである．この重要な事実は，論理式が充足可能であれば，可算領域において充足可能であるというレオポルト・レーヴェンハイムの有名な定理である．これは後にトアルフ・スコーレムが改良し，今では**レーヴェンハイム-スコーレムの定理**として知られている．それは，論理式の任意の**可算**集合 S に対して，S が同時に充足可能ならば，可算領域において同時に充足可能になるという定理である．したがって，論理式や，論理式の可算集合でさえ，解釈の領域が非可算でなければならないものはない．これは一階述語論理の主要な結果の一つであり，次章で証明する．

問題 17　この章で提示した一階述語論理の公理系 $\mathcal{S}_1$ が**健全**であることは次のように証明される．

公理：

第1群　すべてのトートロジー

第2群　（a）$\forall x\varphi(x) \supset \varphi(a)$ の形式のすべての文

　　　　（b）$\varphi(a) \supset \exists x\varphi(x)$ の形式のすべての文

（1）　あきらかにすべてのトートロジーは恒真である．

(2a)　$\forall x\varphi(x) \supset \varphi(a)$ が恒真だというのは，空でない領域 U におけるすべての解釈 I に対して，パラメータ a に U のどの元 e を割り当てても文 $\forall x\varphi(x) \supset \varphi(e)$ は真になるということである．あきらかにこれは成り立つ．

(2b)　ある領域 U における $\varphi(x)$ の述語とパラメータ（これにはパラメータ a は含まれない）の任意の解釈 I を考える．パラメータ a に U のどの元 e を割り当てたとしても，文 $\varphi(e) \supset \exists x\varphi(x)$ が（解釈 I の下で）真になることを示さなければならない．$\varphi(e)$ が偽だとしたら，$\varphi(e) \supset \exists x\varphi(x)$ は空虚に真である．一方，$\varphi(e)$ が真ならば，$\exists x\varphi(x)$ も真であり，したがって，$\varphi(e) \supset \exists x\varphi(x)$ も真である．

推論規則：

I.　分離規則　$$\frac{X,\ X \supset Y}{Y}$$

II.（a）$$\frac{\varphi(a) \supset X}{\exists x\varphi(x) \supset X}$$　（b）$$\frac{X \supset \varphi(a)}{X \supset \forall x\varphi(x)}$$

ここで，X は閉論理式で，a は X の中にも $\varphi(x)$ の中にも現れないパラメータである．

規則I（分離規則）は，もちろん健全である．（すなわち，恒真性を保つ．）

規則IIについては，次のとおりである．

（a）　$\varphi(a) \supset X$ は恒真であり，a は X の中にも $\varphi(x)$ の中にも現れないとする．すると，領域 U における任意の解釈 I の下で，U の任意の元 e に対して，文 $\varphi(e) \supset X$ は真になる．このとき，（I の下で）$\exists x\varphi(x) \supset X$ が真になることを示さなければならない．そこで，$\exists x\varphi(x)$ は真であるとしよう．すると，U のある元 e に対して，文 $\varphi(e)$ は真になる．そして，$\varphi(e) \supset X$ は真なので，X は真でなければならず，したがって，（I の下で）$\exists x\varphi(x) \supset X$ は真になる．もちろん，$\exists x\varphi(x)$ が偽ならば，その場合も（I の下で）$\exists x\varphi(x) \supset X$ は真になる．

（b）　$X \supset \varphi(a)$ は恒真であるとする．このとき，$X \supset \forall\varphi(x)$ が恒真であることを示さなければならない．領域 U における任意の解釈 I を考える．$X \supset \varphi(a)$ が恒真だということは，U のすべての元 e に対して，I の下で文 $X \supset \varphi(e)$ は真になるということである．解釈 I の下で $X \supset \forall\varphi(x)$ が真になることを示すために，X は真であるとする．U のすべての元 e に対して $X \supset \varphi(e)$ は真であり，X は真なので，U のすべての元 e に対して $\varphi(e)$ は真になる．したがって，I の下で

$\forall\varphi(x)$ は真になる．すなわち，I の下で $X \supset \forall\varphi(x)$ は真になる．もちろん，I の下で X が偽ならば，I の下で $X \supset \forall\varphi(x)$ は真でなければならない．なぜなら，偽な文は常にいかなる文も含意するからである．

第 9 章

重要な結果

一階述語論理のタブロー

ここで定義するタブローは広範囲にわたり重要であり，一階述語論理の公理系よりも重要とさえ思われる．実際，一階述語論理の公理系の完全性は，一階述語論理のタブローのコンパクト性定理から巧みに導くことができる．

一階述語論理のタブローは，命題論理の 8 種類のタブロー規則と，このあとすぐに提示する量化子に関する 4 種類の規則を用いる．しかし，まずはいくつかの例を示す．

論理式 $\exists x Px \supset {\sim}\forall x {\sim}(Px \vee Qx)$ を証明したいとしよう．命題論理と同じように，F の後に証明したい論理式を続けたものからタブローを始める．

$$(1)\ \mathsf{F}\,\exists x Px \supset {\sim}\forall x {\sim}(Px \vee Qx)$$

つぎに，命題論理の規則を用いて，このタブローを次のように伸ばす．（いくつかの命題論理での証明と同じく，わかりやすくするために，それぞれの行の右側にその行がどの行から推論されたのかを示す．）

$$\begin{array}{lr} (2)\ \mathsf{T}\,\exists x Px & (1) \\ (3)\ \mathsf{F}\,{\sim}\forall x {\sim}(Px \vee Qx) & (1) \\ (4)\ \mathsf{T}\,\forall x {\sim}(Px \vee Qx) & (3) \end{array}$$

適用できる命題論理の規則がなくなったので，次は量化子に取りかかる．行 (2) によって，Px となるような x が少なくとも一つ存在する．パラメータ a をそのような x とし，証明に次の行を追加する．

(5) $\mathsf{T}\,Pa$ 　(2)

つぎに行 (4) を調べると，これは，どのような x に対しても，Px にも Qx にもならないことを示している．とくに，Pa にも Qa にもならないので，次の行を加える．

(6) $\mathsf{T} \sim(Pa \vee Qa)$ 　(4)

この時点で，行 (5) と (6) はあきらかに命題論理において矛盾しているので，この枝はここで閉じることができる．あるいは，命題論理の規則だけを使い，次のようにしてこの枝を閉じてもよい．

(7) $\mathsf{F}\,Pa \vee Qa$ 　(6)
(8) $\mathsf{F}\,Pa$ 　(7)

［行 (8) は行 (5) と衝突する．］

この先，不必要な作業を省くために，命題論理の矛盾を含む枝が得られたら，その下に横線を引いて，その枝は閉じたものとして扱う．なぜなら，その枝は命題論理のタブロー規則を用いて閉じることができるからである．それでは，別の例を考えよう．この例では，論理式 $(\forall xPx \wedge \exists x(Px \supset Qx)) \supset \exists xQx$ を証明する．

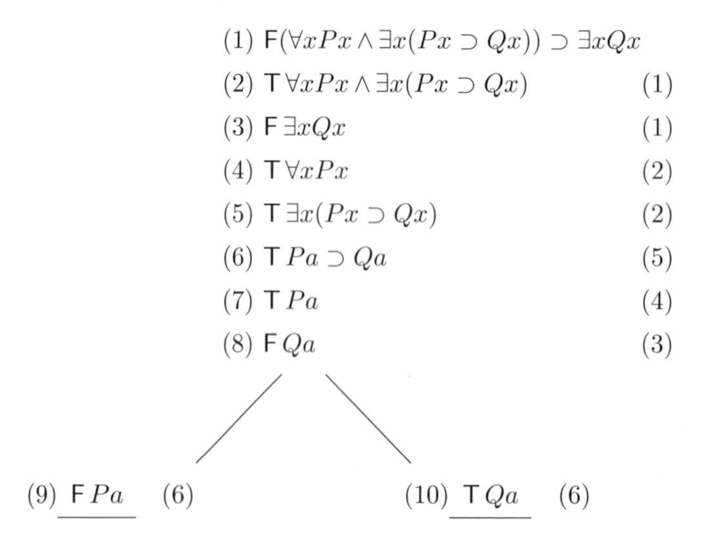

説明　行 (2), (3), (4), (5) はそれぞれ命題論理のタブロー規則によって得られる．行 (5) は，少なくとも一つの x に対して $Px \supset Qx$ は成り立つことを表しており，a をそのような x とすると，行 (6) が得られる．行 (4) は，すべての x に対して Px が成り立つことを表しており，とくに Pa が成り立つので，そこから行 (7) が得られる．行 (3) は，Qx となるような x が存在するのは偽であることを表しており，したがって Qa も偽であり，そこから行 (8) が得られる．そして，行 (6) は行 (9) と (10) の論理式に分岐し，その両方の枝はいずれも矛盾があることによって閉じられている．

量化子に対するタブロー規則

量化子に対して $\mathsf{T}\,\forall x\varphi(x)$, $\mathsf{T}\,\exists x\varphi(x)$, $\mathsf{F}\,\forall x\varphi(x)$, $\mathsf{F}\,\exists x\varphi(x)$ という4種類の規則がある．これらの規則はいずれも分岐することはない．

規則 T∀：$\mathsf{T}\,\forall x\varphi(x)$ から直接 $\mathsf{T}\,\varphi(a)$ を推論することができる．ここで，a は任意のパラメータである．

規則 T∃：$\mathsf{T}\,\exists x\varphi(x)$ から直接 $\mathsf{T}\,\varphi(a)$ を推論することができる．**ただし，a はタブローにまだ出現していないパラメータである．**

この但し書きを太字にした理由は次のとおりである．証明の過程で，ある x がある性質 P をもつことを示したとしよう．このとき，「a をそのような x としよう」と言うことができる．その後，x がまた別の性質 Q をもつことを示したとしよう．ここで,「a をそのような x としよう」と言うのはタブロー規則に反している．なぜなら，すでに記号 a は性質 P をもつようなある x の名前だと表明しているが，性質 P と性質 Q の**両方**をもつ x があるかどうかはわからないからである．したがって，新たな記号 b を用いて,「b を性質 Q をもつ x とする」と言わなければならない．

規則 F∀：（これは，規則 T∃ と似ている．）$\mathsf{F}\,\forall x\varphi(x)$ から，直接 $\mathsf{F}\,\varphi(a)$ を推論することができる．ただし，a はタブローにまだ出現していないパラメータである．

ここで，$\mathsf{F}\,\forall x\varphi(x)$ は，すべての x に対して $\varphi(x)$ が成り立つのは偽だと

述べている．これは，$\varphi(x)$ が偽であるような x が少なくとも一つ存在すると述べるのと同値である．a をそのような x として F $\varphi(a)$ と書くが，この場合も規則 T∃ と同じ理由によって，a はこのタブローにまだ出現していないパラメータでなければならない．

規則 F∃：F $\exists x\varphi(x)$ から直接 F $\varphi(a)$ を推論することができる．ここで a は任意のパラメータでよい．（とくに制限はない．）

この場合，F $\exists x\varphi(x)$ は $\varphi(x)$ が成り立つような x が存在することは偽だと述べている．いいかえると，**すべての**に対して $\varphi(x)$ は偽だということである．したがって，a が何であろうと，F $\varphi(a)$ が成り立つ．

この 4 種類の規則を図式的な形に書き直してみよう．

規則 T∀　$$\frac{\mathsf{T}\,\forall x\varphi(x)}{\mathsf{T}\,\varphi(a)}$$
（a は任意のパラメータ）

規則 F∃　$$\frac{\mathsf{F}\,\exists x\varphi(x)}{\mathsf{F}\,\varphi(a)}$$
（a は任意のパラメータ）

規則 T∃　$$\frac{\mathsf{T}\,\exists x\varphi(x)}{\mathsf{T}\,\varphi(a)}$$
（a は新たなものに限る）

規則 F∀　$$\frac{\mathsf{F}\,\forall x\varphi(x)}{\mathsf{F}\,\varphi(a)}$$
（a は新たなものに限る）

規則 T∀ と F∃ をあわせて**全称型**規則と呼ぶ．（存在記号 ∃ が使われているが，論理式 F $\exists x\varphi(x)$ は，**すべての**元 a に対して，$\varphi(a)$ が成り立つことは偽であるという**全称的**事実を主張している．）規則 T∃ と F∀ をあわせて**存在型**規則と呼ぶ．（論理式 F $\forall x\varphi(x)$ は，少なくとも一つの a に対して，$\varphi(a)$ は偽であるという**存在的**事実を主張している．）

標識なし論理式に対する量化子規則は次のとおりである．

規則 ∀　$$\frac{\forall x\varphi(x)}{\varphi(a)}$$
（a は任意のパラメータ）

規則 ∼∃　$$\frac{\sim\exists x\varphi(x)}{\sim\varphi(a)}$$
（a は任意のパラメータ）

規則 ∃　$$\frac{\exists x\varphi(x)}{\varphi(a)}$$
（a は新たなものに限る）

規則 ∼∀　$$\frac{\sim\forall x\varphi(x)}{\sim\varphi(a)}$$
（a は新たなものに限る）

統一記法

α および β による統一記法を思い出そう．命題論理において行ったのと同じように，これを使い続ける．ただし，ここでは，「論理式」は一階述語論理の閉論理式を意味する．（論理式は，自由変数をもたないとき，閉じているという．しかし，パラメータを含んでいてもよい．）ここで，次のように γ と δ という 2 種類の表記形式を追加する．

標識付き論理式に対して，γ は，$\mathsf{T}\,\forall x\varphi(x)$ や $\mathsf{F}\,\exists x\varphi(x)$ という全称型の任意の論理式とする．そして，$\gamma(a)$ は，それぞれ $\mathsf{T}\,\varphi(a)$, $\mathsf{F}\,\varphi(a)$ を意味するものとする．δ は，$\mathsf{T}\,\exists x\varphi(x)$ や $\mathsf{F}\,\forall x\varphi(x)$ という存在型の任意の論理式とする．そして，$\delta(a)$ は，それぞれ $\mathsf{T}\,\varphi(a)$, $\mathsf{F}\,\varphi(a)$ を意味するものとする．すると，全称型の規則 $\mathsf{T}\forall$ と $\mathsf{F}\exists$ は，規則 C として，存在型の規則 $\mathsf{T}\exists$ と $\mathsf{F}\forall$ は規則 D として，次のようにまとめられる．

規則 C　$\dfrac{\gamma}{\gamma(a)}$　　　規則 D　$\dfrac{\delta}{\delta(a)}$

（ただし a は新たなパラメータ）

命題論理の規則を再掲しておく．

規則 A　$\dfrac{\alpha}{\alpha_1}$　$\dfrac{\alpha}{\alpha_2}$　　　規則 B

$$\begin{array}{ccc} & \beta & \\ \swarrow & & \searrow \\ \beta_1 & & \beta_2 \end{array}$$

このようにして，統一記法を用いると，一階述語論理の 12 種類のタブロー規則が 4 種類にまとめられる．

標識なし論理式の場合には，γ を $\forall x\varphi(x)$ または $\sim\exists x\varphi(x)$ の形式の任意の論理式として，$\gamma(a)$ はそれぞれ $\varphi(a)$, $\sim\varphi(a)$ を意味するものとする．また，δ を $\exists x\varphi(x)$ または $\sim\forall x\varphi(x)$ の形式の任意の論理式として，$\delta(a)$ はそれぞれ $\varphi(a)$,$\sim\varphi(a)$ を意味するものとする．

それでは，もう一度タブローを使って，次の論理式を証明しよう．

$$\forall x\forall y(Px \supset Py) \supset (\forall xPx \vee \forall x{\sim}Px)$$

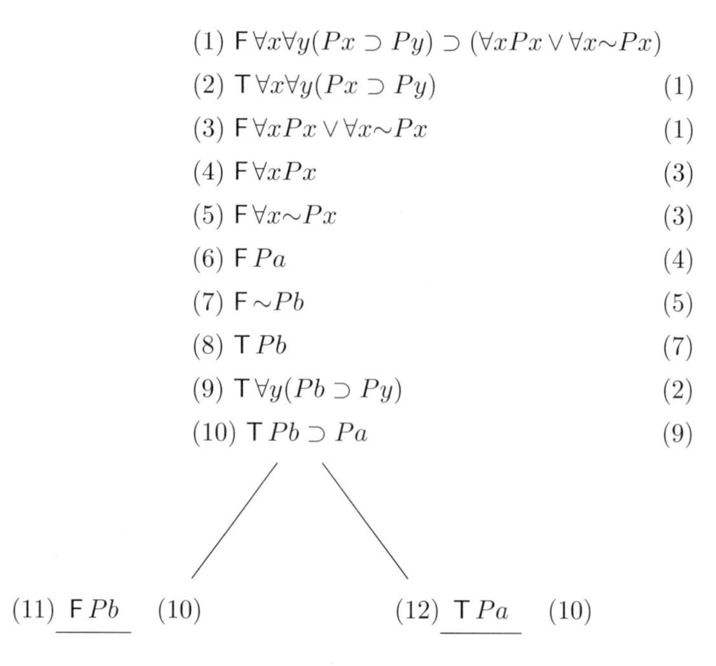

(1) F $\forall x \forall y(Px \supset Py) \supset (\forall x Px \vee \forall x {\sim} Px)$
(2) T $\forall x \forall y(Px \supset Py)$ (1)
(3) F $\forall x Px \vee \forall x {\sim} Px$ (1)
(4) F $\forall x Px$ (3)
(5) F $\forall x {\sim} Px$ (3)
(6) F Pa (4)
(7) F ${\sim} Pb$ (5)
(8) T Pb (7)
(9) T $\forall y(Pb \supset Py)$ (2)
(10) T $Pb \supset Pa$ (9)

(11) F Pb (10)　　(12) T Pa (10)

考察 行(7)では，規則Dに従って，aを再度使えないので，新たなパラメータbを使わなければならなかった．では，行(9)では，aやそのほかのパラメータではなくパラメータbを使ったほうがよいとどのようにしてわかったのだろうか．それがわかっていたのは，このタブローを構築する前に，頭の中で大まかに証明を検討し，それに従ってタブローを構築したからである．

命題論理のタブローは純粋に機械的な作業である．どのような順序で規則を用いても本質的な違いは生じない．ある順序でタブローが閉じるならば，ほかのどのような順序でも閉じる．しかし，一階述語論理のタブローでは，状況はまったく異なる．その違いの一つとして，命題論理のタブローの場合，一つの論理式を繰り返し使わなければ，有限回の規則の適用でタブローの構築は終了する．一方，一階述語論理のタブローの場合，規則の適用が無限に続く可能性がある．なぜなら，全称型の論理式γを使うときに，タブローに$\gamma(a)$, $\gamma(b)$, $\ldots$と限りなくパラメータを追加できるからである．正しい順序で規則を適用しないと，別の順序で規則を適用すれば閉じられるタブローがけっして閉じることなく永遠に伸びつづけるかもしれない．ある系統的な手順で，それに従って規則を適用すると，閉じることのできるタブローは閉じることが保証されるようなものがあるか知りたくなるだろう．実際，そのような手順はあり，次節ではそれを考察する．その手順に従うことは純粋に機械的であり，それを計算機にプログラムすることはたやすいだろう．しかしながら，通常，よく考えて工夫して構築したタブローは，純粋に機械的な手順を用いて構築したタブローよりもかなり素早く閉じる．これについては，後ほどもう一度考察する．

一方で，役に立つであろう戦略的に重要な点がいくつかある．一階述語論理のタブローを構築しているどの段階においても，γ や δ を用いる前に，まだ使っていない α や β をすべて使うほうが賢明である．その後で，利用できるいずれかの δ を使う．（しかし、一つの δ を複数回使わないことを推奨する．）γ については，新しいパラメータを導入する前に，タブローにすでにあるいずれかのパラメータを使うとよい．

この後の練習問題 1 では，$X \equiv Y$ の形式の論理式は次のように扱うことを思い出そう．

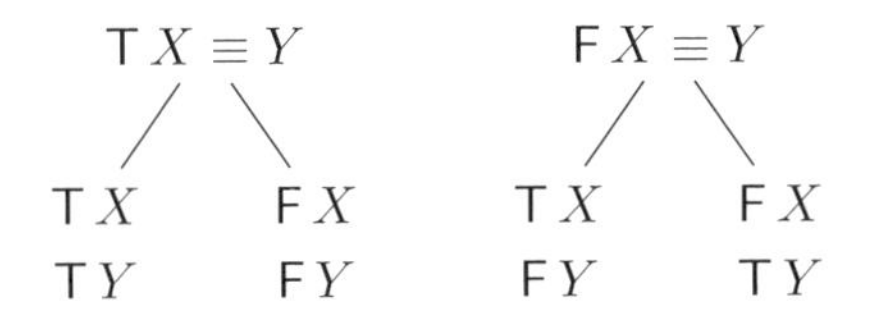

また，$X \equiv Y$ の形式の論理式を証明する場合には，$\mathsf{T}\,X$ の次に $\mathsf{F}\,Y$ を置いて始めるタブローと $\mathsf{F}\,X$ の次に $\mathsf{T}\,Y$ を置いて始めるタブローの二つを作ることによって，タブローが乱雑になるのを抑えられる．

練習問題 1　一階述語論理のタブローを用いて，次の論理式を証明せよ．

（a）$\forall x(\forall y Py \supset Px)$

（b）$\forall x(Px \supset \exists x Px)$

（c）$\sim\exists y Py \supset \forall y(\exists x Px \supset Py)$

（d）$\exists x Px \supset \exists y Py$

（e）$(\forall x Px \wedge \forall x Qx) \equiv \forall x(Px \wedge Qx)$

（f）$(\forall x Px \vee \forall x Qx) \supset \forall x(Px \vee Qx)$

（g）$\exists x(Px \vee Qx) \equiv (\exists x Px \vee \exists x Qx)$

（h）$\exists x(Px \wedge Qx) \supset (\exists x Px \wedge \exists x Qx)$

問題 1　練習問題 1 (f) の逆，すなわち，論理式 $\forall x(Px \vee Qx) \supset$

$(\forall xPx \vee \forall xQx)$ は恒真ではない．その理由を述べよ．また，練習問題 1 (h) の逆も恒真ではない．その理由を述べよ．

練習問題 2　C を閉論理式とする（したがって，任意のパラメータ a に対して，論理式 $C(a)$ は単に C に等しい）とき，タブロー法によって次の論理式を証明せよ．

（a）　$\forall x(Px \vee C) \equiv (\forall xPx \vee C)$

（b）　$\exists x(Px \wedge C) \equiv (\exists xPx \wedge C)$

（c）　$\exists xC \equiv C$

（d）　$\forall xC \equiv C$

（e）　$\exists x(C \supset Px) \equiv (C \supset \exists xPx)$

（f）　$\exists x(Px \supset C) \equiv (\forall xPx \supset C)$

（g）　$\forall x(C \supset Px) \equiv (C \supset \forall xPx)$

（h）　$\forall x(Px \supset C) \equiv (\exists xPx \supset C)$

（i）　$\forall x(Px \equiv C) \supset (\forall xPx \vee \forall x{\sim}Px)$

タブロー法の完全性

一階述語論理のタブロー法が**完全**であること，すなわち，すべての恒真な閉論理式 X に対して，FX の閉タブローが存在することを証明する前に，このタブロー法が**健全**であること，すなわち，FX の閉タブローが存在すれば，X は実際に恒真であることを確かめておかなければならない．言い換えると，FX が充足可能[訳注 1]ならば，FX のタブローで閉じることのできるものはないことを示さなければならない．これを示すには，タブローの枝 θ が充足可能ならば，規則 A, C, D による θ の任意の拡大もまた充足可能であり，規則 B によって θ が 2 本の枝 θ_1 と θ_2 に分岐するならば，枝 θ_1 と θ_2 の少なくとも一方は充足可能であることを示せば十分である．

したがって，論理式の任意の充足可能集合 S に対して，次の条件が成り立つことを確かめる必要がある．

F_1:　S の中の任意の α に対して，集合 $S \cup \{\alpha_1\}$ と $S \cup \{\alpha_2\}$ はともに

[訳注 1]　命題論理の場合と同じように，標識付き論理式は，少なくとも一つの解釈の下で真になるならば，充足可能という．

充足可能である．

F_2:　S の中の任意の β に対して，集合 $S \cup \{\beta_1\}$ と $S \cup \{\beta_2\}$ の少なくとも一方は充足可能である．

F_3:　S の中の任意の γ に対して，a を任意のパラメータとすると，集合 $S \cup \{\gamma(a)\}$ は充足可能である．

F_4:　S の中の任意の δ に対して，a が S のどの元にも含まれないパラメータならば，集合 $S \cup \{\delta(a)\}$ は充足可能である．

事実 F_1, F_2, F_3 はあきらかである．事実 F_4 は，真ではあるが，それほどあきらかでない．実際には，F_4 よりも強い次のような事実を意識しておくと役に立つだろう．閉論理式の集合 S の解釈 I は，S のすべての元が I の下で真になるならば，S を充足するという．パラメータ a は，それが S のどの元にも現れないならば，S にとって**新しい**という．ここで，文の集合 S と，それとは別の文の集合 S' で，S は S' の部分集合になっているものを考える．S' の解釈 I' は同じ領域 U 上で考える．すべての述語と S の（ある論理式の）パラメータに対して，I の下でのそれらの値が I' の下での値と同じならば，I' は I を**拡大**する，あるいは I' は I の**拡大**という．（I の下での**値**とは，もちろん I の下で述語やパラメータに割り当てられた U の関係または元のことである．）次の条件 $F_4{}^*$ は，F_4 よりも明示的な条件を述べている．

$F_4{}^*$:　I が S を充足するならば，S に属する任意の δ と S にとって新しい任意のパラメータ a に対して，集合 $S \cup \{\delta(a)\}$ は I のある拡大によって充足される．

問題 2　$F_4{}^*$ を証明せよ．

ヒンティッカ集合

一階述語論理では，可算個のパラメータが利用できることを仮定している．一階述語論理の標識付き文（文とは閉論理式のことである）の集合 S は，次の条件を満たすとき，**ヒンティッカ集合**とよぶ．

H_0:　（命題論理の場合と同じように）ある論理式とその共役がともに S に属することはない．

H_1: （命題論理の場合と同じように）S に属する任意の α に対して，α_1 と α_2 はともに S に属する．

H_2: （命題論理の場合と同じように）S に属する任意の β に対して，β_1 と β_2 の少なくとも一つは S に属する．

H_3: S に属する任意の γ に対して，**すべての**パラメータ a について論理式 $\gamma(a)$ は S に属する．

H_4: S に属する任意の δ に対して，論理式 $\delta(a)$ が S に属するようなパラメータ a が少なくとも一つ存在する．

一階述語論理のヒンティッカの補題 一階述語論理のすべてのヒンティッカ集合は可算領域において充足可能である．

この補題の証明は，命題論理のヒンティッカの補題に比べてもそれほど難しくはない．

問題 3 一階述語論理のヒンティッカの補題を証明せよ．（ヒント：すべてのヒンティッカ集合は，パラメータの可算領域において充足可能であることを示す．）

注 パラメータの**有限**領域 D と，そのパラメータがすべて D に属するような閉論理式の集合 S を考えることがときどきある．このような集合が**領域 D における**ヒンティッカ集合であることは，先ほどとほぼ同様に定義できる．そのためには，条件 H_3 の「すべてのパラメータ」を「D に属するすべてのパラメータ」で置き換えるだけでよい．すでに得られている可算無限領域のヒンティッカの補題の証明を簡単に修正して，有限領域 D におけるすべてのヒンティッカ集合は有限領域 D において充足可能であることが示せる．

これで，一階述語論理のタブローの完全性を証明するところまできた．これは，命題論理のタブローの場合よりも注目に値する．命題論理では，論理式のタブローは有限回のステップの後に終了しなければならず，そのタブローの完成時には，どの開枝上の論理式の集合もヒンティッカ集合（すなわち，命題論理のヒンティッカ集合）になる．しかし，一階述語論理のタブローは，閉じることなく無限に伸びつづけるかもしれない．この場合，（ケーニヒの補題によって）無限に伸びる枝 θ が少なくとも一つあるが，

θ 上の論理式の集合は必ずしもヒンティッカ集合ではない．それは，その枝の上で，いずれかの規則が使えたはずのある論理式にその規則を使い損ねたのであろう．ここで，鍵となるのは，タブローが無限に伸びるならばその任意の開枝上の論理式の集合がヒンティッカ集合になる**系統的**手順を考案することである．文献にはこのような手順がいくつも載っており，ここで用いるのはそのような手順の一つである．

開枝 θ 上の任意の非原子論理式 X に対して次の条件のいずれかが成り立つならば，X は θ 上で**満たされる**という．

（1） X が α で，α_1 と α_2 がともに θ 上にある．

（2） X が β で，β_1 と β_2 の少なくとも一つが θ 上にある．

（3） X が γ で，すべてのパラメータ a に対して，文 $\gamma(a)$ が θ 上にある．

（4） X が δ で，少なくとも一つのパラメータ a に対して，$\delta(a)$ が θ 上にある．

無限に伸びる開枝 θ 上のすべての論理式が満たされるということは，θ 上の論理式の集合がヒンティッカ集合ということである．

◉タブローを生成する系統的手順

タブローが無限に伸びるならば，その任意の開枝 θ 上のすべての論理式が満たされることを保証する系統的手順は次のとおりである．このタブローを生成する手順では，タブローを構築するそれぞれの段階において，いくつかの点[訳注 2]を**使用済**とする．（実用上は，論理式が使用済になったらその右側にチェック印をつけて記録に残すとよい．）充足可能性を調べたい論理式を起点としたタブローから始める．これで，第 1 段階は終了である．つぎに，第 n 段階まで完了しているとき，そのあとに行うことは次のように決められる．今，構築しているタブローが閉じていれば，これで終わりである．そうでなければ，木構造の中でできるだけ上位にあるまだ使用済でない点 X を一つ選ぶ．（もしこれを完全に決定的な手順にしたいのであれば，たとえば，そのような点のうちもっとも左にあるものを選べばよい．）このとき，X を通るすべての開枝 θ（タブローの構築法により，与えられた点に対してそのような枝は有限個しかありない）に対して，次のように進める．

［訳注 2］　タブローを木として見ると，その木の点はタブローに現れる論理式である．

（a）　X が α, β, δ のいずれかであれば，それぞれ規則 A, B, D を適用する．

（b）　X が γ であれば（この場合には細心の注意が要る），論理式 $X(a)$ が θ 上にまだ現れていないような（パラメータにあらかじめつけられた順序で）最初のパラメータ a をとり，θ を $\theta, X(a), X$ に伸ばす．すなわち，θ の終点にまず新しい論理式 $X(a)$ を追加し，それから枝 $\theta, X(a)$ の終点に γ 論理式 X をもう一度加える．

X を通るすべての開枝に対して(a)か(b)のいずれかを適用したら，X に使用済の印をつける．これで第 $n+1$ 段階が完了する．

この手順によって，タブローの木構造を系統的に伸ばすと，その途中にある α, β, δ 論理式はすべて満たされる．γ 論理式については，枝 θ 上に現れる γ によって代入例 $\gamma(a)$ を追加するときに γ を**もう一度**出現させるが，その目的は次のとおりである．手順を進めるといずれは枝 $\theta, \gamma(a), \gamma$ をたどることになり，この系統的手順の規則によって，このもう一度出現させた γ の使用を強いられるが，そのときに別の代入例 $\gamma(b)$ を追加し，またしても γ を出現させて，またその後でそれを使う，ということを繰り返すためである．このようにして，すべての γ 論理式も満たされる．つまり，タブローが閉じることなく無限に伸びるならば，任意の開枝上のすべての点は満たされ，したがって，ヒンティッカ集合が構成される．このヒンティッカ集合は，パラメータの可算領域において同時に充足可能である．

系統的タブローとは，前述の手順によって構築されたタブローのことである．系統的タブローが閉じないならば，その起点は，実際には可算領域において充足可能ということがわかった．それゆえ，その起点が充足可能でないならば，任意の**系統的**タブローは閉じなければならない．ここで，X が恒真な閉論理式ならば，F X は充足可能でなく，したがって，F X の任意の系統的タブローは閉じなければならず，X はタブロー法によって証明可能である．また，標識なし論理式 X が充足可能ならば，標識付き論理式 T X も充足可能であり，したがって，T X のいかなるタブローも閉じえず，T X の任意の**系統的**タブローは永久に伸びつづけ，（ケーニヒの補題によって）無限の枝をもつ．そして，その枝の要素の集合は可算領域において充足可能である．すなわち，可算領域において T X は充足可能であり，X も同じく充足可能である．

こうして，次の二つの定理が一石二鳥に得られた．

タブロー法の完全性定理　すべての恒真な論理式はタブロー法によって証明可能である．

レーヴェンハイムの定理　すべての充足可能な論理式は，可算領域において充足可能である．

◉付記

見掛け上，枝上の論理式を繰り返し出現させるというタブローの新しい規則が追加されているが，このことを心配する必要はない．これは，この系統的タブローにおいて，それぞれの γ 論理式の下に伸びるすべての開枝上で，その体系のすべてのパラメータを順次 $\gamma(a)$ として使い続けるための記録の仕掛けにすぎない．個々の γ から個々の $\gamma(a)$ を導いたところで，タブローの（$\gamma(a)$ の後の）どこかに自分でメモをとるのと同じと考えてもよい．それは，今推論した $\gamma(a)$ に系統的手順の規則を適用する前に，同じ γ を再度使うように書き留めた覚書である．もちろん，その代わりに，論理式を繰り返すことを最初からタブローの規則に追加するのでもよい．なぜなら，それによって害になることはないからである．

すでに述べたように，系統的タブローは，工夫して構築したタブローよりも一般的にかなり長くなりがちである．恒真な論理式に対して，系統的タブローを構築させる計算機のプログラムを書くこともできるが，賢明な人間は通常それよりも効率よく短い証明を構築することができる．論理学者ポール・ローゼンブルームが同様の問題に関して指摘しているように，「これは，知性がときには役立つことを証明している」．タブローの練習問題をいくつか解いてみれば，そのタブローはどれもおそらく系統的にはならないだろう．それらのいくつかを系統的タブローで解き，その長さを非系統的タブローと比べてみるのは，よい練習問題になるだろう．

文献には，このほかの系統的手順が見うけられる．そのうちのあるものは，ここで提示したものよりもすぐに結果がでる．しかし，それらのやり方は正当性を証明するのがより難しい．また，多くの改良が可能である．これ自体を対象とする研究は，「自動定理証明」として知られている．

有限領域における充足可能性

タブローの構築法において，タブローが閉じていない段階で，開枝の上の点の集合が**その枝に出現しているパラメータの有限領域における**ヒンティッカ集合であるようになることが起こりうる．この場合，これ以上先に続けても意味はない．なぜなら，その枝（これは起点も含む）の上の点の集合は，その有限領域において充足可能だからである．

たとえば，論理式 $\forall x(Px \vee Qx) \supset (\forall xPx \vee \forall xQx)$ を考えてみよう．この論理式は恒真ではなく，したがって，標識付き論理式 $\mathsf{F}\,\forall x(Px \vee Qx) \supset (\forall xPx \vee \forall xQx)$ は充足可能である．この標識付き論理式が実際には 2 元の領域において充足可能であることが，次のタブローからわかる．

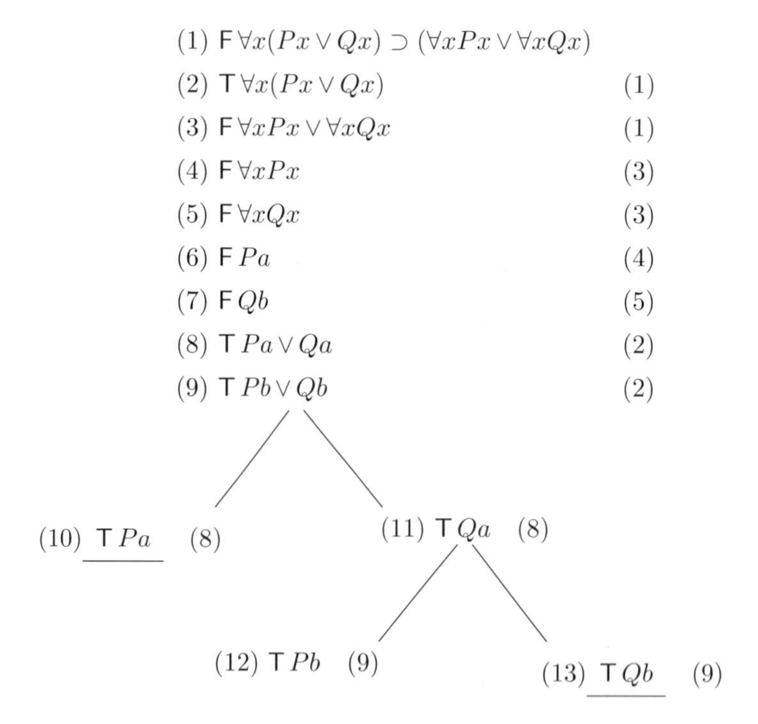

論理式 (12) で終わる開枝上の論理式の集合は，2 元 $\{a, b\}$ の領域におけるヒンティッカ集合である．そこでは，Pb と Qa を真と解釈し，Pa と Qb を偽と解釈する，あるいは，これと同じことであるが，P をその元が b だけの集合と解釈し，Q をその元が a だけの集合と解釈する．

考察　一階述語論理のタブローは，ある論理式が充足不可能なこと，言い換えれば，ある論理式が恒真であることを示すためだけでなく，場合によっては，ある論理式が有限領域において充足可能であったならば，その充足可能性を示すことにも使えることがわかった．タブロー法で解明できないのは，充足不可能でも，有限領域において充足可能でもない論理式のクラスである．そのような論理式のタブローを構築すると，それは無限に伸びつづけ，どれだけ伸びても，閉じることも有限のヒンティッカ集合が現れることもない．

レーヴェンハイム-スコーレムの定理とコンパクト性定理

スコーレムによって，レーヴェンハイムの定理が，一階述語論理の文の任意の可算集合 S に対して，S が充足可能ならば可算領域において充足可能であるという結果に拡張されたことはすでに述べた．一階述語論理の文の任意の可算集合 S に対しては，S のすべての有限集合が充足可能ならば，集合 S 全体も（同時に）充足可能であるという，**一階述語論理のコンパクト性定理**もある．これら二つの結果を組み合わせると次の定理が得られる．

定理 L.S.C.（レーヴェンハイム，スコーレム，コンパクト性）　S がパラメータを含まない閉論理式の集合で，S のすべての有限部分集合が充足可能ならば，集合 S 全体は可算領域において充足可能である．

もちろん，レーヴェンハイム-スコーレムの定理は，定理 L.S.C から導くことができる．なぜなら，集合 S が充足可能ならば，そのすべての有限部分集合はあきらかに充足可能だからである．

この定理は，何通りかのやり方で証明することができる．その一つは，タブローを用いる次のやり方である．

パラメータを含まない閉論理式の可算集合 S で，S のすべての有限部分集合が充足可能となるものが与えられたとする．命題論理の場合と同じく，S の元をある可算列 $X_1, X_2, \cdots, X_n, \cdots$ として並べる．そして，X_1 を起点としてタブローを始める．これで第 1 段階が完了する．そして，どの第 n 段階においても，すでに説明したように**系統的に**タブローを構築し，すべての開枝の最後に X_{n+1} を追加する．S のすべての有限部分集合は充足可能なので，どの段階においてもタブローが閉じることはない．したがって，このタブローは無限の開枝 θ をもち，（その構築法は系統的なので）θ 上の論理式の集合はヒンティッカ集合であり，S のすべての元を含む．すなわち，S はパラメータの可算領域において充足可能である．

ブール付値と一階述語付値

一階述語論理の論理式が**恒真**であることと**トートロジー**であることの違いを思い出そう．これは，次のことと深く関係している．**文**，すなわち，パラメータを含みうる閉論理式すべてからなる集合を考える．**付値** v とは，それぞれの文 X に真理値 T または F を割り当てることである．$v(X)$ によって，v の下で X に割り当てられた値（T または F）を表す．$v(X) = \mathrm{T}$ であるとき，そしてそのときに限り，X は v の下で**真**になるといい，$v(X) = \mathrm{F}$ であるとき，そしてそのときに限り，v の下で X は**偽**になるという．付値 v は，すべての文 X と Y に対して次の 4 条件が成り立つならば，**ブール付値**と呼ぶ．

B_1:　v の下で $\sim X$ が真となるのは，X が v の下で偽であるとき，そしてそのときに限る．

B_2:　v の下で $X \wedge Y$ が真となるのは，X と Y がともに v の下で真であるとき，そしてそのときに限る．

B_3:　v の下で $X \vee Y$ が真となるのは，X と Y の少なくとも一方が v の下で真であるとき，そしてそのときに限る．

B_4:　v の下で $X \supset Y$ が真となるのは，X が v の下で偽か，または Y が v の下で真であるとき，そしてそのときに限る．

ブール付値は，論理結合子に関する付値と呼ばれることもある．

ブール付値 v は，x を唯一の自由変数とする任意の論理式 $\varphi(x)$ に対して次の二つの条件が成り立つという意味で，量化子に関する付値であるとき，そしてそのときに限り，**一階述語付値**という．

- v の下で $\forall x \varphi(x)$ が真になるのは，すべてのパラメータ a に対して，文 $\varphi(a)$ が v の下で真になるとき，そしてそのときに限る．
- v の下で $\exists x \varphi(x)$ が真になるのは，少なくとも一つのパラメータ a に対して，文 $\varphi(a)$ が v の下で真になるとき，そしてそのときに限る．

X が**トートロジー**であるというのは，すべてのブール付値の下で X が真になるということである．

X が（パラメータの領域 D において）**恒真**であるというのは，すべての一階述語付値の下で X が真になるということである．

一階述語付値は，パラメータの領域 D における解釈と非常に密接に関連している．すべての文 X に対して，解釈 I の下で X が真になるのが，一階述語付値 v の下で X が真になるとき，そしてそのときに限るならば，I は v と**一致**する，あるいは v は I と**一致**するという．任意の解釈 I が与えられたとき，I と一致する付値 v がただ一つ存在する．この付値は，I の下で真となるすべての文，そしてその文だけに T を割り当てる．また，任意の付値 v に対して，v と一致する解釈 I がただ一つ存在する．それは，任意の n 項述語 P に対して，$I(P)$ を，v の下で $Pa_1, \cdots, a_n$ が真になるすべての n 個組 $(a_1, \cdots, a_n)$ の集合とするものである．（n 項関係は，n 個組の集合と見なすことができる．）

文 X は，集合 S を充足するすべてのブール付値の下で真になるならば，S によって**トートロジー的に含意される**という．有限集合 $\{X_1, \cdots, Xn\}$ である任意の S に対して，これは，$X_1 \wedge \cdots \wedge X_n \supset X$ がトートロジーであるのと同値である．文 X は，集合 S を充足するすべての**一階述語**付値の下で真になるならば，S によって**妥当に含意される**という．

正則性定理

それでは，一階述語論理の基本的結果のうち，前章の公理系やそれに関連する公理系の完全性を簡潔に証明するのに使われる定理に取りかかろう．

ここでは，標識なし論理式を扱う．まず，**正則論理式**の概念を定義する必要がある．正則論理式には 2 種類ある．C 型の**正則論理式**とは，$\gamma \supset \gamma(a)$ の形式の論理式をいう．D 型の**正則論理式**とは，$\delta \supset \delta(a)$ の形式の論理式をいうが，パラメータ a は δ の中に現れてはいけない[訳注 3]．正則論理式

[訳注 3]　統一記法として定義したように，γ は $\forall x\varphi(x)$ または $\sim\exists x\varphi(x)$ の形式の任意の論理式であり，それぞれの場合，$\gamma(a)$ は $\varphi(a)$ および $\sim\varphi(a)$ になる．同様に δ は $\exists x\varphi(x)$ または $\sim\forall x\varphi(x)$ の形式の任意の論理式であり，それぞれの場合，$\delta(a)$ は $\varphi(a)$ および $\sim\varphi(a)$ になる．

を表すために文字 Q を用いる．Q は γ か δ のいずれかであり，$Q(a)$ はそれぞれ $\gamma(a)$, $\delta(a)$ を意味する．**正則列**とは，有限（空でもよい）の列 $Q_1 \supset Q_1(a_1), \cdots, Q_n \supset Q_n(a_n)$ で，それぞれの項は正則論理式であり，さらに，それぞれの $i < n$ について，Q_{i+1} が δ ならば a_{i+1} はそれよりも前にある項 $Q_1 \supset Q_1(a_1), \cdots, Q_i \supset Q_i(a_i)$ のいずれにも現れないパラメータであるようなものをいう．**正則集合** R とは，論理式の有限集合で，その元を正則列として並べることができるようなものをいう．言い換えると，正則集合は，次の規則に従って構成される任意の有限集合と特徴づけることができる．

R_0:　空集合 $\emptyset$ は正則集合である．

R_1:　R が正則集合ならば，$R \cup \{\gamma \supset \gamma(a)\}$ も正則集合である．

R_2:　R が正則集合ならば，$R \cup \{\delta \supset \delta(a)\}$ も正則集合である．ただし，a は δ の中にも R の元の中にも現れてはいけない．

パラメータ a は，ある δ に対して，文 $\delta \supset \delta(a)$ が正則集合 R の元であるとき，R の**臨界パラメータ**という．文 X が正則集合 R によって妥当に含意され，R の臨界パラメータがどれも X の中に現れないならば，X は恒真であることを示すのが最初の目標である．その後で，すべての恒真な文 X は，ある正則集合 R によってトートロジー的に含意される，すなわち，実際には R の臨界パラメータはどれも X の中に現れないようにできるという驚くべき結果を示そう．

問題 4

（a）　集合 S が充足可能で X が恒真ならば，$S \cup \{X\}$ は充足可能であることを証明せよ．（当たり前，かな？）

（b）　S が充足可能で $S \cup \{X\}$ が充足可能でないならば，任意の文 Y に対して集合 $S \cup \{X \supset Y\}$ は充足可能であることを証明せよ．

問題 5　S を（同時に）充足可能な文の有限集合とする．このとき，次の各項を証明せよ．

（a）　すべてのパラメータ a に対して，集合 $S \cup \{\gamma \supset \gamma(a)\}$ は充足可能である．

（b）　δ の中にも集合 S の元の中にも現れない任意のパラメータ a に対し

て，集合 $S \cup \{\delta \supset \delta(a)\}$ は充足可能である．（ヒント：$S \cup \{\delta\}$ が充足可能である場合と，$S \cup \{\delta\}$ が充足可能でない場合の2通りに場合分けして考えよ．）

（c）S が充足可能であり，R は正則集合でその臨界パラメータはどれも S に現れないならば，$R \cup S$ は充足可能である．

（d）すべての正則集合は充足可能である．

（e）X が正則集合 R において妥当に含意され，R の臨界パラメータがどれも X の中に現れないならば，X は恒真である．

（f）$(\gamma \supset \gamma(a)) \supset X$ が恒真ならば，X も恒真である．

（g）$\delta \supset \delta(a)$ が正則論理式でかつ X を妥当に含意し，$\delta \supset \delta(a)$ の臨界パラメータが X の中に現れないならば，X は恒真である．

考察　問題5(d)に関しては，正則集合 R は充足可能であるだけでなく，それよりも強い，充足可能性と恒真性の中間の強さをもつという性質がある．$a_1, \cdots, a_n$ をパラメータとする単独の文 $\varphi(a_1, \cdots, a_n)$ を考えよう．この文は，ある領域 U における論理式の述語の任意の解釈 I に対して，U の元 e_1, $\cdots$, e_n で，I の下で $\varphi(e_1, \cdots, e_n)$ が真となるものが存在するならば，**強充足可能**という．（注：強充足可能を言い換えると次のようになる．x_1, $\cdots$, x_n を文 $\varphi(a_1, \cdots, a_n)$ の中に現れない変数とし，$\varphi(x_1, \cdots, x_n)$ を a_1, $\cdots$, a_n にそれぞれ x_1, $\cdots$, x_n を代入した結果とする．このとき，$\varphi(a_1, \cdots, a_n)$ が強充足可能であるのは，文 $\exists x_1 \exists x_2 \cdots \exists x_n \varphi(x_1, \cdots, x_n)$ が恒真であるとき，そしてそのときに限る．）また，文の集合 S を考える．S の論理式の述語の任意の解釈 I に対して，S の論理式のパラメータの値の選び方で，S のすべての元が真となるようものがあるとき，S を**強充足可能**という．すると，正則集合 R は充足可能であるだけでなく，強充足可能でもある．実際には，R の述語の任意の解釈と R の非臨界パラメータの値の任意の選び方に対して，R のすべての元が真になるような R の臨界パラメータの値の選び方が存在するという，さらに強い性質をもつ．このことを確かめるのは，読者の練習問題とする．

そして，次の定理がこの節の主たる結果である．

定理 R（正則性定理）　すべての恒真な文 X は，ある正則集合 R で，その臨界パラメータがどれも X の中に現れないようなものによってトートロジー的に含意される.

$\sim X$ の閉タブロー $\mathscr{T}$ からどのようにしてこのような集合 R を見出せるかを示すことによって，正則性定理を証明しよう．このやり方はすばらしく単純である．R として，Q から規則 C または規則 D によって $Q(a)$ が推論されるような論理式 $Q \supset Q(a)$ すべての集合をとればよいのである．この集合を $\mathscr{T}$ の**随伴正則集合**と呼ぶ.

問題 6　この集合 R に対して正則性定理の主張が成り立つことを証明せよ．（ヒント：正則列として並べた R の元と $\sim X$ から始まる別のタブロー $\mathscr{T}_1$ を構築すると，$\mathscr{T}_1$ は規則 A と規則 B だけを使って閉じられることを示せ.）

次の例を考えてみよう．X を $\forall x(Px \supset Qx) \supset (\exists x Px \supset \exists x Qx)$ とする．このとき，文 $\sim X$ の閉タブローは次のようになる．（このタブローでは，気分転換に標識なし論理式を用いる.）

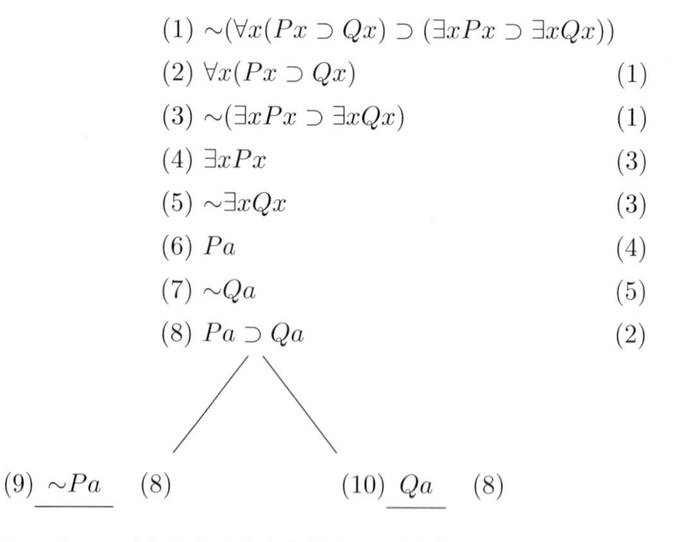

規則 D によって (4) から (6) が推論され，規則 C によって (5) から (7) が推論され，規則 C によって (2) から (8) が推論される．したがって，正則集合は，$\{(4) \supset (6), (5) \supset (7), (2) \supset (8)\}$，すなわち，$\{\exists x Px \supset Pa, \sim\exists x Qx \supset$

$\sim Qa, \forall x(Px \supset Qx) \supset (Pa \supset Qa)\}$ である．X が R によってトートロジー的に含意されることをもっと明確にするために，次のような省略を用いよう．

$$p = Pa$$
$$q = Qa$$
$$r = \exists x Px$$
$$s = \exists x Qx$$
$$m = \forall x(Px \supset Qx)$$

このとき，R は集合 $\{r \supset p, \sim s \supset \sim q, m \supset (p \supset q)\}$ である．すると，X は R によってトートロジー的に含意されることがわかる．言い換えると，

$$[(r \supset p) \wedge (\sim s \supset \sim q) \wedge (m \supset (p \supset q))] \supset (m \supset (r \supset s))$$

はトートロジーである．

これは，真理値表を用いるとわかるし，もっと簡単には規則 A と B だけを用いたタブローによってもわかる．

このやり方で，非常に興味深いいくつかのトートロジーが得られる．これまでの練習問題で証明したいくつかの恒真な論理式について，それらをトートロジー的に含意する正則集合を楽しみながら見つけられるだろう．

公理系 $\mathcal{S}_1$ の完全性

前章の一階述語論理の公理系 $\mathcal{S}_1$ を思い出そう．

公理

第1群　すべてのトートロジー

第2群　（a）$\forall x\varphi(x) \supset \varphi(a)$ の形式のすべての文

（b）$\varphi(a) \supset \exists x\varphi(x)$ の形式のすべての文

推論規則

I.　分離規則　$\dfrac{X,\ X \supset Y}{Y}$

II.　（a）$\dfrac{\varphi(a) \supset X}{\exists x\varphi(x) \supset X}$　　（b）$\dfrac{X \supset \varphi(a)}{X \supset \forall x\varphi(x)}$

ここで，X は閉論理式で，パラメータ a は X の中にも $\varphi(x)$ の中にも現れない．

公理系 $\mathcal{S}_1$ が健全である（証明可能な文はすべて恒真である）ことはすでに証明した．ここで，この公理系が完全である（すべての恒真な文は証明可能である）ことを証明したい．

正則性定理を用いると，次に示すように $\mathcal{S}_1$ の完全性がうまく証明できる．

まず，任意の一階述語論理の公理系 $\mathfrak{A}$ を考える．すべてのトートロジーが $\mathfrak{A}$ において証明可能であり，$\mathfrak{A}$ において証明可能な論理式の任意の有限集合 S に対して，S によってトートロジー的に含意される任意の論理式 X も $\mathfrak{A}$ において証明可能ならば，$\mathfrak{A}$ はトートロジー的に閉じているという．

定理 1　$\mathfrak{A}$ がトートロジー的に閉じていて，次の条件 (A_1) と (A_2) に従うならば，$\mathfrak{A}$ は完全である．

(A_1)　$(\gamma \supset \gamma(a)) \supset X$ が $\mathfrak{A}$ において証明可能ならば，X も $\mathfrak{A}$ において証明可能である．

(A_2)　$(\delta \supset \delta(a)) \supset X$ が $\mathfrak{A}$ において証明可能で，a が δ の中にも X の中にも現れないパラメータならば，X は $\mathfrak{A}$ において証明可能である．

この定理 1 は，正則性定理からかなり簡単に導くことができる．

問題 7　この定理 1 を証明せよ．

つぎの補題は，$\mathcal{S}_1$ の完全性を証明するために役立つ．

補題　（a）任意の γ に対して，文 $\gamma \supset \gamma(a)$ は $\mathcal{S}_1$ において証明可能である．（b）任意の δ に対して，$\delta(a) \supset X$ が $\mathcal{S}_1$ において証明可能で，a は δ の中にも X の中にも現れないならば，$\delta \supset X$ は $\mathcal{S}_1$ において証明可能である．

問題 8　まず，この補題を証明せよ．そして，$\mathcal{S}_1$ が定理 1 の条件 (A_1) と (A_2) を満たすことを示して，$\mathcal{S}_1$ の完全性を証明せよ．

付記　実際には，定理 1 はそれ自体でまた別の完全な公理系を与えている．具体的には，すべてのトートロジーを公理とし，分離規則と次の R_1 と R_2 を推論規則にもつ公理系である．

$$R_1:\quad \frac{(\gamma \supset \gamma(a)) \supset X}{X}$$

$$R_2:\quad \frac{(\delta \supset \delta(a)) \supset X}{X}$$，ただし，a は δ の中にも X の中にも現れない．

問題の解答

問題 1

（i）　(f) の逆は $\forall x(Px \vee Qx) \supset (\forall xPx \vee \forall xQx)$ である．これが恒真でないことを示すには，これが少なくとも一つの解釈の下で偽になることを示せば十分である．すべての（自然）数の集合を考えて，P をすべての偶数の集合と解釈し，Q をすべての奇数の集合と解釈する．このとき，$\forall x(Px \vee Qx)$ は真になる（すべての数は偶数か奇数かのいずれかである）が，$\forall xPx$ と $\forall xQx$ はともに偽になる（すべての数が偶数であることは偽であり，すべての数が奇数であることも偽である）．したがって，$\forall xPx \vee \forall xQx$ は偽であり，$\forall x(Px \vee Qx)$ は真なので，含意 $\forall x(Px \vee Qx) \supset (\forall xPx \vee \forall xQx)$ 全体は偽になる．

（ii）　(h) の逆は $(\exists xPx \wedge \exists xQx) \supset \exists x(Px \wedge Qx)$ である．(a) の場合と同じ解釈を考える．このとき，$\exists xPx \wedge \exists xQx$ は真になる（偶数である数は存在し，奇数である数も存在する）が，$\exists x(Px \wedge Qx)$ はあきらかに偽になる（偶数でも奇数でもある数が存在するというのは偽である）．したがって，$(\exists xPx \wedge \exists xQx) \supset \exists x(Px \wedge Qx)$ は偽になる．すなわち，この論理式は恒真ではない．

問題 2　I は，空でない領域 U における集合 S の論理式のすべての述語とパラメータの解釈で，S のすべての論理式が真になるようなものであり，δ は S の元であり，a は S にとって新しいパラメータであることがわかっている．a は S にとって新しいので，I では，パラメータ a に U の元はまだ割り当てられていない．δ は S に属するので，δ は，U のある元 e に対して真である．ここで，a にはまだ U の元は割り当てられていないので，a に元 e を割り当てるように解釈 I を拡大させる．すると，この I の拡大の下で，$\delta(a)$ は真になる．すなわち，論理式の集合 $S \cup \{\delta(a)\}$ のすべての元は，この拡大の下で真になる．

問題 3　S を標識付き論理式のヒンティッカ集合とする．次数が n であるそれぞれの述語 P に対して，P を，$\mathsf{T}\,Pa_1, \cdots, a_n$ が S の元であるようなパラメータの集合上の関係 $R(a_1, \cdots, a_n)$ と解釈する．ここで，X の次数に関する数学的帰納法（すなわち，X に含まれる論理結合子と量化子の個数に関する数学的帰納法）によって，S に属するすべての X がこの解釈の下で真になることを示す．

あきらかに，S のすべての原子的な元は，この解釈の下で真になる．つぎに，X の次数が n であり，次数が n よりも小さい S のすべての元は真になると仮定する．このとき，X が真になることを示さなければならない．

X が α または β であれば，証明は命題論理の場合と同じである．X が γ であったとしよう．このとき，（H_3 によって）すべてのパラメータ a に対して，$\gamma(a)$ は S に属する．それぞれの $\gamma(a)$ の次数は n よりも小さいので，（帰納法の仮定によって）その $\gamma(a)$ は真になる．したがって，γ は真になる．

X が δ ならば，（H_4 によって）あるパラメータ a に対して，文 $\delta(a)$ は S に属する．そして，その $\delta(a)$ の次数は n よりも小さいので，その $\delta(a)$ はこの解釈の下で真になる．これで，帰納法による証明は完成した．

問題 4

（a）S が充足可能ならば，S のすべての元はある解釈 I の下で真になる．X が恒真ならば，X はすべての解釈の下で真になる．したがって，I の下でも真になり，$S \cup \{X\}$ のすべての元は I の下で真になる．

（b）S が充足可能で，$S \cup \{X\}$ は充足可能でないとする．このとき，ある解釈 I で，その下で S のすべての元は真になるが，X は真にならないものが存在する．（なぜなら，X は充足可能ではないからである．）I の下で X は偽になるので，任意の文 Y に対して，文 $X \supset Y$ は I の下で真になり，したがって，$S \cup \{X \supset Y\}$ のすべての元は I の下で真になる．

問題 5　S は同時に充足可能な文の有限集合であることがわかっている．

（a）S は充足可能で，$\gamma \supset \gamma(a)$ は恒真なので，問題 4 (a) によって，$S \cup \{\gamma \supset \gamma(a)\}$ は充足可能である．

（b）S は充足可能なので，$S \cup \{\delta\}$ が充足可能でないならば，問題 4 (b) によって，$S \cup \{\delta \supset \delta(a)\}$ は充足可能である．一方，$S \cup \{\delta\}$ が充足可能ならば，F_4 によって，$S \cup \{\delta\} \cup \{\delta(a)\}$ も充足可能であり（a は $S \cup \{\delta\}$ にとって新たなパラメータとする），$S \cup \{\delta\} \cup \{\delta(a)\}$ は集合 $S \cup \{\delta, \delta(a)\}$ である．$S \cup \{\delta, \delta(a)\}$ のすべての元はある解釈の下で真になるので，$S \cup \{\delta \supset \delta(a)\}$ のすべての元も同じ解釈の下で真になる．

（c）S は充足可能であり，R は正則でその臨界パラメータはどれも S のどの元にも現れないとする．R をある正則列 $(r_1, r_2, \cdots, r_n)$ として並べる．r_1, r_2, $\cdots$, r_n を順に S に追加するいずれの段階においても，（(a) と (b) によって）充足可能性が壊れることはない．したがって，この結果の集合 $R \cup S$ は充足可能である．

（d）(c) において，S として空集合をとればよい．

（e）X はある正則集合 R によって妥当に含意され，R の臨界パラメータはどれも X の中に現れないとする．X が恒真でないならば，$\sim X$ は充足可能になり，したがって，（(c) によって）$R \cup \sim X$ は充足可能になるだろう．すなわち，R は X を妥当に含意するという与えられた条件に反して，R は X を妥当に含意しない．したがって，$\sim X$ は充足可能とはなりえず，これは X が恒真であることを意味する．

（f）$(\gamma \supset \gamma(a)) \supset X$ が恒真ならば，X は恒真でなければならない．なぜなら，$\gamma \supset \gamma(a)$ 自体が恒真だからである．

（g）　(e)において，R として正則集合 $\{\delta \supset \delta(a)\}$ をとればよい．

問題 6　$\mathscr{T}_1$ を構築するには，F X と R の元からタブローを始め，その後は $\mathscr{T}$ の構築法に従う．ただし，枝 θ 上である Q にたどり着いたときは，$\mathscr{T}$ のように Q から直接 $Q(a)$ を推論するのではなく，θ を二つの枝 $(\theta, \sim Q)$ と $(\theta, Q(a))$ に分岐させる．この分岐は，規則 B によって可能である．なぜなら，枝 θ 上の Q より上に $Q \supset Q(a)$ があるからである．

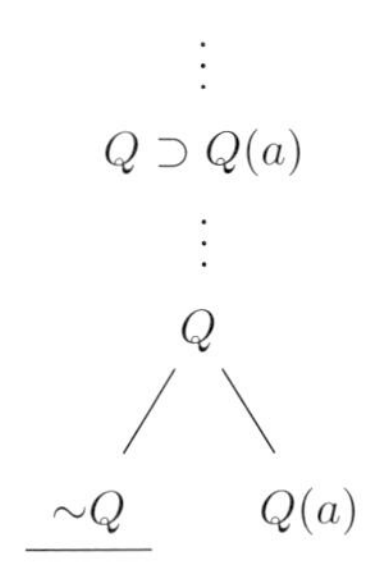

この左の枝上には Q と $\sim Q$ があるので，閉じられる．したがって，規則 C や規則 D を使うことなしに Q から $Q(a)$ へとうまく進めることができた．このようにして，$\mathscr{T}_1$ では規則 A と規則 B だけを使う．

問題 7　X を恒真と仮定する．正則性定理によって，X は，ある正則集合 R で，その臨界パラメータがどれも X に現れないようなものによってトートロジー的に含意される．R の元を正則列の**逆順**，すなわち，$(r_n, \cdots, r_1)$ が正則列になるような列 $(r_1, \cdots, r_n)$ として並べる．すると，それぞれの $i \leq n$ に対して，r_i は $Q_i \supset Q_i(a_i)$ の形式であり，Q_i が δ ならば，臨界パラメータ a_i は，その列のそれより後ろには現れない．X は R によってトートロジー的に含意されるので，論理式 $(r_1 \wedge \cdots \wedge r_n) \supset X$ はトートロジーであり，したがって，それからトートロジー的に含意される論理式 $(r_1 \supset (r_2 \wedge \cdots \wedge r_n) \supset X)$ もトートロジー，すなわち，$\mathfrak{A}$ において証明可能である．それゆえ，$(r_2 \wedge \cdots \wedge r_n) \supset X$ は，（A_1 または A_2 によって）$\mathfrak{A}$ において証明可能である．（なぜなら，r_1 の臨界パラメータはどれも $(r_2 \wedge \cdots \wedge r_n) \supset X$ に現れないからである．）$n > 2$ ならば，同様にして $(r_2 \supset (r_3 \wedge \cdots \wedge r_n) \supset X)$ は $\mathfrak{A}$ において証明可能であり，そして，$(r_3 \wedge \cdots \wedge r_n) \supset X$ も $\mathfrak{A}$ において証明可能である．このようして，$r_1, \cdots, r_n$ を順に取り除くことにより，X の証明が得られる．

問題 8　まず，補題を証明する．

（a）　$\gamma \supset \gamma(a)$ が $\mathcal{S}_1$ において証明可能であることを示すためには，γ が $\forall x \varphi(x)$ か $\sim \exists x \varphi(x)$ のいずれかの形式であることに注意する．前者の場合には，

$\gamma \supset \gamma(a)$ は文 $\forall x\varphi(x) \supset \varphi(a)$ であり，これは $\mathcal{S}_1$ の公理である．後者の場合には，$\gamma \supset \gamma(a)$ は文 $\sim\exists x\varphi(x) \supset \sim\varphi(a)$ であり，これは公理 $\varphi(a) \supset \exists x\varphi(x)$ によってトートロジー的に含意され，したがって，$\mathcal{S}_1$ において証明可能である．

（b） $\delta(a) \supset X$ が $\mathcal{S}_1$ において証明可能であり，a は δ の中にも X の中にも現れないパラメータだと仮定する．δ が $\exists x\varphi(x)$ の形式であれば，$\delta(a) \supset X$ は文 $\varphi(a) \supset X$ であり，これは $\mathcal{S}_1$ において証明可能なので，規則 II (a)によって $\exists x\varphi(x) \supset X$ も $\mathcal{S}_1$ において証明可能である．それでは，δ が $\sim\forall x\varphi(x)$ の形式であるとしよう．このとき，$\delta(a) \supset X$ は文 $\sim\varphi(a) \supset X$ であり，これは $\mathcal{S}_1$ において証明可能である．したがって，これからトートロジー的に含意される $\sim X \supset \varphi(a)$ も $\mathcal{S}_1$ において証明可能である．すると，規則 II (b)において X を $\sim X$ とすると，論理式 $\sim X \supset \forall x\varphi(x)$ は証明可能なので，それからトートロジー的に含意される $\sim\forall x\varphi(x) \supset X$ も証明可能である．つまり，$\sim\forall x\varphi(x) \supset X$ は $\mathcal{S}_1$ において証明可能であり，それは文 $\delta \supset X$ が $\mathcal{S}_1$ において証明可能ということである．

これで補題が証明できた．つぎに，$\mathcal{S}_1$ が定理 1 の前提を満たすことを示さなければならない．

すべてのトートロジーは $\mathcal{S}_1$ において証明可能であり，分離規則は $\mathcal{S}_1$ の推論規則なので，$\mathcal{S}_1$ はもちろんトートロジー的に閉じている．あとは，$\mathcal{S}_1$ が定理 1 の前提である条件 (A_1) と (A_2) を満たすことを示せばよい．

(A_1) については，$(\gamma \supset \gamma(a)) \supset X$ が $\mathcal{S}_1$ において証明可能だと仮定する．また，（補題によって）$\gamma \supset \gamma(a)$ は $\mathcal{S}_1$ において証明可能である．したがって，（分離規則によって）X は $\mathcal{S}_1$ において証明可能である．

(A_2) については，$(\delta \supset \delta(a)) \supset X$ が $\mathcal{S}_1$ において証明可能であり，a は δ の中にも X の中にも現れないパラメータであると仮定する．二つの論理式 $\sim\delta \supset X$ と $\delta(a) \supset X$ はともに $(\delta \supset \delta(a)) \supset X$ によってトートロジー的に含意される（確認は読者に委ねる）ので，ともに $\mathcal{S}_1$ において証明可能である．$\delta(a) \supset X$ は証明可能であり，a は δ の中にも X の中にも現れないので，（補題の(b)によって）$\delta \supset X$ は証明可能である．つまり，$\delta \supset X$ と $\sim\delta \supset X$ はともに証明可能であり，この二つによってトートロジー的に含意される X も証明可能である．

［第Ⅳ部］

体系の不完全性

第 10 章

一般的状況での不完全性

20 世紀最初の 30 年には，二つの数学的体系がすでにあり，それらは十分に包括的ですべての数学的命題はその体系の中で証明か反証ができると一般的に考えられていた．しかし，すぐに偉大な論理学者クルト・ゲーデルが，それらの体系の中ではすべての数学的命題を証明か反証ができるわけではないことを示す論文 [8] を発表して，数学界全体を驚かせた．この有名な結果は，**ゲーデルの不完全性定理**（あるいは略して**ゲーデルの定理**）としてすぐに世界中に知られることとなった．ゲーデルの論文は次のような衝撃的な文章で始まる[訳注 1]．

> さらなる精密さを求めて発展してきた数学は，周知の通りすでにその大部分の形式化を完成し，どんな定理も少数の機械的な法則だけから証明できるようになった．これまでに構築されたもっとも包括的な形式体系には，『プリンキピア・マテマティカ』の体系 PM とツェルメロ-フレンケルの公理的集合論（フォン・ノイマンによってさらに改良された）がある．これらの 2 つの体系はとても包括的なもので，今日の数学で用いられているあらゆる証明法をその中で形式化し，いくつかの公理と推論規則に還元することができる．すると，そこで形式的に表現できるどんな問題も，これらの公理と推論規則によって真偽判定できるように思える．しかし，そうではない．ここにあげた 2 つ

［訳注 1］　邦訳は田中一之著『ゲーデルに挑む：証明不可能なことの証明』（東京大学出版会，2012）による．

> の体系については，それらの公理に基づいては判定できない，整数論の比較的簡単な問題があることを以下に示そう．

続けて，ゲーデルは，証明しようとする定理がいま考えている二つの体系の特別な性質に依存せず，むしろ数学的体系の広範なクラスで成り立つと説明する．

ここでは，一階述語論理を用いた体系を考えることにする．この章の結果は，きわめて一般的であり，「体系が……という特徴をもつならば，……が成り立つ」という形式をしている．次の章では，「……」という特徴を実際にもつ，よく知られた実在する体系を考える．しかし，その前に，「ミニ・ゲーデルの定理」と呼ぶのがふさわしい（そして，論理学者ヘンク・バレンドレクトはそう呼んだ）ものによって，ゲーデルの証明の背後にある本質的なアイディアを具体的に示す．

ゲーデル式機械

5 種類の記号 ∼, P, N, (,) から作られるさまざまな記号列を順に印刷する計算機械を考えよう．

記号列 X は，この機械がこの記号列を印刷することができるならば，**印刷可能**と呼ぶ．この機械は，印刷可能な記号列はどのようなものもいずれは印刷するようにプログラムされていると仮定する．

記号列 X の**ノルム**とは，記号列 $X(X)$ のことである．たとえば，P∼ のノルムは P∼(P∼) である．**文**とは，（X を任意の記号列として）次の 4 種類のいずれかの形式の記号列のことである．

（1）　P(X)
（2）　∼P(X)
（3）　PN(X)
（4）　∼PN(X)

形式ばらずにいえば，P は「印刷可能」を表し，∼ は「否定」を表し，N は「……のノルム」を表す．そして，X が印刷可能であるとき，そしてそのときに限り P(X) は**真**であると定義し，X が印刷可能でないとき，そしてそのときに限り，∼P(X) は真であると定義する．また，X のノルムが印刷可能であるとき，そしてそのときに限り，PN(X) は真であると定義し，X のノルムが印刷可能でないとき，そしてそのときに限り，∼PN(X) は真であると定義する．（たとえば，∼PN(X) は「X のノルムは印刷可能でない」と読む．）

これで，文の意味するものが真であることの完全に正確な定義が与えられた．ここで，この機械が印刷するすべての文は真であるという意味で，機械は完全に正確であることもわかっていると仮定する．すなわち，この機械が偽な文を印刷することはけっしてない．したがって，たとえば，この機械がかつて P(X) を印刷したならば，実際に X は印刷可能であり，この機械はいずれは X を印刷する．

その逆はどうだろうか．X が印刷可能ならば，そのことから P(X) もまた印刷可能といえるだろうか．必ずしもそうではない．X が印刷可能ならば，たしかに P(X) は**真**であるが，だからといって P(X) が印刷可能でなければならないというわけではない．すべての印刷可能な文が真であることは仮定しているが，すべての真な文が印刷可能であることを仮定しているのではない．実際のところ，真であるが印刷可能でない文が存在するのである．

問題 1　この機械が印刷することのできない真な文を明示せよ．（ヒント：それ自身の印刷不可能性を主張する文，すなわち，文 X で，それが印刷可能でないとき，そしてそのときに限り真となるようなものを構成せよ．）

これから行う論証は少しばかり複雑になることを警告しておかなければならない．もちろん，これまでの章においても，そのすべての内容と，それらがどのようにかみ合っているかをきちんと理解するためには，その章全体を何度か読み直すのがよいと思われる．しかし，この後の内容は，それぞれの定義，証明，そして問題の解答に初めて出会うときには，これまでよりも少し多くの時間をかけて考える必要があるかもしれない．そして，この後の章の結果がこれまでの章の結果にどのように依存しているのかをもっと明確に理解するために，これまでの章，場合によってはいくつかの章を合わせて読み直す必要もあるかもしれない．数理論理学者の観点からは，本書のここから最後までの間の内容は，実際には，相互に関連する（そして有名な）多くの結果を立証する，（多くの重要な定義にもとづく）一つの長い論証のようなものである．しかし，このような本書の内容に沿ってこの論証にがんばって取り組めば，そのあかつきには，現代数理論理学の基礎を極めてよく理解できるだろう．

いくつかの一般的な基本結果

ここでは非常に基本的な種類の体系を考えることから始める．この体系では，ある記号列は**指示子**と呼ばれ（ゲーデルはこれを**クラス名**と呼んだ），またある記号列は**文**と呼ばれ，文のうちのいくつかは**真な文**に分類され，それ以外の文は**偽な文**に分類される．以降では，**数**という用語は**自然数**（0 または正整数）を意味するものとする．

それぞれの指示子 H は，（自然）数の集合を指示する．言い換えると，指示子はその集合の名前である．数の集合は，それを指示する名前があるならば，**命名可能**と呼ぶ．それぞれの指示子 H とそれぞれの数 n に対して，$H(n)$ によって表される文を割り当てる．そして，H が命名する集合に n が属するとき，そしてそのときに限り，$H(n)$ は**真**であるという．この $H(n)$ を，n に H を**適用**した結果と呼ぶこともある．

付記　この後で考察する，一階述語論理の言語で表現された体系において，「指示子」は自由変数を一つだけもつ論理式である．その $H(n)$ がどのように定義されるかは，のちほど考察する．それを定義するのには 2 通りのよく知られた方法があるが，ここでの結果は極めて一般的なものとして扱いたいので，$H(n)$ がどのようにして得られるかについては規定しない．

◉ゲーデル符号化

ゲーデルに従って，それぞれの記号列に，今ではその記号列の**ゲーデル数**と呼ばれる数を割り当てる．相異なる記号列には，相異なるゲーデル数が割り当てられる．n がある文のゲーデル数であれば，n を**文番号**と呼び，S_n で n をゲーデル数とする文を表す．n がある指示子のゲーデル数であれば，n を**指示子番号**と呼び，H_n で n をゲーデル数とする指示子を表す．文 $H_n(n)$（これは H_n をそれ自体のゲーデル数に適用したものである）を，H_n の**対角化**と呼ぶ．

それぞれの数 n に対して，n が指示子番号であれば，H_n の対角化 $H_n(n)$ のゲーデル数を n^* で表す．したがって，n^* は文番号になる．

二つの文 X と Y は，それらがともに真かともに偽ならば，**意味論的に同値**と呼ぶ．

ここで考えている体系は，次の 2 条件に従うものとする．

C_1:　それぞれの指示子 H に対して，指示子 K が割り当てられ，任意の指示子番号 n について，文 $K(n)$ は $H(n^*)$ と意味論的に同値になる．指示子 K は H の**対角指示子**と呼ばれる．

C_2:　それぞれの指示子 H に対して，指示子 H' が割り当てられ，任意の数 n について，文 $H'(n)$ が真となるのは，$H(n)$ が真でないとき，そしてそのときに限る．指示子 H' は H の**否定**と呼ばれる．

注　一階述語論理の言語で表現された体系において，指示子 H は一つの自由変数 x をもつ論理式 $F(x)$ であり，このとき，H' は $\sim F(x)$ になる．

この二つの条件だけから，ある意味で驚くべき（少なくとも私は読者が驚くことを期待している）次の結果が得られる．

定理 T（タルスキの定理の縮小版）　すべての真な文のゲーデル数からなる集合は命名可能でない．

定理 T を証明するために，文 S_n が数の集合 A の**ゲーデル文**であるとは，$n \in A$ であるとき，そしてそのときに限り，文 S_n が真となることと定義する．したがって，A のゲーデル文は，そのゲーデル数が A に属するとき，そしてそのときに限り，真となる文である．すなわち，集合 A のゲーデル文とは，文 S_n（それぞれは n を文番号とする文）で，$n \in A$ でかつ S_n が真か，または $n \notin A$ でかつ S_n は真でないようなものすべてのことである．（すべての文は真か偽のいずれかであることに注意しよう．ある自然数に対しては真となり，ほかの自然数に対しては偽となるのは指示子だけである．）

補題 1　任意の命名可能な集合 A に対して，A のゲーデル文が存在する．

次の定義は，補題 1 や定理 T を証明する助けとなるだろう．任意の数の集合 A に対して，$A^{\#}$ を $n^* \in A$ であるようなすべての n からなる集合と定義する．また，任意の記号列の集合 A に対して，A_0 を A に属するすべての記号列のゲーデル数の集合と定義する．以降では，集合 A の補集合に対して，

$\widetilde{A}$ という表記を用いる．たとえば，今後，ここで考えている体系のすべての**真**な文のゲーデル数の集合に対して，T_0 という表記を使い続ける．すると，$\widetilde{T_0}$ は，真な文のゲーデル数ではないすべての自然数からなる集合である．

問題 2　次の 3 段階を経ることで，定理 T を証明せよ．（これらの問題を解くために解答で用いる手法は，あとでも同じように重要になる．）

（a）　A が命名可能ならば，$A^{\#}$ も命名可能であることを証明せよ．（ヒント：A が指示子 H によって命名されるならば，$A^{\#}$ は H の対角指示子によって命名される．）

（b）　補題 1 を証明せよ．（ヒント：k が $A^{\#}$ を指示する指示子のゲーデル数ならば，$H_k(k)$ は A のゲーデル文になる．）

（c）　定理 T を証明せよ．（ヒント：$\widetilde{T_0}$ はゲーデル文をもたないことを示せ．）

◉ゲーデルの成果

引き続き，条件 C_1 と C_2 を満たす，ここまでに述べた体系を考える．しかし，これに加えて，この体系は，さまざまな文を証明するために使うことのできる公理と規則の集合を含んでいるものと仮定する．さらに，この公理と規則は，真な文だけが証明可能という意味で，健全であると仮定する．ここで，この公理系では，すべての証明可能な文のゲーデル数の集合は命名可能であるとする．P をすべての証明可能な文からなる集合とし，P_0 をそれらのゲーデル数の集合とする．P_0 は命名可能であり，T_0 は（定理 T によって）命名可能でないので，この二つの集合は一致しない．したがって，集合 P と T は一致せず，これはある文 X が，P には属するが T には属さないか，または，T には属するが P には属さないかのいずれかということである．言い換えると，X は証明可能だが真でないか，真であるが証明可能でないかのいずれかである．真な文だけが証明可能であるという条件が与えられているので，前者の選択肢は除外される．したがって，X は真であるが公理から証明可能ではない文でなければならない．

さらに言うと，P_0 は命名可能なので，その補集合 $\widetilde{P_0}$ も（たとえば H が P_0 を命名するとき，H' によって）命名可能である．集合 $\widetilde{P_0}$ の任意のゲーデル文は，真であるが，公理から証明可能ではない文でなければならない．（その理由は？）H' の対角指示子の対角化は，そのような文である．（その理由は？）

統語論的不完全性定理

ここまでに考察した不完全性の証明は，重要な一つの点において，ゲーデルが実際に行った証明から逸脱している．それは，**真**の概念を含んでいることであり，そのために**意味論的**証明と呼ぶのがふさわしいだろう．ゲーデルの本来の証明は，真や解釈という概念には一切触れておらず，形式的な証明可能性の概念だけを含んでいて，**統語論的**と分類するのがふさわしいだろう．ここでは，ゲーデルの本来の証明にもっと近づこう．

これまでと同じように，ある記号列は**文**と呼ばれ，別の記号列は**指示子**ではなく**論理式**と呼ばれるような種類の体系を考える．ここでも，それぞれの論理式 F とそれぞれの（自然）数 n に対して，$F(n)$ で表される文が割り当てられる．また，それぞれの文 X に対して，X の否定と呼ばれ $\sim X$ で表される文が割り当てられる．さらに，それぞれの論理式 F に対して論理式 F' が割り当てられ，任意の数 n に対して文 $F'(n)$ は $F(n)$ の否定 $\sim F(n)$ になる．（一階述語論理の言語で表現された体系に適用する場合には，「論理式」は自由変数を一つだけもつ一階論理式であり，F' は単に $\sim F$ である．）

ここには**真な文**という概念はないが，明確に定義された**証明可能**な文すべてからなる集合 P がある．文 X は，その否定 $\sim X$ が証明可能であれば，**反証可能**という．R を**反証可能**な文すべてからなる集合とする．文 X は，X かその否定のいずれかが証明可能であれば，**決定可能**という．言い換えると，X が証明可能かまたは反証可能ならば，X は決定可能であり，証明可能でも反証可能でもなければ，**決定不能**である．体系は，すべての文が証明可能か反証可能かのいずれかであれば**完全**といい，そうでなければ**不完全**という．また，体系は，証明可能でかつ反証可能な文がなければ**無矛盾**といい，証明可能でかつ反証可能な文が存在すれば**矛盾**するという．

ここでも，それぞれの記号列にゲーデル数を割り当て，n がある文のゲーデル数ならば n を**文番号**と呼び，S_n は n をゲーデル数にもつ文とする．また，n がある論理式のゲーデル数であれば，n を**論理式番号**と呼び，F_n をその論理式とする．

記号列の任意の集合 W に対して，W^* を $n^* \in W_0$ であるようなすべての数 n の集合とする[訳注 2]．したがって，$W^* = W_0^{\#}$ である．

集合 P^* と R^* は，次のような鍵となる役割を演じる．

問題 3　n が論理式番号ならば，$n \in W^*$ であるのは，$F_n(n) \in W$ であるとき，そしてそのときに限ることを証明せよ．（したがって，任意の論理式番号 n に対して，$n \in P^*$ であるのは，$F_n(n)$ が証明可能であるとき，そしてそのときに限る．また，$n \in R^*$ であるのは，$F_n(n)$ が反証可能であるとき，そしてそのときに限る．）

論理式 F は，$F(n)$ が証明可能であるようなすべての数 n の集合を**表現**するという．したがって，F が数の集合 A を表現するというのは，すべての数 n に対して，文 $F(n)$ が証明可能であるのは，$n \in A$ であるとき，そしてそのときに限るということである．

定理 G_0（ゲーデルの定理の前段階）　P^* が表現可能であり，体系が無矛盾ならば，決定不能な文が存在する．

問題 4　定理 G_0 を証明せよ．

私の著書 [23] では，定理 G_0 の次の変形を示し，証明した．

定理 S_0　R^* が表現可能であり，体系が無矛盾ならば，決定不能な文が存在する．

問題 5　定理 S_0 を証明せよ．

考察　P^* を表現することから得られる文は，本質的にゲーデルによるもので，それ自体の証明不可能性を主張している．その文は「私は証明可能ではない」と述べていると考えられる．これとは対照的に，R^* を表現することから得られる文は，「私は反証可能である」と述べていると考えられる．この文は，論理学者 R・G・ジェリスローにより独立に再発見された [11].

［訳注 2］　ここでは，それぞれの n に対して，n が論理式番号であるとき，n^* は F_n の対角化 $F_n(n)$ のゲーデル数である．

ジェリスローは，ゲーデルの文ではできなかったあることを達成するためにこの文を用いた．

問題 6　無矛盾な体系では，F が P^* を表現するならば，$F(f')$ は決定不能になることがわかった．ここで，f' は F' のゲーデル数である．それでは，F が P^* を表現するとしたら，F のゲーデル数 f に対して，$F(f)$ は決定不能だろうか．

◉ロッサーの成果

ゲーデルの証明において，ゲーデルは実際に P^* を表現する論理式を構成したが，彼が扱った体系においてその論理式が P^* を表現することを証明するために，無矛盾性よりも強い仮定（実のところ完全に合理的な仮定である）をおかなければならなかった．その仮定は，ω 無矛盾性として知られている．ω 無矛盾性については，次節で説明する．だが，論理学者 J・バークレー・ロッサーは，ゲーデルが行った ω 無矛盾性の仮定を必要としない不完全性の別の証明を 1936 年に発表した．このロッサーの証明の背後にある本質的な考えを説明しよう．

その本質的な考えとは，決定不能な文を得るためには，（ゲーデルが行ったように）P^* を表現するのではなく，P^* を含み R^* と互いに素な集合（すなわち，ある集合 A で，P^* は A の部分集合になり，A は R^* と共通の元もたないようなもの）を表現すれば十分だ，というものである．また，R^* を含み P^* と互いに素な集合を表現するのでも十分であり，実際にはロッサーはこれを行った．

定理 R_0（ロッサーの定理の前段階）　R^* を含み P^* と互いに素なある集合が表現可能ならば，あるいは，P^* を含み R^* と互いに素なある集合が表現可能ならば，決定不能な文が存在する．

問題 7

（a）　定理 R_0 を証明せよ．

（b）　なぜ，定理 R_0 は，定理 G_0 と定理 S_0 を強化したものになっているのか．すなわち，なぜ，定理 R_0 からすぐに定理 G_0 と定理 S_0 を導くことができるのか．

分離可能性

数を元とする二つの互いに素な集合 A と B が与えられたとき，A を含み B と互いに素なある集合を論理式 F が表現するならば，F は B から A を**弱分離**するという．また，F が A を含むある集合を表現し，F' が B を含むある集合を表現するならば，F は B から A を**強分離**するという．言い換えると，A に属するすべての n に対して $F(n)$ は証明可能であり，B に属するすべての n に対して $F'(n)$ は証明可能であるならば，F は B から A を**強分離**する．ある論理式 F が B から A を弱分離（強分離）するならば，A は B から弱分離可能（強分離可能）という．

定理 R_0 は, P^* が R^* から弱分離可能か，または R^* が P^* から弱分離可能ならば，決定不能な文が存在すると言い換えることができる．

問題 8　次の主張のうち，成り立つものがあるとすれば，それはどれか．

（a）　A が B から弱分離可能であり，体系が無矛盾ならば，A は B から強分離可能である．

（b）　A が B から強分離可能であり，体系が無矛盾ならば，A は B から弱分離可能である．

問題 8 の解答と定理 R_0 から次の定理が得られる．

定理 R_1（ロッサーの結果にもとづく）　R^* が P^* から強分離可能かまたは P^* が R^* から強分離可能であり，体系が無矛盾ならば，決定不能な文が存在する．

ロッサーの行ったことは，P^* から R^* を強分離することであった．ロッサーがどのようにしてこれを行ったかは後ほど説明する．

ω 矛盾性

次のような状況を想像してみよう．私たちはみな不死であるが，ある病気にかかると，永遠に深い眠りにつく．その特効薬もあり，それを飲むと一時的に目を覚ますことができるが，ふたたび眠りに落ちると，もうそれに効く特効薬はない．この特効薬の効き方は次のとおりである．今日（1 日目），その薬を飲むと，2 日間起きていられるが，そのあと永遠の眠りにつく．明日

(2 日目)，その薬を飲むと，4 日間起きていられるが，そのあと永遠の眠りにつく．任意の正整数 n について，今日から n 日目に薬を飲めば，2^n 日間だけ起きていられる．さて，あなたの愛する人がこの病気にかかった．そして，この特効薬を彼女にいつ与えるかは，あなた次第で決まる．もちろん，あなたは，彼女に可能な限り長い間起きていてほしい．どの日にも，あなたはこう考える．「今日，彼女に特効薬を与えるべきではない．明日まで待ってから特効薬を彼女に与えれば，彼女は 2 倍長く起きていられる」 こうして，どの日においても，その日に彼女に特効薬を与えるのは理にかなっていないが，いつまでも彼女に特効薬を与えないのもまったく理にかなっていない．

この状況は，ω 矛盾性の一例と見なすことができよう．ω 矛盾性は，大雑把にいうと，次のようになる．自然数についてのさまざまな事実を証明する体系を考える．この体系は，ある性質をもつ数が存在することを証明できるが，それぞれの個々の数 n に対しては，n はその性質をもたないことが証明できるとしよう．このような体系は ω **矛盾**（あるいはオメガ矛盾）と呼ばれる．（ω はギリシア文字の小文字で，これに対応する大文字は Ω である．）

この状況は次のように分析することができる．今度も私たちはみな不死であり，その世界には，銀行 1，銀行 2，$\cdots$，銀行 n，$\cdots$ と無限に多くの銀行があると想像してみよう．あなたは，「どれかの銀行で支払い可能」と書かれた小切手を手に入れた．あなたは，銀行 1 に行くが，そこではその小切手を換金してくれない．あなたは，銀行 2，銀行 3，$\cdots$ と順に訪れるが，どの銀行もその小切手を換金してくれない．たとえあなたが 100 万の銀行を回った後でさえも，その小切手が無効であるとけっして証明することはできない．なぜなら，この後であなたが訪れるある銀行では，その小切手を換金してくれるかもしれないからだ．

次の ω 矛盾性の愉快な説明は，今は亡き数学者ポール・ハルモスによるものだ．ハルモスの定義した「ω 矛盾母さん」は，子供に「これはやっちゃ駄目，それもやっちゃ駄目，そして，それも……」と言う．子供が「やっていいことは**何か**あるの？」と聞くと，ω 矛盾母さんはこう答える．「もちろん，ありますよ．でも，これはやっちゃ駄目，それもやっちゃ駄目，そして，……」

ω 無矛盾性は，次節で厳密に定義する．

一階述語論理にもとづく体系

それでは，一階述語論理にもとづく体系を考えよう．すなわち，一階述語論理の完全な公理系をひとつ選び，それに自然数に関する公理を追加する．この体系は分離規則の下で閉じている，すなわち，X と $X \supset Y$ がともに証明可能ならば，Y も証明可能であると仮定する．このことから，文からなる任意の有限集合 S と任意の文 X に対して，一階述語論理において X が S の論理的帰結（すなわち，S のすべての元が真となるようなすべての解釈において X は真）であるとき，S のすべての元が証明可能ならば X も証明可能になることを簡単に導くことができる．

この体系では，それぞれの自然数 n に対して，$\overline{n}$ で表される記号列が数 n の**名前**になるものとする．これらの名前 $\overline{0}, \overline{1}, \cdots, \overline{n}, \cdots$ は**数項**と呼ばれる．x を唯一の自由変数とする任意の論理式 $F(x)$ と任意の数 n に対して，$F(\overline{n})$ は $F(x)$ の中の x の自由な出現すべてに数項 $\overline{n}$ を代入した結果のことである．これまで $F(n)$ と書いてきたものは，これからは $F(\overline{n})$ と書く．

$F(\overline{n})$ が証明可能ならば，もちろん $\exists x F(x)$ も証明可能である．なぜなら，文 $F(\overline{n}) \supset \exists x F(x)$ は恒真だからである．$\exists x F(x)$ は証明可能であるが，無限に多くの文 $\sim F(\overline{0}), \sim F(\overline{1}), \cdots, \sim F(\overline{n}), \cdots$ もすべて証明可能であるような論理式 $F(x)$ が存在するならば，この体系を **ω 矛盾**と呼ぶ．ここで，**自然数の領域でのいかなる解釈においても**，無限に多くの文 $\exists x F(x), \sim F(\overline{0}), \sim F(\overline{1}), \cdots, \sim F(\overline{n}), \cdots$ の少なくとも一つは偽でなければならないことは明らかである．（なぜなら，$\exists x F(x)$ が真ならば，$F(\overline{n})$ が真になる n が少なくとも一つなければならないが，その場合には $\sim F(\overline{n})$ は偽だからである．）それにもかかわらず，この論理式の集合から形式的な矛盾を導くことはできない．すなわち，この集合からある文とその否定を導くことはできない．この無限集合から形式的な矛盾を導くことができない理由は，証明は有限の長さでしかないために，これらの文のうちの有限個しか使うことができないからである．ω 矛盾であるが無矛盾な体系が実際に存在することが知られている．

体系は，ω 矛盾でないならば，**ω 無矛盾**と呼ばれる．したがって，体系が ω 無矛盾ということは，すべての論理式 $F(x)$ に対して，$\exists x F(x)$ が証明可能ならば，$F(\overline{n})$ が反証可能でないような数 n が少なくとも一つ存在しなければならないということである．

ω 無矛盾性について述べるときには，曖昧さをできるだけ避けるために，これまで**無矛盾性**と呼んできたものを**単純無矛盾**と呼ぶことにする．

問題 9　ω 矛盾な体系が単純無矛盾になりうることはすでに述べた．それでは，ω 無矛盾な体系は，必ず単純無矛盾だろうか．

◉表現可能性と定義可能性

定義から，$F(x)$ が数の集合 A を**表現**するというのは，すべての数 n に対して，文 $F(\overline{n})$ が証明可能なのは，$n \in A$ であるとき，そしてそのときに限るということである．

ここで，$F(x)$ が A を**定義**するというのは，すべての数 n に対して次の二つの条件が成り立つことを意味する．

D_1:　$n \in A$ ならば，$F(\overline{n})$ は証明可能である．

D_2:　$n \notin A$ ならば，$F(\overline{n})$ は反証可能である．

ある論理式 $F(x)$ が A を定義するならば，A は（その体系において）**定義可能**という．

$F(x)$ が A を表現し，$\sim F(x)$ が A の補集合 $\widetilde{A}$ を定義するとき，$F(x)$ は A を**完全に表現**するという．

問題 10　次の主張のうち，成り立つものがあるとすれば，それはどれか．

（1）　F が A を完全に表現するならば，F は A を定義する．

（2）　F が A を定義するならば，F は A を完全に表現する．

（3）　F が A を定義し，体系が単純無矛盾であれば，F は A を完全に表現する．

ここで，x と y だけを自由変数とする論理式 $F(x, y)$ を考え，x は論理式 $F(x, y)$ の 1 番目の自由変数を指し，y は 2 番目の自由変数を指すものとする．（実際には，変数は無限列 $v_1, v_2, \cdots, v_n, \cdots$ のように並べられているので，x が 1 番目の自由変数を指し，y が 2 番目の自由変数を指すというのは，ある数 i と j に対して $i < j$ かつ $x = v_i$ かつ $y = v_j$ であるということである．）任意の数 n と m に対して，$F(\overline{n}, \overline{m})$ によって，x の自由な出現

すべてに数項 $\overline{n}$ を代入し，y の自由な出現すべてに数項 $\overline{m}$ を代入した結果を表す．

すべての数 n と m に対して，2 項関係 $R(n,m)$ が成り立つならば $F(\overline{n},\overline{m})$ は証明可能で，$R(n,m)$ が成り立たないならば $F(\overline{n},\overline{m})$ は反証可能であるとき，論理式 $F(x,y)$ は $R(x,y)$ を**定義**するという．（同様にして，n 項関係 $R(x_1,\cdots,x_n)$ において，すべての数 a_1，$\cdots$，a_n に対して，$R(a_1,\cdots,a_n)$ が成り立つならば文 $F(\overline{a}_1,\cdots,\overline{a}_n)$ が証明可能で，$R(a_1,\cdots,a_n)$ が成り立たないならば文 $F(\overline{a}_1,\cdots,\overline{a}_n)$ が反証可能であるような論理式 $F(x_1,\cdots,x_n)$ が存在するとき，$F(x_1,\cdots,x_n)$ は R を定義するといい，この体系において R は**定義可能**という．）

任意の 2 項関係 $R(x,y)$ に対して，R の**定義域**とは，少なくとも一つの数 m に対して $R(n,m)$ が成り立つようなすべての数 n からなる集合のことである．また，R の**値域**を，少なくとも一つの数 n に対して $R(n,m)$ が成り立つようなすべての数 m からなる集合と定義する．

◉体系における枚挙可能性

論理式 $F(x,y)$ は，すべての数 n に対して次の条件が成り立つとき，この体系において数の集合 A を**枚挙**するという．

（1）　$n \in A$ ならば，少なくとも一つの m に対して $F(\overline{n},\overline{m})$ は証明可能である．

（2）　$n \notin A$ ならば，すべての m に対して $F(\overline{n},\overline{m})$ は反証可能である．

ある論理式 $F(x,y)$ が A を枚挙するならば，A はこの体系において**枚挙可能**という．

論理式 $F(x_1,\cdots,x_n)$ は，すべての数 $a_1,\cdots,a_n$ に対して文 $F(\overline{a}_1,\cdots,\overline{a}_n)$ が決定可能であれば，**数項ごとに決定可能**という．

問題 11　$F(x,y)$ がある集合 A を**枚挙**するとき，論理式 $F(x,y)$ は数項ごとに決定可能だろうか．

問題 12　定義可能な任意の関係 $R(x,y)$ の定義域はこの体系で枚挙可能であることを証明せよ．より具体的には，論理式 $F(x,y)$ が関係 $R(x,y)$ を定義するならば，$F(x, y)$ は $R(x, y)$ の定義域を枚挙することを示せ．

次の補題が重要な役割を演じる．

補題 2　体系 $\mathcal{S}$ において A は枚挙可能で，$\mathcal{S}$ は ω 無矛盾ならば，$\mathcal{S}$ において A は表現可能である．より具体的には，$F(x, y)$ が A を枚挙するとき，任意の数 n に対して次の各項が成り立つ．

（1）$n \in A$ ならば，$\exists y F(\overline{n}, y)$ は証明可能である．

（2）$\exists y F(\overline{n}, y)$ が証明可能で，この体系が ω 無矛盾ならば，$n \in A$ である．

（3）したがって，体系が ω 無矛盾ならば，論理式 $\exists y F(x, y)$ は A を表現する．

問題 13　補題 2 を証明せよ．

ゲーデルの証明の核心

定理 G_1（ゲーデルの結果にもとづく）　論理式 $A(x, y)$ が集合 P^* を枚挙すると仮定する．p を論理式 $\forall y {\sim} A(x, y)$ のゲーデル数，G を論理式 $\forall y {\sim} A(x, y)$ の対角化 $\forall y {\sim} A(\overline{p}, y)$ とする．このとき，

（a）この体系が単純無矛盾ならば，G は証明可能ではない．

（b）この体系が ω 無矛盾ならば，G は反証可能でもない．したがって，G は決定不能である．

問題 14　定理 G_1 を証明せよ．

もちろん，定理 G_1 から，この体系で P^* が枚挙可能で，この体系が ω 無矛盾ならば，決定不能な文が存在することを導くことができる．しかし，定理 G_1 より弱いこの事実を，これまでに証明した結果を使ってもっとすばやく証明することができる．

問題 15　どのようにしてこれを証明できるだろうか．

ω 不完全性

P^* が論理式 $A(x,y)$ によって枚挙されるような単純無矛盾な体系には，不完全性よりもさらに奇妙な性質がある．それは，論理式 $H(y)$ で，無限個の文 $H(\overline{0}), H(\overline{1}), \cdots, H(\overline{n}), \cdots$ はすべて証明可能であるのに，全称的な文 $\forall yH(y)$ は証明可能ではないようなものが存在するのである．この条件は，ω 不完全性として知られている．

この $H(y)$ は，p を $\forall y{\sim}A(x,y)$ のゲーデル数としたときの ${\sim}A(\overline{p},y)$ である．（単純無矛盾性を仮定すると）$\forall yH(y)$，すなわち，$\forall y{\sim}A(\overline{p},y)$ が証明可能でないことはすでにわかっている．$\forall yH(y)$ は $F_p(\overline{p})$ であり，それは証明可能でないので，$p \notin P^*$ であり，すべての m に対して $A(\overline{p},\overline{m})$ は反証可能である．したがって，文 ${\sim}A(\overline{p},\overline{0}), {\sim}A(\overline{p},\overline{1}), \cdots, {\sim}A(\overline{p},\overline{n}), \cdots$ はすべて証明可能である．つまり，$H(\overline{0}), H(\overline{1}), \cdots, H(\overline{n}), \cdots$ はすべて証明可能であるが，$\forall yH(y)$ は証明可能でない．

ひとつ述べておくと，ほとんどの数学者はゲーデルの定理について聞いたことがあり，その証明を知っているものはそれほどいないものの，決定不能な文の存在は知っている．しかし，その多く，少なくとも私が話をしたことのある人たちは，それらの体系が ω 不完全であるという事実を聞いたことさえなく，その事実を知ってさらに驚きさえするのである．

◉∃ 不完全性

ω 不完全な体系にも同じように驚くべき性質がある．その性質を ∃ 不完全性と呼びたい．具体的には，論理式 $F(x)$ で，$\exists xF(x)$ は証明可能だが，文 $F(\overline{0}), F(\overline{1}), \cdots, F(\overline{n}), \cdots$ のいずれもが証明可能ではないものが存在するのである．

任意の論理式 $\varphi(x)$ に対して，文 $\exists x(\varphi(x) \supset \forall y\varphi(y))$ は恒真であり（これはタブローを用いて確認することができる），したがって証明可能である．この体系が ω 不完全であると仮定すると，$\varphi(y)$ として論理式 $H(y)$ で $\forall yH(y)$ が証明可能でないものをとったとしても，すべての n に対して $H(\overline{n})$ は証明可能である．ここで，$F(x)$ を論理式 $H(x) \supset \forall yH(y)$ とすると，文 $\exists x(H(x) \supset \forall yH(y))$ は恒真であり，したがって証明可能である．しかしながら，$H(\overline{n}) \supset \forall yH(y)$ が証明可能であるような n はない．それは，

$H(\overline{n})$ が証明可能であり，$H(\overline{n}) \supset \forall y H(y)$ が証明可能だとしたら，分離規則によって，$\forall y H(y)$ が証明可能であることになるが，それはありえないからである．つまり，$\exists x F(x)$ は証明可能であるが，$F(\overline{n})$ が証明可能であるような n はない．

ロッサーによる構成

ゲーデルおよびロッサーの証明に沿った体系では，集合 P^* と R^* はともに枚挙可能であり，また，（読みやすさを考えて，$\leq x, y$ ではなく）$x \leq y$ と表記される論理式があり，次の条件 L_1 と L_2 を満たす．（形式ばらずにいえば，任意の数 n と m に対して，文 $\overline{n} \leq \overline{m}$ は，n が m より小さいか等しいという命題を表す．）

L_1:　任意の論理式 $F(x)$ と数 n に対して，$F(\overline{0}), F(\overline{1}), \cdots, F(\overline{n})$ がすべて証明可能ならば，$\forall y(y \leq \overline{n} \supset F(y))$ も証明可能である．

L_2:　すべての n に対して，文 $\forall y(y \leq \overline{n} \vee \overline{n} \leq y)$ は証明可能である．

二つの論理式 $F_1(y)$ と $F_2(y)$ が与えられたとき，論理式 $\forall y(y \leq \overline{n} \supset F_1(y))$ と $\forall y(\overline{n} \leq y \supset F_2(y))$ を考える．この最後の二つの論理式を論理式 $\forall y(y \leq \overline{n} \vee \overline{n} \leq y)$ と合わせると，論理式 $\forall y(F_1(y) \vee F_2(y))$ を論理的に含意する．これは，タブローを用いて確かめることができる．すると，条件 L_2 から，

L_2':　論理式 $\forall y(y \leq \overline{n} \supset F_1(y))$ と $\forall y(\overline{n} \leq y \supset F_2(y))$ がともに証明可能ならば，$\forall y(F_1(y) \vee F_2(y))$ も証明可能

が得られる．

P^* と R^* がともに枚挙可能で，条件 L_1 と L_2 がともに成り立つならば，その体系は**ロッサーの条件**に従うという．

証明したいのは次の定理である．

定理 R（ロッサーの結果にもとづく）　ロッサーの条件に従う任意の体系において，その体系が**単純無矛盾**ならば，この体系には決定不能な文が存在する．

集合の分離補題　条件 L_1 と L_2 を満たす任意の体系 $\mathcal{S}$ と，互いに素な任意の集合 A と B に対して，

（a）　この体系において A と B が枚挙可能ならば，この体系で B は A から強分離可能である．

（b）　より具体的には，$F_1(x,y)$ が A を枚挙する論理式で，$F_2(x,y)$ が B を枚挙する論理式ならば，論理式 $\forall y[F_1(x,y) \supset \exists z(z \leq y \wedge F_2(x,z))]$ によって，B は A から強分離される．

問題 16　集合の分離補題を証明せよ．

問題 17　定理 R を証明せよ．

体系 $\mathcal{S}$ において論理式 $F(x,y)$ が集合 A を**枚挙**するということの意味を定義した．この後の章では，次の定義と結果が必要になる．

数の間の関係 $R(x_1,\cdots,x_n)$ が与えられたとき，すべての数 a_1, $\cdots$, a_n に対して，関係 $R(a_1,\cdots,a_n)$ が成り立つのが，ある数 b が存在して体系 $\mathcal{S}$ で $F(\overline{a}_1,\cdots,\overline{a}_n,\overline{b})$ が証明可能であるとき，そしてそのときに限るならば，（体系 $\mathcal{S}$ において）論理式 $F(x_1,\cdots,x_n,y)$ は関係 $R(x_1,\cdots,x_n)$ を**枚挙**するという．

すべての数 a_1, $\cdots$, a_n に対して，関係 $R_1(a_1,\cdots,a_n)$ が成り立つならば論理式 $F(\overline{a}_1,\cdots,\overline{a}_n)$ は体系 $\mathcal{S}$ において証明可能で，関係 $R_2(a_1,\cdots,a_n)$ が成り立つならば $F(\overline{a}_1,\cdots,\overline{a}_n)$ は体系 $\mathcal{S}$ において反証可能であるとき，$F(x_1,\cdots,x_n)$ は $R_1(x_1,\cdots,x_n)$ を $R_2(x_1,\cdots,x_n)$ から（**強**）**分離**するという．

関係 $R_1(a_1,\cdots,a_n)$ と $R_2(a_1,\cdots,a_n)$ がともに成り立つような数 a_1, $\cdots$, a_n が存在しないとき，$R_1(x_1,\cdots,x_n)$ は $R_2(x_1,\cdots,x_n)$ と**互いに素**という．

関係の分離補題　条件 L_1 と L_2 を満たす任意の体系 $\mathcal{S}$ と，互いに素な任意の関係 $R_1(x_1,\cdots,x_n)$ と $R_2(x_1,\cdots,x_n)$ に対して，論理式 $F_1(x_1,\cdots,x_n,y)$ が $R_1(x_1,\cdots,x_n)$ を枚挙し，論理式 $F_2(x_1,\cdots,x_n,y)$ が $R_2(x_1,\cdots,x_n)$ を枚挙するならば，論理式

$$\forall y[F_1(x_1,\cdots,x_n,y) \supset \exists z(z \leq y \wedge F_2(x_1,\cdots,x_n,z))]$$

は R_2 を R_1 から強分離する．

この補題の証明は，集合の分離補題の証明と同じ（x を $x_1, \cdots, x_n$ で置き換えるだけ）なので，読者は確認してみてほしい．

練習問題　任意の二つの関係 $R_1(x_1, \cdots, x_n)$ と $R_2(x_1, \cdots, x_n)$ に対して，$R_1 - R_2$ によって関係 $R_1(x_1, \cdots, x_n) \wedge \sim R_2(x_1, \cdots, x_n)$ を表す．あきらかに，$R_1 - R_2$ と $R_2 - R_1$ は互いに素になる．ここで，体系 $\mathcal{S}$ は条件 L_1 と L_2 を満たし，R_1 と R_2 はそれぞれ $F_1(x_1, \cdots, x_n, y)$ と $F_2(x_1, \cdots, x_n, y)$ によって枚挙されるが，必ずしも互いに素とは限らない n 項関係とする．このとき，論理式

$$\forall y[F_1(x_1, \cdots, x_n, y) \supset \exists z(z \leq y \wedge F_2(x_1, \cdots, x_n, z))]$$

は $R_2 - R_1$ を $R_1 - R_2$ から強分離することを証明せよ．

R_1 と R_2 が互いに素であれば，$R_1 - R_2 = R_1$ であり $R_2 - R_1 = R_2$ なので，分離補題はこの練習問題の特別な場合にすぎないことに注意しよう．

◉考察

ゲーデルとロッサーそれぞれの決定不能な文を，いくつかの点で比較してみよう．そこで，まず集合 A を枚挙する論理式 $F(x, y)$ を考える．すると，数 n が A に属するのは，ある数 m に対して $F(\overline{n}, \overline{m})$ が証明可能であるとき，そしてそのときに限る．そのような数 m を，（論理式 $F(x, y)$ に関して）n が A に属する**証拠**と呼ぶことにしよう．さて，ゲーデルの証明では，ω 無矛盾性を仮定すると，P^* を枚挙する論理式が存在する．ゲーデルによる決定不能な文は，その論理式に関して，「私が証明可能だという証拠はない」，あるいはもっと簡単に「私は証明可能ではない」と述べていると考えることができる．

それとは対照的に，ロッサーの証明では，単純無矛盾性を仮定するだけで，R^* を P^* から強分離する論理式が存在する．ロッサーによる決定不能な文は，その論理式に関して，「私が証明可能だといういかなる証拠に対しても，それよりも小さい数で，私が反証可能だという証拠になるものが存在する」と述べていると考えることができる．

この文は実に興味深い文であり，かつて私はロッサーにどのようにしてこのような奇妙な文を思いついたのかと尋ねたことがある．驚いたことに，彼は

次のように答えた.「私はゲーデルが必要とした ω 無矛盾性の前提を取り除こうとしたのではない. 私は, 単にゲーデルの文の代わりになるいくつもの文を試していただけだ. そして, この文に遭遇したとき, 突如としてこれで不完全性が証明できることに気づいたのだ」

この話は非常に興味深く, もっと知られてほしいと思う. このことから私は, ゲーデルの証明について聞いた噂を思い出した. 当初ゲーデルは体系が不完全であることを証明しようとは考えていなかったという. そうではなく, 体系が矛盾することを証明しようとしていたというのだ. ゲーデルは,（「この文は偽である」という）嘘つきのパラドックスを体系の中で再構築できると考え, それにしばらくに取り組んだのちに, 真偽ではなく証明可能性を定式化し, そして矛盾ではなく不完全性を証明したのである.

問題の解答

問題 1　任意の記号列 X に対して，文 ~PN(X) が真になるのは，X のノルムが印刷可能でないとき，そしてそのときに限る．ここで，X として記号列 ~PN をとると，文 ~PN(~PN) が真になるのは，~PN のノルムが印刷可能でないとき，そしてそのときに限る．しかし，~PN のノルムはまさに文 ~PN(~PN) である．したがって，文 ~PN(~PN) が真になるのは，それが印刷可能でないとき，そしてそのときに限り，それは，その文が真であるが印刷可能でないか，真でないが印刷可能であるかのいずれかであることを意味する．印刷可能な文は真であるという条件が与えられていることから，後者の選択肢は除外される．したがって，文 ~PN(~PN) は真だが，この機械はこの文を印刷することはできない．

問題 2　次のようにして，それぞれの段階を証明する．

（a）H が A を指示するならば，H の対角指示子は $A^{\#}$ を指示しなければならない．その理由は次のとおりである．H が A を指示するとき，K を H の対角指示子とする．このとき，任意の数 n に対して，文 $K(n)$ が真になるのは，$H(n^*)$ が真であるとき，そしてそのときに限り，これは，$n^* \in A$ であるとき，そしてそのときに限る．そして，$n^* \in A$ が真になるのは，$n \in A^{\#}$ であるとき，そしてそのときに限る．したがって，$K(n)$ が真になるのは，$n \in A^{\#}$ であるとき，そのときに限るので，K は $A^{\#}$ を命名する．

（b）補題 1 を証明するために，A は命名可能であるとする．このとき，すでに示したように，$A^{\#}$ は命名可能である．k を $A^{\#}$ を指示する指示子のゲーデル数とする．すると，すべての数 n に対して，文 $H_k(n)$ が真になるのは，$n \in A^{\#}$ であるとき，そしてそのときに限る．とくに，n として k をとると，$H_k(k)$ が真になるのは，$k \in A^{\#}$ であるとき，そしてそのときに限ることがわかる．そして，$k \in A^{\#}$ が真となるのは，$k^* \in A$ であるとき，そしてそのときに限る．したがって，$H_k(k)$ が真になるのは，そのゲーデル数 k^* が A に属するとき，そしてそのときに限る．これは，$H_k(k)$ が A のゲーデル文であることを意味する．

（c）定理 T を証明するために，T をすべての真な文からなる集合とし，T_0 を T のすべての元のゲーデル数からなる集合とする．このとき，T_0 が命名可能でないことを示さなければならない．

ここで，T_0 の補集合 $\widetilde{T_0}$（すなわち，T_0 に属さないすべての数からなる集合）を考える．あきらかに，$\widetilde{T_0}$ はゲーデル文をもちえない．その理由は次のとおりである．そのような文が真になるのは，そのゲーデル数が T_0 に属さないとき，そしてそのときに限り，これは，その文が真になるのは，そのゲーデル数が真な文のゲーデル数でないとき，そしてそのときに限ることを意味する．しかし，これはまったくばかげている．したがって，$\widetilde{T_0}$ はゲーデル文をもたない．そして，すべての命名可能な集合はゲーデル文をもつので，$\widetilde{T_0}$ は命名可能ではない．つまり，T_0 は命名可能ではない．（なぜなら，ある H が T_0 を命名するとしたら，H' は $\widetilde{T_0}$ を命名することになるからである．）

問題 3　n を論理式番号とする．このとき n^* は $F_n(n)$ のゲーデル数である．したがって，$n \in W^*$ であるのは，$F_n(n)$ のゲーデル数が W_0 に属するとき，そしてそのときに限り，それは，$F_n(n) \in W$ であるとき，そしてそのときに限る．

問題 4　この体系は無矛盾で，F は P^* を表現する論理式であるとする．F_b を F の否定 F' とすると，F は P^* を表現するので，$F(b)$ が証明可能であるのは，$b \in P^*$ であるとき，そしてそのときに限り，それは，（b は論理式番号であるから）$F_b(b) \in P$ であるとき，そしてそのときに限る．そして，それは，$F_b(b)$ が証明可能であるとき，そしてそのときに限り，さらに，それは，（F' は F_b であることから）$F'(b)$ が証明可能であるとき，そしてそのときに限る．したがって，$F(b)$ が証明可能であるのは，その否定 $\sim F(b)$ が証明可能であるとき，そしてそのときに限る．これは，$F(b)$ と $\sim F(b)$ がともに証明可能であるか，ともに証明可能でないかのいずれかであることを意味する．この体系が無矛盾であるという事実が与えられていることから，前者の選択肢は除外される．したがって，後者の選択肢が成り立たなければならない．すなわち，$F(b)$ は証明可能でも反証可能でもなく，したがって，決定不能である．

問題 5　この証明は，どちらかといえば，定理 G_0 の証明よりも単純である．この体系が無矛盾であり，F は R^* を表現する論理式であるとする．f を F のゲーデル数とすると，$F(f)$ が証明可能であるのは，$f \in R^*$ であるとき，そしてそのときに限り，それは，（問題 3 によって）$F_f(f) \in R$ であるとき，そしてそのときに限る．そして，それは，（F と F_f は同じ論理式なので）$F(f) \in R$ であるとき，そしてそのときに限り，さらに，それは，$F(f)$ が反証可能であるとき，そしてそのときに限る．したがって，$F(f)$ が証明可能であるのは，$F(f)$ が反証可能であるとき，そしてそのときに限る．これは，$F(f)$ が証明可能かつ反証可能であるか，証明可能でも反証可能でもないかのいずれかであることを意味する．この場合も，体系が無矛盾であるという仮定によって，$F(f)$ が証明可能かつ反証可能とはなりえない．すなわち，$F(f)$ は証明可能でも反証可能でもなく，つまり，決定不能である．

問題 6　$F(f)$ は決定不能である．それは，次のようにしてわかる．$F(f)$ が反証可能であるのは，$F'(f)$ が証明可能であるとき，そしてそのときに限り，それは，（F が P^* を表現することから）$f \in P^*$ であるとき，そしてそのときに限る．そして，それは，$F_f(f)$ が証明可能であるとき，そしてその時に限り，さらに，それは，（f が F のゲーデル数であり，したがって F_f は F なので）$F(f)$ が証明可能であるとき，そしてそのときに限る．つまり，$F(f)$ が反証可能であるのは，$F(f)$ が証明可能であるとき，そしてそのときに限る．そして，今度も無矛盾性の仮定によって，$F(f)$ は決定不能である．

問題 7　証明は次の 2 段階にわかれる．

（a）　まず，F が R^* を含み P^* と互いに素なある集合を表現する論理式ならば，$F(f)$ は決定不能であることを示す．ただし，f は F のゲーデル数である．

A を R^* を含み P^* と互いに素な集合とし，A は F によって表現されるとする．F は A を表現するので，$F(n)$ が証明可能であるのは，$n \in A$ であるとき，そしてそのときに限る．また，$F(f)$ が証明可能であるのは，$f \in P^*$ であるとき，そしてそのときに限る．したがって，$f \in P^*$ であるのは，$f \in A$ であるとき，そしてそのときに限る．A は P^* と互いに素なので，f は P^* にも A にも属さない．f が A に属さないので，f は A の部分集合である R^* にも属さない．したがって，f は P^* にも R^* にも属さない．これは，$F(f)$ が証明可能でも反証可能でもないことを意味する．

つぎに，F が表現する集合 A は，P^* を含み R^* と互いに素であるとする．このとき，A の補集合 $\widetilde{A}$ は P^* と互いに素であり，F' によって表現されるので，すでにみたように，$F'(f)$ は決定不能である．ただし，f' は F' のゲーデル数である．

（b）　定理 G_0 の前提が成り立つならば，定理 R_0 の前提も成り立つ．その理由は，次のとおりである．定理 G_0 の前提が成り立つと仮定すると，すなわち，P^* が表現可能であり，体系は無矛盾であると仮定すると，無矛盾性の仮定によって，P^* は R^* と互いに素でなければならない．（なぜなら，ある数 n が P^* にも R^* にも属するならば，$F_n(n)$ は，無矛盾性の仮定に反して証明可能かつ反証可能になってしまうからである．）また，P^* はそれ自体を含むので，P^* が表現可能であれば，P^* を含むある集合（これは P^* 自体である）は R^* と互いに素となり，したがって，定理 R_0 の前提が成り立つ．つまり，定理 G_0 は定理 R_0 の特別な場合である．同様にして，定理 S_0 は定理 R_0 の特別な場合であることを示すことができる．

問題 8　成り立つのは主張(b)である．その理由は次のとおり．F が B から A を強分離すると仮定する．このとき，F は A を含むある集合 A_1 を表現し，F' は B を含むある集合 B_1 を表現する．また，この体系は無矛盾であるとする．すると，A_1 と B_1 は互いに素でなければならない．なぜなら，ある数 n が A_1 と B_1

の両方に属しているとしたら，無矛盾性の仮定に反して，（$n \in A_1$ であることから）$F(n)$ は証明可能で，（$n \in B_1$ であることから）$F'(n)$ も証明可能になってしまうからである．したがって，A_1 と B_1 は互いに素である．A_1 と B_1 が互い素で，B は B_1 の部分集合なので，A_1 と B は互いに素であることが導かれる．したがって，F は A を含み B と互いに素である A_1 を表現する．これは，F が B から A を弱分離することを意味する．

問題 9　もちろん，成り立つ．体系が単純無矛盾でない，すなわち，ある文 X と $\sim X$ がともに証明可能ならば，すべての文は証明可能になる．なぜなら，任意の文 Y に対して，文 $X \supset (\sim X \supset Y)$ はトートロジーであり，したがって証明可能であり，X と $\sim X$ がともに証明可能ならば，分離規則を二度適用すると Y が証明可能になるからである．したがって，体系が単純矛盾ならば，すべての文は証明可能であり，この体系はあきらかに ω 矛盾である．単純矛盾が ω 矛盾を含意するので，ω 無矛盾は単純無矛盾を含意する．

問題 10　(1)はあきらかに成り立つ．(2)は，必ずしも成り立つとは限らない．(3)は必ず成り立つ．その理由は次のとおりである．F が A を定義し，体系は単純無矛盾であると仮定する．このとき，任意の数 n に対して，

（a）　$n \in A$ ならば，$F(\overline{n})$ は証明可能

（b）　$n \notin A$ ならば，$F(\overline{n})$ は反証可能

である．この(a)と(b)それぞれの逆がともに成り立つことを示そう．

（a）　$F(\overline{n})$ は証明可能であるとする．n が A に属さないならば，$F(\overline{n})$ は反証可能になってしまい，体系は矛盾する．しかし，この体系は無矛盾であることを仮定しているので，$n \in A$ である．

（b）　$F(\overline{n})$ は反証可能であるとする．n が A に属するならば，$F(\overline{n})$ は証明可能になってしまい，体系は矛盾する．この体系は無矛盾であることを仮定しているので，$n \notin A$ である．

問題 11　必ずしも成り立つとは限らない．

問題 12　これはあきらかである．その理由は次のとおり．$F(x,y)$ が関係 $R(x,y)$ を定義し，A を R の定義域とする．このとき，任意の数 n に対して，

（a）　$n \in A$ ならば，ある m に対して $R(n,m)$ が成り立つ．したがって，ある m に対して，$F(\overline{n},\overline{m})$ は証明可能である．

（b）　$n \notin A$ ならば，任意の m に対して，$R(n,m)$ が成り立つことはない．したがって，$F(\overline{n},\overline{m})$ は反証可能である．

(a)と(b)によって，$F(x,y)$ は A を枚挙する．

問題 13　$F(x, y)$ が A を枚挙すると仮定する．

（1）　$n \in A$ ならば，ある m に対して $F(\overline{n}, \overline{m})$ は証明可能である．したがって，$\exists y F(\overline{n}, y)$ は証明可能である．

（2）　$\exists y F(\overline{n}, y)$ が証明可能であるとする．n が A に属さないならば，すべての m に対して $F(\overline{n}, \overline{m})$ は反証可能になってしまい，これと $\exists y F(\overline{n}, y)$ の証明可能性をあわせると，この体系は ω 矛盾になってしまう．したがって，この体系が ω 無矛盾ならば，n が A に属さないということは起こりえない．すなわち，n は A に属さなければならない．

（3）　これは，(1) と (2) からすぐに導くことができる．

問題 14　まず，一階述語論理では，任意の論理式 $H(y)$ に対して，文 $\exists y H(y)$ の証明可能性は $\sim\forall y{\sim}H(y)$ の証明可能性と同値であり，したがって，$\exists y H(y)$ が証明可能であるのは，$\sim\forall y{\sim}H(y)$ が証明可能であるとき，そしてそのときに限ることを思い出そう．

ここで，定理 G_1 の前提を仮定する．文 G は $F_p(\overline{p})$ であり，これは $\forall y{\sim}A(\overline{p}, y)$ である．

（a）　$F_p(\overline{p})$ が証明可能であるとする．すると，$p \in P^*$ であり，$A(x, y)$ は P^* を枚挙するので，ある m に対して $A(\overline{p}, \overline{m})$ は証明可能である．したがって，$\exists y A(\overline{p}, y)$ は証明可能であり，それゆえ，$\sim\forall y{\sim}A(\overline{p}, y)$ も証明可能であるが，これは文 $\sim F_p(\overline{p})$ である．すなわち，G（これは $F_p(\overline{p})$ である）が証明可能ならば，$\sim G$ も証明可能であり，体系は単純矛盾になる．つまり，体系が単純無矛盾ならば，G は証明可能ではない．

（b）　体系が ω 無矛盾であるとする．このとき，（問題 9 によって）この体系は単純無矛盾でもある．したがって，(a) によって，文 $F_p(\overline{p})$ は証明可能ではなく，$p \notin P^*$ である．それゆえ，（$A(x, y)$ が P^* を枚挙するので）すべての m に対して $A(\overline{p}, \overline{m})$ は反証可能であり，ω 無矛盾性の仮定によって，文 $\exists y A(\overline{p}, y)$ は証明可能ではない．つまり，$\sim\forall y{\sim}A(\overline{p}, y)$ が証明可能ではなく，したがって，$\forall y{\sim}A(\overline{p}, y)$（これは文 G である）は反証可能ではない．

問題 15　これは，実質的に補題 2 と定理 G_0 からすぐに導くことができる．P^* は枚挙可能で，体系は ω 無矛盾であるとする．このとき，補題 2 によって，集合 P^* は表現可能であり，体系は単純無矛盾でもあるので，定理 G_0 によって決定不能な文が存在する．

体系が ω 無矛盾であり $A(x, y)$ が P^* を枚挙する論理式ならば，（ふたたび補題 2 によって）$\exists y A(x, y)$ は P^* を表現し，したがって，それと論理的に同値な $\sim\forall y{\sim}A(x, y)$ は P^* を表現するということを付記しておく．すなわち，

$\forall y{\sim}A(x,y)$ はその否定が P^* を表現する論理式である．このとき，p を論理式 $\forall y{\sim}A(x,y)$ のゲーデル数とすると，問題 6 によって，文 $\forall y{\sim}A(\overline{p},y)$ は決定不能であり，この文は文 G そのものである．つまり，G の決定不能性は，補題 2 と問題 6 から簡単に導くことができる．

問題 16　$F_1(x,y)$ は A を枚挙し，$F_2(x,y)$ は B を枚挙し，B と A は互いに素であることがわかっている．このとき，B は論理式 $H(x)$，具体的には $\forall y(F_1(x,y) \supset \exists z(z \leq y \wedge F_2(x,z)))$ によって A から強分離されることを示さなければならない．

（a）$n \in B$ であるとすると，（A と B は互いに素なので）$n \notin A$ である．$n \in B$ なので，ある k に対して $F_2(\overline{n},\overline{k})$ は証明可能である．したがって，$F_2(\overline{n},\overline{k})$ の論理的帰結である次の文は証明可能である．

$$\forall y[\overline{k} \leq y \supset \exists z(z \leq y \wedge F_2(\overline{n},z))] \tag{1}$$

つぎに，$n \notin A$ なので，任意の数 m に対して文 $F_1(\overline{n},\overline{m})$ は反証可能であり，したがって，すべての文 ${\sim}F_1(\overline{n},\overline{0}), \cdots, {\sim}F_1(\overline{n},\overline{k})$ は証明可能である．すると，条件 L_1 によって，次の文は証明可能である．

$$\forall y[y \leq \overline{k} \supset {\sim}F_1(\overline{n},y)] \tag{2}$$

文 (2) と (1) と条件 L_2' によって，次の文は証明可能である．

$$\forall y[{\sim}F_1(\overline{n},y) \vee \exists z(z \leq y \wedge F_2(\overline{n},z))]$$

その結果として，これと論理的に同値な文

$$\forall y[F_1(\overline{n},y) \supset \exists z(z \leq y \wedge F_2(\overline{n},z))]$$

は証明可能であるが，この文は文 $H(\overline{n})$ である．つまり，$n \in B$ ならば，$H(\overline{n})$ は証明可能である．

（b）つぎに，$n \in A$ ならば $H(\overline{n})$ が反証可能であることを示さなければならない．

$n \in A$ とすると，$n \notin B$ である．$n \in A$ なので，ある数 k に対して文 $F_1(\overline{n},\overline{k})$ は証明可能である．$n \notin B$ なので，$F_2(\overline{n},\overline{0}), \cdots, F_2(\overline{n},\overline{k})$ はすべて反証可能であり，したがって，条件 L_1 によって，文 $\forall z(z \leq \overline{k} \supset {\sim}F_2(\overline{n},z))$ は証明可能である．また，$F_1(\overline{n},\overline{k})$ も証明可能なので，

$$F_1(\overline{n},\overline{k}) \wedge \forall z[z \leq \overline{k} \supset {\sim}F_2(\overline{n},z)] \tag{1}$$

も証明可能であるが，これは次の文と論理的に同値である．

$${\sim}[F_1(\overline{n},\overline{k}) \supset \exists z(z \leq \overline{k} \wedge F_2(\overline{n},z))] \tag{2}$$

（これは，次のことに注意するとわかる．命題論理によって，文 (1) が

$$\sim[F_1(\overline{n},\overline{k}) \supset \sim\forall z(z \leq \overline{k} \supset \sim F_2(\overline{n},z))]$$

に論理的に同値であり，これは文 (2) に論理的に同値である．なぜなら，$\sim\forall z(z \leq \overline{k} \supset \sim F_2(\overline{n},z))$ は $\exists z\sim(z \leq \overline{k} \supset \sim F_2(\overline{n},z))$ に論理的に同値である．そして，これは $\exists z(z \leq \overline{k} \wedge \sim\sim F_2(\overline{n},z))$ に論理的に同値であり，さらに $\exists z(z \leq \overline{k} \wedge F_2(\overline{n},z))$ に論理的に同値だからである．）

ここで，文 (2) は

$$\sim\forall y[F_1(\overline{n},y) \supset \exists z(z \leq y \wedge F_2(\overline{n},z))] \tag{3}$$

を論理的に含意する．（なぜなら，任意の論理式 $\varphi(y)$ に対して，文 $\forall y\varphi(y) \supset \varphi(\overline{n})$ は恒真であり，したがって $\sim\varphi(\overline{n}) \supset \sim\forall y\varphi(y)$ も恒真，とくに，$\varphi(y)$ が論理式 $F_1(\overline{n},y) \supset \exists z(z \leq y \wedge F_2(\overline{n},z))$ である場合にも恒真だからである．）

ここで，文 (3) は文 $\sim H(\overline{n})$ であり，したがって，$n \in A$ ならば $H(\overline{n})$ は反証可能である．

問題 17　この体系においては，P^* と R^* はともに枚挙可能であることがわかっている．この体系の単純無矛盾性を仮定すると，集合 P^* と R^* は互いに素であり（その理由がわかるだろうか），したがって，分離補題によって R^* は P^* から強分離可能である．すると，定理 R_1 によって，この体系には決定不能な文が存在する．

より具体的には，論理式 $A(x,y)$ が P^* を枚挙し，論理式 $B(x,y)$ が R^* を枚挙すると仮定する．このとき，分離補題によって，論理式 $\forall y(A(x,y) \supset \exists z(z \leq y \wedge B(x,z)))$ は，P^* から R^* を強分離し，（問題 8 の解答で示したように）単純無矛盾性の仮定の下で，P^* から R^* を弱分離する．したがって，問題 7 の解答によって，（p を

$$\forall y(A(x,y) \supset \exists z(z \leq y \wedge B(x,z)))$$

のゲーデル数とすると）その対角化

$$\forall y(A(\overline{p},y) \supset \exists z(z \leq y \wedge B(\overline{p},z)))$$

は，この体系において決定不能な文である．

第 11 章

一階算術

◉準備

初等算術は，数理論理学では一階算術とも呼ばれ，次の 15 種類の記号を用いる．

$$0 \quad ' \quad (\quad) \quad + \quad \times \quad \sim \quad \wedge \quad \vee \quad \supset \quad \forall \quad \exists \quad \mathbf{v} \quad = \quad \leq$$

一階算術の証明系は，ここまでの章で命題論理と一階述語論理の体系の中で定式化してきた論理的推論にもとづいている．しかし，それだけでなく，前述の記号から作られる論理式で，算術的に真なものを（もちろん，偽なものや予想も）表現できるようになっている．そして，このような算術的な証明系は，命題論理と一階述語論理の通常の公理と推論規則に加えて，算術の公理の集合を必ずもつ．算術の公理は，その作成者が設定においてそう考えたであろうように，健全でかつ完全であると見なされる．

この章では，算術の公理を導入することはしない．その導入は，算術の公理の集合を一階算術に含めて**ペアノ算術**と呼ぶことになる体系を構成する第 13 章まで待たねばならない．ペアノ算術は，19 世紀後半に自然数のための最初の証明系を作ったジュゼッペ・ペアノの名を冠している．この章では，一階算術の論理式に対する**真偽**の定義だけから得られる結果の奥深さに感銘を受けてもらえると思う．高階形式体系の論理式に対する真偽の定義を明確にすることは，アルフレッド・タルスキの有名な論文 [29] によって初めて確立された．その論文は一階算術についての極めて重要な結果を含んでおり，その証明がこの章の主たるゴールである．ここで提示する真偽の定義は，自然数を領域とする一階算術の解釈に対してのみであるが，数学者や論理学者は，自然数についての真偽の定義のみにもとづいて，整数の集合全体や有理数，そして実数（や多くの数学分野におけるそれ以上のこと）についてさえも私たちが知っているおそらくすべてのことを定義し証明する，うまいやり方を知っている．さらに，多くの場合，その証明は一階算術の体系の中に持ち込むことができることがわかっている．もっとも，数学者にとっては，ときには述語や述語の述語などを量化できる高階証明体系へと進むほうが扱いやすいかもしれないが．

したがって，ここでは，まず一階算術の構文に取り組むことにして，どんな数学の形式体系においてももっとも基本的な部分である項と論理式について学ぶところから始めよう．

記号列 0, 0′, 0″, 0‴, ⋯ は**ペアノ数項**と呼ばれ，一階算術およびペアノ算術において，自然数 $0, 1, 2, 3, \cdots$ の名前として用いられる．したがって，自然数 n の名前は，記号 0 の後に n 個のアクセント記号（′）を続けたものである．アクセント記号は「後者」を意味すると考えることができる．（n の後者は $n+1$ である．）任意の（自然）数 n に対して，$\overline{n}$ は「n を指示するペアノ数項」の省略である．たとえば，一階算術の論理式の中に $\overline{4}$ があれば，それは記号列 0⁗ の**省略形**である．しかしながら，「上線」によって表記される関数 $f(n) = \overline{n}$ は，自然数から一階算術の記号列への関数（これは**ペアノ数項**と呼んだ記号列の部分集合への**全射**になる）ともみなせることに注意しよう．

重要な余談：この章では，自然数（$0, 1, 2, \cdots$）に対してさまざまな**表現**を用いる．具体的には，次のとおりである．

（1）　通常の十進法表記：$0, 1, 2, 3, 4, \cdots$

（2）　前述の**ペアノ数項**．この章では，一階算術およびペアノ算術の体系の**中**で用いられる自然数の唯一の表現である．

（3）　**二値法表記**と呼ぶことにする，本書でのメタ理論の研究に極めて有用な表記．ただし，これは正整数に対してだけ用いる．二値法表記されたそれぞれの数は**二値数項**と呼ばれる．二値法表記は，（ここでは使わない）二進法表記に似ているが，二進法表記では 0 と 1 の 2 種類の数字を用いるのに対して，二値法表記では 1 と 2 の 2 種類の記号だけを用いる．

（4）　後ほど使うことになる一階算術の記号列の特定のゲーデル符号化から派生した表記．この表記をペアノ数項に適用すると，自然数のまた別の（容易に理解できる）表記とみなすことができる．

この章では「数」という語を単独で用いるときは，自然数を意味する．しかし，もっと具体的に言えば，「数」または「自然数」という語を使うときには，**抽象的な自然数**を考えていて，それらについて会話するときに用いる表記や用語には依存しない．すなわち，十進法表記の 5 によって表される**抽象的**な数とは，ほとんどの人の片方の手に何本の指があるかを考えるときに，すべての人が心に思い浮かべる**概念**である．つまり，抽象的な数は，数を表す単語に対して人が思い浮かべているであろう**意味**であり，何語で考えているかや，その数を書き下すときに使うことになる数の表記法には依存しない．したがって，$2 + 3 = 5$ という**数に関する事実**は，それがどのような言語で表現されるかに関係なく，また，それを書き下すのにどのような表記法を用いるかに関係なく，同じ意味をもつ．一階算術やペアノ算術においては，この事実を論理式 $\mathsf{0}'' + \mathsf{0}''' = \mathsf{0}'''''$ によって表現する．ここで自然数に対して用いられている**表記**は，ペアノ数項による表記である．（これは，人々がかつて棒に刻み目をつけて数を数えたようなもので，我々の論理体系の内部だけでなく**外部**でも当然使うことのできる表記である．しかしながら，ペアノ数項は，それで表記する数が大きくなってくると，理解するのは非常に困難なことがわかる．これが，世の中では多くの場合に十進法表記が定着している理由の一つである．しかし思い出してほしいのは，今でも，使おうとする数が非常に大きい場合や非常に小さい場合には，いわゆる「科学的記数法」を使わなければならないということだ．たとえば，地球から冥王星までの距離は 5.906×10^9 キロメートルであり，陽子の質量は 1.65×10^{-24} グラム，という具合である．）

おそらく，「抽象的な数 5」によって意味するものを記述するもっとよい方法は，それを「概念的な数 5」と呼ぶことだろう．なぜなら，5 を「抽象的」と呼んでしまうと，それが現実のものではないように聞こえるからである．しかし，抽象的あるいは概念的な数 n が意味するのは，その数を表す語や表記を使うときに常にあなたが心に思い浮かべる**意味**を伴った数 n そのものである．抽象的な数 5 こそが**現実**の数 5 であり，それを表す語や表記は意思疎通のための人工物にすぎない．（あなたは幼少の折に，5 という**概念**を，それに語や表記を正しく付与することを学ぶ前に，習得しなければならなかったはずだ．）

自然数に対して用いる前述の表記のそれぞれを個々に理解することは非常に簡単である．しかし，メタ理論の研究でさまざまな数の表現を使いつづけること，そして，ときには同じ文脈で複数の表現を用いることは，この章に含まれる厄介事の一つだろう．長々とこのような哲学的な脇道にそれて申し訳ないが，これが後ほど役立つかもしれない．

それでは，一階算術に話を戻すと，記号 $+$ と $\times$ は，通常どおり，それぞれ和（加法）と積（乗法）を表す．記号列のあとに続くアクセント記号は，1 を加える演算，すなわち，**後者関数**を意味する．記号 $=$ は等しいことを表し，記号 $\leq$ は「等しいかまたは小さい」を表す．

変数と呼ばれる無限に多くの記号列が必要になる．変数は，大まかにいうと，特定されない自然数を表す．しかしながら，これを有限個のアルファベットの中に収めたいので，記号列 (v), (vv), (vvv), $\cdots$ を変数として用いる．したがって，**変数**とは，v だけからなる文字列を括弧で囲んだもののことである．また，特定されない変数を表すのに文字 x, y, z を用いる．

一階述語論理の章で示したタブロー法による証明系や公理的証明系で用いた**パラメータ**についてここでは言及していないことに注意しよう．実際，これらの証明系でパラメータを導入した理由の一つは，パラメータを使用すると一階述語論理のタブロー法による証明系がわかりやすくなることである．そして，もう一つの理由は，一階述語論理の公理的証明系にパラメータを導入しても，公理的一階述語論理がわかりにくくならないだけでなく，タブロー法と公理的証明系との比較が記述しやすくなることである．これは第 8 章や第 9 章で展開したメタ理論において非常に重要なことであった．しかし，ここから焦点を当てる公理的一階算術においては，伝統的にパラメータは公理系で用いられておらず，その役割は，算術体系を取り扱う場合には数学的に非常に重要となる項で置き換えられるように，自由変数を使用することで置き換えられる．ここではこう述べるに留めておこう．（すぐに第 13 章で提示する）ペアノ算術の証明系から数学的公理を取り除き，そこで用いるすべての項が単なる自由変数であることを要求することで得られるパラメータなしの体系は，簡単に示されるように，前に述べた一階述語論理の公理系と同等の証明能力をもち，パラメータの代わりに自由変数を使うものになる．したがって，一階述語論理に関する第 8 章と第 9 章のすべての結果は，本書の一階算術およびペアノ算術の体系でも同じように成り立つ．

◉一階算術の項

記号列は，次の規則の結果として得られるならば，**項**と呼ばれる．

（1） すべてのペアノ数項 $\overline{n}$ は項であり，すべての変数 x は項である．

（2） t_1 と t_2 がともに項ならば，$(t_1 + t_2)$, $(t_1 \times t_2)$, t_1' も項である．

定項とは，変数を含まない項のことである．加法，乗法，後続関数以外に定項に現れる記号の文字列はペアノ数項だけであることに注意しよう．

◉指示

それぞれの定項は，次の規則に従って，ただ一つの自然数を**指示**する．

（1） 数項 $\overline{n}$ は数 n を指示する．（たとえば，$\overline{5}$ は，ペアノ数項 $0'''''$ の省略形であり，十進法表記では 5 と書かれる（抽象的な）自然数を指示する．

（2） 項 t_1 が n を指示し，項 t_2 が m を指示するならば，項 $(t_1 + t_2)$ は n に m を加えた結果を指示し，項 $(t_1 \times t_2)$ は n に m を乗じた結果を指示し，項 t_1' は n に 1 を加えた数を指示する．

◉論理式

原子論理式とは，t_1 と t_2 を項とするとき，$t_1 = t_2$ か $t_1 \leq t_2$ の形式の記号列のことである．この t_1 と t_2 がともに定項ならば，この論理式を**原子文**と呼ぶ．第 9 章と同じやり方で，原子論理式から始めて**論理式**のクラスを組み立てる．すなわち，任意の論理式 F, G と任意の変数 x に対して，記号列 $\sim F$, $(F \wedge G)$, $(F \vee G)$, $(F \supset G)$, $\forall x F$, $\exists x F$ はいずれも論理式である．

論理式における変数の自由な出現と束縛された出現の概念は，第 9 章で定義したものと同じである．また，変数の自由な出現への項の代入の概念は，第 9 章と同様であるが，パラメータの代わりに項を用いる．すなわち，第 9 章と同じように，$\varphi(x)$ を変数 x を含みうる論理式とするとき，任意の項

t に対して，$\varphi(t)$ は，$\varphi(x)$ の中の x の自由な出現すべてに項 t を代入した結果を表す．もちろん，論理式 $\varphi(x)$ に x が出現しないか，束縛変数としてしか出現しないならば，代入した結果はふたたび $\varphi(x)$ になるだけである．$v_1, v_2, v_3, \cdots$ をそれぞれ (v), (vv), (vvv), $\cdots$ の省略形とするとき，$n < m$ ならば，変数 v_n は変数 v_m に**先行**するという．$\varphi(x, y)$ を変数 x と y を含みうる論理式として，変数の序列において x が y に先行するならば，任意の数 m と n に対して，$\varphi(\overline{m}, \overline{n})$ は，x の自由な出現すべてに $\overline{m}$ を代入し，y の自由な出現すべてに $\overline{n}$ を代入した結果を表す．3 個以上の自由変数を含む論理式についても同様である．

◉真偽

ここで真偽の概念を定義するために，自然数の領域上だけで解釈を考える．

文（すなわち，自由変数を含まない論理式）は，次の規則の結果として得られるとき，そしてそのときに限り，**真**であるという．

（1）　t_1 と t_2 を定項とするとき，原子文 $t_1 = t_2$ が真となるのは，t_1 と t_2 が同じ自然数を指示するとき，そしてそのときに限る．また，原子文 $t_1 \leq t_2$ が真となるのは，t_1 によって指示される数が t_2 によって指示される数よりも小さいか等しいとき，そしてそのときに限る．

（2）　命題論理と同じく，$\sim X$ が真となるのは，X が真でないとき，そしてそのときに限る．$X \wedge Y$ が真となるのは，X と Y がともに真であるとき，そしてそのときに限る．$X \vee Y$ が真となるのは，X と Y の少なくとも一方が真であるとき，そしてそのときに限る．$X \supset Y$ が真となるのは，X が真ではないかまたは Y が真であるとき，そしてそのときに限る．

（3）　$\forall x \varphi(x)$ が真となるのは，すべての n に対して $\varphi(\overline{n})$ が真であるとき，そしてそのときに限る．$\exists x \varphi(x)$ が真となるのは，少なくとも一つの n に対して $\varphi(\overline{n})$ が真であるとき，そしてそのときに限る．

◉算術的集合と算術的関係

論理式 $\varphi(x)$ は，$\varphi(\overline{n})$ が真になるすべての数 n からなる集合を**表示**するという．したがって，数を元とする任意の集合 A に対して，$\varphi(x)$ が A を表示するというのは，すべての数 n に対して，文 $\varphi(\overline{n})$ が真となるのが，$n \in$

A が成り立つとき，そしてそのときに限るということである．2 項関係 R に対して，論理式 $\varphi(x, y)$ が R を表示するとは，すべての数 n と m に対して，文 $\varphi(\overline{n}, \overline{m})$ が真となるのが，$R(n, m)$ が成り立つとき，そして，そのときに限ることをいう．$n > 2$ の場合の n 項関係についても同様である．

数を元とする集合や数の間の関係は，ある論理式によって表示されるならば，**算術的**という．ちなみに，このような意味の形容詞として arithmetic（算術的）を用いるときには，第 3 音節の me にアクセントを置いて a-rith-*me*'-tic と発音する．（一方，世界中の小学校で習う教科の名前である「算数」を形容詞として用いるときには第 2 音節にアクセントをおいて a-*rith*'-me-tic と発音する．）

このあとしばしば考察することになる自然数の集合や関係（自然数の対の間の 2 項関係や n 個組の間の n 項関係）もまた抽象的で概念的なものである．すべての偶数からなる集合について語るとき，私たちはすべての 2 で割り切れる概念的な数について考えている．したがって，これらの集合や関係は，私たちの形式体系の**外部**にある．しかし，重要な概念的集合や概念的関係の意味を**表す**記号列を形式体系の中で扱うために工夫をこらす．これをどのように行うかは，すぐに問題 1 でわかるようになるだろう．（この問題での $x \operatorname{div} y$ のような式は，それ自体が一階算術の記号列ではなく，それらを数学に関する日常言語で説明した言葉の省略である．）

問題 1　次の（自然）数の対の間の関係や素数の集合は算術的であることを示せ．

（a）　$x \operatorname{div} y$　（x は y を割り切る．すなわち，x で y を割ると余りはでない．）

（b）　$x \operatorname{pdiv} y$　（x は y を真に割り切る．すなわち，x は y を割り切り，かつ x は 1 でも y でもない．）

（c）　$x < y$　（x は y よりも小さい．）

（d）　$\operatorname{prm} x$　（x は素数である．）

集合や関係が記号 $\leq$ を含まない論理式によって表示されるならば，それらは**和と積によって表示可能**という．

問題 2　すべての算術的集合と算術的関係は，和と積によって表示可能だろうか.

べき乗関係 $x = y^z$ が算術的であることを発見したのはクルト・ゲーデルである．後ほど，これに関連して $x = 2^y$ が算術的であるという事実を証明する．本書の目的にとってはこれで十分であるが，後ほど，練習問題においてゲーデルの結果を示すためのヒントを与える．

以降の流れは次のとおりである．この後すぐに，**ゲーデル符号化**と呼ばれるものを導入する．ゲーデル符号化は，一階算術のそれぞれの記号列に相異なる正整数を割り当てるやり方である．そして，すべての**真な文**のゲーデル数からなる集合は算術的ではないというタルスキの有名な結果を証明する．（この結果が，一階算術の論理的構造にどのような算術の公理を追加しても変わらないことがわかるだろうか.）

すでに述べたように，第 13 章では，**ペアノ算術**として知られている有名な算術の公理系を考える．そして，そこで得られる非常に重要な結果は，その公理系で**証明可能**なすべての文のゲーデル数からなる集合が算術的**である**というものだ．このことから，（真な文だけが証明可能であるという仮定の下で）この公理系には真であるが証明可能でない文が存在することが導かれる．こうして，ペアノ算術に対するゲーデルの定理の証明が得られる．実際には，すべての証明可能な文のゲーデル数からなる集合を表示する論理式を具体的に示し，この論理式から，真であるがこの公理系では証明できない文を具体的に示すことができる．

また，ω 無矛盾性の仮定にもとづくゲーデルの本来の証明と，それよりも弱い単純無矛盾性の仮定にもとづくロッサーの証明も考えることにする．

これらすべての準備として，次に述べる二値数項が必要になる．

◉二値数項

ゲーデルによる不完全性の証明において鍵となる論理式の符号化に用いるのが，二値数項である．二値数項がどんなものであるかをまず説明しよう．しかし，二値数項は数の一つの**表記**，今の場合には，正整数 $1, 2, 3, \cdots$ だけの表記にすぎないことをおぼえておいてほしい．

二進法表記に馴染みのある読者もいるだろう．二進法では，すべての自然数は，1 と 0 という 2 種類の数字からなる文字列で表現される．数字

$d_0, d_1, \cdots, d_n$（これらの数字はいずれも 1 か 0 とする）に対して，二進数 $d_n d_{n-1} \cdots d_1 d_0$ は，数

$$d_n \times 2^n + d_{n-1} \times 2^{n-1} + \cdots + d_1 \times 2^1 + d_0 \times 2^0$$

を指示する．

たとえば，二進数項 101101 は，

$$1 \times 2^5 + 0 \times 2^4 + 1 \times 2^3 + 1 \times 2^2 + 0 \times 2^1 + 1 \times 2^0 = 2^5 + 2^3 + 2^2 + 1$$

を指示する．これは，通常の十進法表記では $32 + 8 + 4 + 1 = 45$ である．

私の著書 [23] では，**二値法表記**という二進法表記の変形を用いた．二値法表記は，二進法表記に比べていくつかの利点がある．任意の自然数が二進法表記によって 1 と 0 からなる文字列として一意に表すことができるように，任意の**正**整数は二値法表記によって 1 と 2 からなる文字列として一意に表すことができる．この 1 と 2 という数字を**二値数字**と呼ぶ．二値数字からなる任意の文字列 $d_n d_{n-1} \cdots d_1 d_0$ が指示する数は，二進法表記とまったく同じやり方で（しかし，二進法の 0 と 1 の代わりに二値数字の 1 と 2 を使って）次のように計算できる．

$$d_n \times 2^n + d_{n-1} \times 2^{n-1} + \cdots + d_1 \times 2^1 + d_0 \times 2^0$$

たとえば，二値数項 1211 は，

$$1 \times 2^3 + 2 \times 2^2 + 1 \times 2^1 + 1 = 2^3 + 2 \times 2^2 + 2 + 1 = 19$$

を指示する．

1 から 16 までの正整数を二値法表記で書くと次のようになる．

1	2	3	4	5	6	7	8	9	10	11	12	13	14	15	16
1	2	11	12	21	22	111	112	121	122	211	212	221	222	1111	1112

2 のべき乗を二値法表記すると，2 単独か，いくつかの 1 が並んだ後ろに 2 が一つあるかのいずれかになる．n 個の 1 が並ぶ文字列は，（二進法表記でも二値法表記でも）2^{n-1} を表す．十進法の数 45 を二値法表記すると 12221 になることがわかるだろうか．45 の二進法表記は 101101 であることが前述の式からわかる．（45 は二進法表記でも二値法表記でもうまい具合に回文になる．）通常，二値法表記を用いると，同じ数を二進法表記で表すよりも 1 文字短くなる．（例外は 2^{n-1} の形式の数で，これはいずれの表記でも同じ

長さになる．）実際には，非常に重要な証明の中で二値数項の**長さ**のある種の興味深い性質を使うことになるが，この二値法表記の長さは，ここで関心のある利点ではない．

◉二値数項の連結

任意の二つの正整数 x と y に対して，$x * y$ は，x を指示する二値数項のすぐ後ろに y を指示する二値数項を続けたものが指示する正整数を意味する．たとえば，$5 * 13 = 53$ である．なぜなら，ここでは十進法表記で表された数 5，13，53 をそれぞれ二値法表記で表すと 21，221，21221 になるからである．記号からなる文字列 X のすぐ後ろに記号からなる別の文字列 Y を続けて記号からなるまた別の文字列 XY を作るとき，X と Y を**連結**するといい，記号 $*$ を**連結操作**の記号と呼ぶ．3 個の数の間の**連結関係**を $x * y = z$ と書くことにする．この後，非常に重要になるこのような正整数の間の**連結関係**は，言葉で表現すると次のようになる．x と y を正整数とするとき，$x * y$ は，x と y を（それらはすでに二値法表記で与えられているかもしれないが，前述の $5 * 13$ のように十進法表記かもしれない．しかし，どのような表記で与えられたとしても）二値法表記にして，x の二値法表記のすぐ後ろに y の二値法表記を続け，新たな数の二値法表記を作った結果（を二値法表記で表したもの）のことである．（もちろん，整数を十進法表記するという私たちの生涯変わらぬ習慣により，この結果を十進法表記に戻したくなるかもしれない．）いずれにしろ，等式 $x * y = z$ は，3 個の（どのような表記を用いているかに依存しない）概念的な正整数の間の関係であるが，連結関数 $*$ によって操作されている数をみたら，それらの数は二値法表記であると考えたほうがよいことは明白である．

（3 個の正整数 x, y, z の間の関係としての）関係 $x * y = z$ が算術的であることを示したい．実際には，これよりも強い，次章で必要となる性質を示す必要がある．

◉Σ_0 関係

Σ_0 論理式と Σ_0 関係を次のように定義する．**原子** Σ_0 **論理式**とは，c_1 と c_2 をともに項とするとき，$c_1 = c_2$ か $c_1 \le c_2$ のいずれかの形式の論理式のことである．このとき，一階算術の Σ_0 論理式のクラスを，次のように帰納的に定義する．

（1） すべての原子 Σ_0 論理式は Σ_0 論理式である．

（2） 任意の Σ_0 論理式 F と G に対して，論理式 $\sim F$, $F \wedge G$, $F \vee G$, $F \supset G$ は Σ_0 論理式である．

（3） 任意の Σ_0 論理式 F，任意の変数 x，x と相異なる変数かペアノ数項である任意の c に対して，論理式 $\forall x(x \leq c \supset F)$ と $\exists x(x \leq c \wedge F)$ は Σ_0 論理式である．

この(1)，(2)，(3)の結果として得られるもの以外に Σ_0 論理式になる論理式はない．

しばしば，$\forall x(x \leq c \supset F)$ を $(\forall x \leq c)F$ と略記し，$\exists x(x \leq c \wedge F)$ を $(\exists x \leq c)F$ と略記する．$(\forall x \leq c)F$ は，「c より小さいか等しいすべての x に対して，F が成り立つ」と読む．同様にして，$(\exists x \leq c)F$ は，「c より小さいか等しいある x に対して，F が成り立つ」と読む．

量化子 $(\forall x \leq c)$ と $(\exists x \leq c)$ を**有界量化子**と呼ぶ．したがって，Σ_0 論理式は，すべての量化子が有界である一階算術の論理式である．集合や関係は，Σ_0 論理式によって表示されるならば，Σ_0 集合や Σ_0 関係（または，単に Σ_0）と呼ぶ．Σ_0 関係と Σ_0 集合は，それぞれ**構成的算術**関係，**構成的算術**集合と呼ばれることもある．あきらかに，すべての Σ_0 関係と Σ_0 集合は**算術的**である．なぜなら，それらを表示する Σ_0 論理式は，集合や関係を表示するのに使われる一階算術のすべての論理式の部分集合だからである．

◉考察

与えれた任意の Σ_0 文（自由変数を含まない Σ_0 論理式）に対して，その真偽を実際に判別することができる．原子 Σ_0 文については自明である．また，与えられた二つの任意の文 X と Y に対して，X と Y の真偽を判別するやり方がわかっていれば，あきらかに $\sim X$, $X \wedge Y$, $X \vee Y$, $X \supset Y$ それぞれの真偽を判別することができる．つぎに，量化子について考えてみよう．論理式 $F(x)$ において x が唯一の自由変数であるとする．また，それぞれの数 n に対して，$F(\overline{n})$ の真偽を判別できるとする．このとき，$\exists x F(x)$

の真偽を判別することができるだろうか．必ずしもそうとは言えないのだ．$\exists x F(x)$ が真であれば，いずれはそのことを知ることができる．それは，列 $F(\overline{0})$, $F(\overline{1})$, $F(\overline{2})$, $\cdots$, $F(\overline{n})$, $\cdots$ を系統的に調べると，$\exists x F(x)$ が真ならば，ある n に対して $F(\overline{n})$ は真になるからである．しかし，$\exists x F(x)$ が偽ならば，この検査に終わりはない．どこまで調べたとしても真な文 $F(\overline{n})$ に出会うことはなく，また，どこまで調べたとしてもその後に真であるような $F(\overline{n})$ が出てこないとは知りようがないのだ．したがって，$\exists x F(x)$ が真ならば，いずれは真であることがわかるが，$\exists x F(x)$ が真でないならば，真でないことをけっして知りえない．全称量化子 $\forall x F(x)$ についても，それが偽ならば，（$F(\overline{0})$, $F(\overline{1})$, $F(\overline{2})$, $\cdots$, $F(\overline{n})$, $\cdots$ を順に調べて）いずれは偽であることがわかる．しかし,それが真ならば，真であることをけっして知りえない．

有界量化子の場合には，状況はまったく異なる．ある数 n に対して文 $(\exists x \leq \overline{n})F(x)$ を考えてみよう．$(\exists x \leq \overline{n})F(x)$ の真理値を求めるのに，有限個の文 $F(\overline{0})$, $F(\overline{1})$, $F(\overline{2})$, $\cdots$, $F(\overline{n})$ を調べるだけでよい．また，$(\forall x \leq \overline{n})F(x)$ についても同様である．したがって，任意の Σ_0 文に対して，それが真か偽かを実際に判別することができる．

さて，連結関係 $x * y = z$ が算術的であるだけでなく，実際には Σ_0 であることを示したい．

まず，関係 $x \operatorname{div} y$（x は y を割り切る）は算術的であるだけでなく，Σ_0 でもあることに注意する．なぜなら，この関係は $(\exists z \leq y)(x \times z = y)$ と表すことができるからである．また，$\operatorname{prm} x$ も Σ_0 である．なぜなら，これは $(\forall y \leq x){\sim} y \operatorname{pdiv} x$ とも表すことができるからである．これらのことから，問題1のすべての関係は，算術的であるだけでなく，それよりも強い Σ_0（構成的算術）という性質をもつことがわかるはずだ．

注　実際には，$\operatorname{prm} x$ は，一階算術の Σ_0 論理式としては $(\forall y \leq x)((y = 1) \vee (y = x) \vee {\sim}(\exists z \leq x)(y \times z = x))$ である．しかし，一階算術の論理式は長くなりすぎて，またわかりづらいので，常に全体を書き下すわけにはいかない．したがって，ある性質をもつことを示した論理式を，その論理式が定義する関係の省略形を含んだ論理式に代入できるものと仮定する．

それでは，関係 $x * y = z$ を和と積によって表せるだろうか．それは，それほど簡単ではないが，やってみよう．まずはじめに，任意の正整数 x に対して，$\mathrm{L}(x)$ は x を二値法表記で書いたときの長さとする．たとえば，数 19 を二値法表記にすると 1211 であり，二値数項 1211 の長さは 4 なので，$\mathrm{L}(19) = 4$ になる．

ここで，$x * y = x \times 2^{\mathrm{L}(y)} + y$ を示すのはそれほど難しくない．この式が言っているのはこういうことだ．x と y の連結が指示する概念的な数が何かを知るには，x の二値法表記を $d_j d_{j-1} \cdots d_1 d_0$ とし，y の二値法表記を $e_k e_{k-1} \cdots e_1 e_0$ とするとき，$\mathrm{L}(y)$ は $k+1$ であることに気づけばよい．つまり，まず x の二値法展開のそれぞれの 2 のべきの指数に $k+1$ を加えて，x を 2^{k+1} 倍する．そして，（連結された数の二値法展開を得るために，二値法展開した）y をその結果に加えて

$$d_j \times 2^{j+k+1} + d_{j-1} \times 2^{j-1+k+1} + \cdots + d_1 \times 2^{1+k+1} + d_0 \times 2^{0+k+1} \\ + e_k \times 2^k + e_{k-1} \times 2^{k-1} + \cdots + e_1 \times 2^1 + e_0$$

が得られる．

この結果を二値数項として書き下すと，まさに x の二値法展開の後にすぐ y の二値法展開を続けたものであることがわかる．つまり，$x * y = x \times 2^{\mathrm{L}(y)} + y$ となっている．

次の仕事（$x * y = z$ が Σ_0 関係であること，すなわち，一階算術において Σ_0 論理式によって表示可能であることを証明する過程でやるべきこと）は，まず関係 $x = 2^{\mathrm{L}(y)}$ が x と y の間の Σ_0 関係であると証明することである．（しつこく言うと，二つの任意の（概念的な）自然数 x と y に対してこの関係 $x = 2^{\mathrm{L}(y)}$ が成り立つのは，y が正整数であり，y を二値法表記で書き下したときの長さを $\mathrm{L}(y)$ で表すと，（概念的な）数 x が（概念的な）数 $2^{\mathrm{L}(y)}$ に等しいとき，そしてそのときに限る．）

$x = 2^{\mathrm{L}(y)}$ が Σ_0 であることを証明するためには，まず，任意の数 r に対して，二値法表記の長さが r になる最小の数は r 個の 1 からなる文字列で構成され，その値は $2^r - 1$ であることに注意する．二値法表記の長さが r になる最大の数は r 個の 2 からなる文字列で構成され，それは長さが r の最小の数の 2 倍なので，その値は $2 \times (2^r - 1)$ になる．したがって，二値数項 y の長さが r となるのは，次の条件が成り立つとき，そしてそのときに限る．

$$2^r - 1 \leq y \leq 2 \times (2^r - 1) \qquad (*)$$

（すなわち，y は $2^r - 1$ 以上 $2 \times (2^r - 1)$ 以下）

y が正整数でなければ $\mathrm{L}(y)$ は無意味であるという事実と条件 $(*)$ から，$x = 2^{\mathrm{L}(y)}$ となるのは，次の 3 条件がなりたつとき，そしてときに限ることが導かれる．（$x \neq 0$ は，条件 C_2 を満たすことから必然的に成り立つことに注意せよ．）

C_1:　$x - 1 \leq y \leq 2 \times (x - 1)$
C_2:　x は 2 のべき
C_3:　$y \neq 0$

問題 3　条件 $(*)$ を用いて，$y > 0$ かつ $x = 2^{\mathrm{L}(y)}$ が成り立つのは，条件 C_1, C_2, C_3 がすべて成り立つとき，そしてそのときに限ることを証明せよ．

ここまでの算術的推論は，すべて一階算術の体系の**外部**で行ってきたことに注意しよう．この論理体系に**ついての**数学的推論は，普段数学で使う自然言語で行ってきた．そして，この一階算術の体系の外部での推論は，数学的真理をこの体系の**内部**でいかにして表すかに関するものであった．この推論を行っているとき，私たちは**メタ理論**と呼ばれることを行っている．数理論理学全般が対象としている形式的証明体系に**ついての**推論の多くは，ある論理体系の中で，かなりの労力をともなうものの，定式化されうるはずである．しかし，問題にしている推論は，通常，定式化すると理解するのが一層難しくなる．実際には，それは問題ではない．なぜなら，定式化に**ついて**考えることの核心は，その定式化が私たちの通常の数学的推論を正確に捕捉していることを確かめることであり，それなしにはいかなる価値ももちえないからである．概念的な数と同様に，私たちの概念的な推論こそが，まさに重要なのである．数理論理学は，私たちの概念的な推論の基礎として何があるか（何が暗黙の公理や推論規則であるか）という重要な問いに取り組み，私たちの推論を定式化することでこれを明確にするものにほかならない．またそうすることで，多くの興味深い問いを生みだしており，その中の重要な問いのかなりのものは本書で提示している．しかし，数理論理学を行う場合には，論じている形式体系の**内部**にどの証明（や論理式など）があり（たとえば，第 7 章の問題の解として示した証明は一階述語論理の公理系の内部にある)，どの証明（や論理式など）がないかを明確にしておかなければならない．真であることの定義全体や，一階算術の体系の中で数学的関係や集合を**表示する**という概念はそれ自体がメタ理論であること，すなわち，私たちが算術性を調べている論理体系の外部にあることをわかってほしい．形式体系の論理式は意味をもたないとしばしば言われる．しかし，読者はメタ理論においてすでに十分な経験を積んでいるので，（命題論理，純粋な一階述語論理，あるいは今話題にしている一階算術，いずれに対しての）メタ理論も意味をもつためには，解釈という，形式体系の論理式が意味を帯びる場について推論しなければならないことがわかるだろう．

さて，条件 C_1 が Σ_0 であることは簡単にわかる．

問題 4　その理由を述べよ．

しかし，条件 C_2 についてはどうだろうか．べき乗の関係 $x^y = z$ はまだ利用できないのに，「x は 2 のべき」という性質が Σ_0（構成的算術）であることや，算術的であることさえ，どうやって示せばよいのか．実は，論理学者ジョン・マイヒルによる次のような巧妙なアイディアを使うのである．2 は素数であり，任意の素数 p に対して，数 x が p のべきになるのは，x の 1 以外の約数自体がすべて p で割り切れるとき，そしてそのときに限る．

問題 5　次の関係がそれぞれ Σ_0 であることを示せ．

（a）　$\mathrm{Pow}_2(x)$（x は 2 のべき）

（b）　関係 $0 \neq x \wedge 0 \neq y \wedge x * y = z$

関数 $x * y$ は結合則を満たす，すなわち $(x * y) * z = x * (y * z)$ を満たすので，連結を重ねるときに括弧を必要としない．すなわち，この式の両辺はいずれも $x * y * z$ と書くことができる．（ちなみに，**二進法表記**された数の連結の場合には，これは成り立たない．たとえば，$(1 * 0) * 1$ は $1 * (0 * 1)$ と同じではない．なぜなら，$0 * 1 = 1$ なので，$1 * (0 * 1)$ は 11 になり，$(1 * 0) * 1 = 101$ ではないからである．これが，二進法表記に対して二値法表記がもつ技術的な優位点の一つである．）

問題 6

（a）　関係 $(0 \neq x_1 \wedge 0 \neq x_2 \wedge 0 \neq x_3 \wedge x_1 * x_2 * x_3 = y)$ が Σ_0（構成的算術）であることを示せ．

（b）　数学的帰納法を用いて，任意の $n \geq 2$ に対して，関係 $(0 \neq x_1 \wedge \cdots \wedge 0 \neq x_n \wedge x_1 * x_2 * \cdots * x_n = y)$ が Σ_0（構成的算術）であることを示せ．

二値ゲーデル符号化

とくに断らないかぎり，$x * y$ を xy と略記することにしよう．（これを x と y の積と混同しないように，メタ言語での記述でも一階算術の論理式でも積は $x \times y$ と書くことにする．）したがって，xy は，x と y それぞれを指示する二値数項の連結によって指示される数である．

二値法表記は，ゲーデル符号化に対して技術的に非常に簡便なやり方を提供する．任意の正整数 n に対して，g_n を 1 の後ろに n 個の 2 が続く二値法表記をもつ正整数とする．したがって，$g_1 = 12$，$g_2 = 122$，$g_3 = 1222$ となる．ここで，15 種類の記号 $\mathsf{0}\,'\,(\,)\,+\,\times\,\sim\,\wedge\,\vee\,\supset\,\forall\,\exists\,\mathsf{v}\,=\,\leq$ に，それぞれゲーデル数 g_1，g_2，$\cdots$，g_{15} を割り当てる．これらの記号から作られる記号列に対しては，それぞれの記号をそのゲーデル数で置き換えた結果をその記号列のゲーデル数とする．たとえば，$(+\wedge$ という（無意味な）記号列（これは，3 番目の記号の後ろに 5 番目の記号が続き，その後ろに 8 番目の記号が続いている）のゲーデル数は，$g_3g_5g_8$，すなわち，1222122222122222222 である．一階算術のそれぞれの記号列にゲーデル数を割り当てるこのやり方では，どのような記号列もゲーデル数から簡単に元に戻せることがよくわかるだろう．

前に述べたように，このゲーデル符号化のやり方には，任意の記号列 X と Y に対して，それぞれのゲーデル数を x と y とすると，XY のゲーデル数は xy になるという技術的利点がある．数学の専門用語でいえば，「二値ゲーデル符号化は，連結に関して**同型写像**になる」という．任意の n に対して，記号列 $\overline{n}$ のゲーデル数を $g(\overline{n})$ と表記する．

すべての**真**な文の二値ゲーデル数の集合が算術的でないこと，すなわち，すべての数 n に対して，$F(\overline{n})$ が真であるのは，n が真な文のゲーデル数であるとき，そしてそのときに限るような論理式 $F(x)$ は存在しないこと（タルスキの定理）を示すのが目標である．次章では算術の有名な公理系を考えて，すべての**証明可能**な文からなる集合は算術的**である**ことを示す．そして，このことから，（その体系では真な文だけが証明可能であるという意味で，その体系は**健全**であるという仮定の下で）真であるがその体系では証明可能ではない文が存在することがわかる．このようにして，その公理系に対するゲーデルの不完全性定理の証明がひとつ得られる．

タルスキの定理 [29] の証明には乗り越えなければならない面倒な障害があり，一階算術のすべての記号列のゲーデル符号化はその中核をなす．しかし，この証明のもっとも困難な部分を詳細に調べる前に少し立ち止まって，先ほど定義したすべての記号列のゲーデル符号化は正整数に対する新たな表記を与えてくれることに注意しよう．この表記は**ゲーデル表記**と呼びうるもので，その表記法で表された数は**ゲーデル数項**と呼びうるものである．任意の記号列 X に対して，$g(X)$ によって X のゲーデル数を表す．すると，任意の自然数 n に対して，n を指示するペアノ数項 $\overline{n}$ のゲーデル数は，ほかの記号列と同様，$g(\overline{n})$ である．$g(\overline{0}) = g(\mathsf{0}) = 12$，$g(\overline{1}) = g(\mathsf{0}') = 12122$，$g(\overline{2}) = g(\mathsf{0}'') = 12122122$，$\cdots$，$g(\overline{n+1}) = g(\overline{n}) * 122$ であることに注意する．その理由がわかるだろうか．

ゲーデル表記はすべての記号列のゲーデル符号化の一部にすぎないが，それだけで独立した正整数の表記の一つと見ることもできる．いくつかの数に対して，ここまでに出てきたすべての表記をまとめて表にしておく．

十進法表記	二値法表記	ペアノ表記	ゲーデル表記
0	—	$\mathsf{0}$	12
1	1	$\mathsf{0}'$	12122
2	2	$\mathsf{0}''$	12122122
3	11	$\mathsf{0}'''$	12122122122
4	12	$\mathsf{0}''''$	12122122122122

しかしながら，ここで次のことを指摘しておく．一階算術の文字からなるペアノ数項か論理式であるような特定の文字列に割り当てられたゲーデル数は，問題にしているのがペアノ数項のゲーデル数であるときさえ，二値数項として読めば，そのゲーデル数によって指示される（抽象的な）数と解釈さ

れる．したがって，ペアノ数項 0, 0′, 0″, 0‴, 0⁗ のゲーデル数を**十進法**表記で表すと，それぞれ 4, 42, 346, 3802, 22234 になる．これらは，それぞれ（二値数項とみなした）ゲーデル数 12, 12122, 12122122, 12122122122, 12122122122122 によって指示される抽象的な数（を十進法表記で表したもの）である．

タルスキの定理の証明でもっとも困難なのは，関係 $g(\overline{n}) = m$（二つの自然数 n と m の間の 2 項関係と考える）が算術的であることを示す部分である．これを示すにはいくつかのやり方がある．よく知られた一つのやり方は，中国式剰余定理として知られる数論の結果を使うことである．ここでは，クワインによる結果を修正した別のやり方で進める．それには，かなりの量の準備が必要になる．

二つの正整数 x と y を考える．$x = y$ であるか，x の二値法表記が y の二値法表記の先頭部分になるとき，すなわち，ある二値法表記の z に対して $xz = y$ となるとき，x によって y は**始まる**という．$x = y$ であるか，ある z に対して $zx = y$ となるとき，x によって y は**終わる**という．x によって y が始まるか，x によって y が終わるか，ある z_1 と z_2 に対して $z_1xz_2 = y$ となるとき，x は y の**部分**という．（注意したいのは，ここで説明した関係はいずれも連結関係をもとにしており，x と y が正でなければならないという要件が一階算術の連結関係を表示する論理式に組み込まれていることである．したがって，Σ_0 論理式を作るときに連結操作を使えば，論理式に現れる数が正整数でなければならないという要件を繰り返す必要はない．）

問題 7　次の（$x \neq 0$, $y \neq 0$ に対する）関係はいずれも Σ_0 であることを示せ．

（a）　$x\mathrm{B}y$（x の二値法表記によって y の二値法表記は始まる．）
（b）　$x\mathrm{E}y$（x の二値法表記によって y の二値法表記は終わる．）
（c）　$x\mathrm{P}y$（x の二値法表記は y の二値法表記の部分となる．）

ここで，$(a_1, b_1), \cdots, (a_n, b_n)$ という**正整数**の順序対 n 個からなる有限列 S を考える．このとき，$2n$ 個の数の全体を**符号化**する二値数項 z のある表記法を構成していこう．実際，z を**復号**して順序対として $2n$ 個の数すべてを簡単に取り出すことができるように符号化する．クワインが開発した方法に従って，これを行う．まず，その順序対の列に含まれるすべての正整数を考え，t を数 a_i, b_i の二値法表記すべてに含まれる 1 の並びのいずれよりも長い 1 だけからなる文字列で最短のものとする．（したがって，この列の中の順序対に含まれる正整数の二値数項がいずれも 1 をまったく含まないならば，とりうる最短の t は一つだけの 1 で構成される文字列になる．）$f = 2 * t * 2$（あるいは，もっと簡単に表記すれば $2t2$）とし，順序対の並び $(a_1, b_1), \cdots, (a_n, b_n)$ に対してこのように構成した f を，この並びの**フレーム**と呼ぶ．このとき，この列に含まれる順序対の二値数項とそこから構成した f をもってきて，連結によって次のような二値数項を構成する．

$$ffa_1fb_1ff \cdots ffa_nfb_nff \tag{$*$}$$

そしてこの二値数項が指示する正整数を z と呼び，そのような数 z を順序対の有限列 $(a_1, b_1), \cdots, (a_n, b_n)$ に対する**符号数**と呼ぶ．

注　記号列

$$f * f * a_1 * f * b_1 * f * f * \cdots * f * f * a_n * f * b_n * f * f$$

は，概念的なさまざまな正整数 $f, a_1, \cdots$ を表す二値数項を連結したものである．f については最初から二値数表記されたものを導入したので問題にならないが，おそらく a_i と b_i は（私たちが普段そうしているように）十進法表記で考えていただろう．しかし，これらをまとめて連結するとなると，最終的な二値数項を構成するために使われる二値法表記でこれらを考えねばならない．

さて，先ほど順序対列 $(a_1, b_1), \cdots, (a_n, b_n)$ から定義した符号数は，この列の符号化に使うことのできるもっとも効率的で使いやすい符号数である．なぜなら，この符号数からこの列を簡単に取り出すことができ，この符号数に含まれるすべてがその符号化に関連しているからである．しかし，この構成法を一階算術の論理式として正確に表すことはかなり面倒なので，前述の構成法の背後にある基本的アイディアを用いて，同じ列に対してまた別の符号数を作り，その場合にもそこから符号化された列が取り出せるようにしたい．（ただし，実際に手で列を符号数に符号化したいのであれば，前述の符号化をそのまま使うのが賢明だろう．）順序対の有限列に対して符号数をどのように定義するかを次に示す．まず，**フレーム**という語を再定義し，いくつかの連続する 1 の並びの前後に 2 が一つずつある文字列の意味に用いる．このとき，正整数 z の二値法表記が正整数の順序対の有限列 (a_1, b_1), $\cdots$, (a_n, b_n) の符号化となりうるために重要なのは，次のことである．

- z の中にある最長のフレーム f は，順序対 (a_1, b_1), $\cdots$, (a_n, b_n) の任意の要素に含まれる連続する 1 からなる文字列よりも長く連続する 1 からなる文字列を含む．
- もっとも重要なのは，この有限列に含まれるすべての順序対 (a, b) は，z の中で $ffafbff$ の形式の文字列として見つかることである．ここで，f は a の中にも b の中にも現れず，また，f は z に現れる最長フレームである．
- z の二値法表記の中を左から右に見ていくと，列の中に符号化されている順序対 (a_1, b_1), $\cdots$, (a_n, b_n) が見つかる．

これらの条件は，任意の正整数 z が次の二つの条件を満たすならば，z を符号数とする正整数の順序対の有限列は一意であることを保証する．

（1）　z が少なくとも一つのフレームを含む．
（2）　f が z の最長フレームであれば，z の中で $ffafbff$ の形式の文字列が少なくともひとつ存在する．ただし，f は a の部分でも b の部分でもない．

そして，z がこの二つの条件を満たす符号数であるならば，z は $ffafbff$ が z の部分であるようなすべての正整数の順序対 (a, b) の列を符号化すると言う．（そして，その列の中の順序は，z の二値法表記を左から右に見ていったときに，z の中にこの形式の文字列が現れる順序として得られる．）

符号数のこの「弱い」定義は，順序対の有限列 (a_1, b_1), $\cdots$, (a_n, b_n) に対する符号数 z が，f の中に現れるよりも長い 1 だけからなる文字列で始まるか終わることも許す．そして，「無意味な DNA」のような，z の中に符号化された列とは無関係な文字列が z の中にあってもよい．たとえば，$ffafbfcfdff$ のような文字列で，f が a, b, c, d のいずれの部分でもないようなものは，このような無関係な部分になるだろう．符号化された列に**関係**

する部分は，$ffafbff$ の形式の文字列で，f が a の部分でも b の部分でもないものすべてである．

練習問題　z が前述の条件(1)と(2)を満たせば，z に符号化される正整数の順序対の列がただ一つだけ存在することを証明せよ．

これで，証明しなければならない重要な補題を述べることができる．

補題 K_1（クワインの結果にもとづく）　次の二つの性質をもつ Σ_0 関係 $K_1(x,y,z)$ が存在する．

（1）　z は正整数の順序対の有限列 $(a_1,b_1),\cdots,(a_n,b_n)$ に対する符号数であり，$K_1(x,y,z)$ が成り立つのは，(x,y) が順序対 $(a_1,b_1),\cdots,(a_n,b_n)$ の中の一つであるとき，そしてそのときに限る．

（2）　任意の 3 個の数 x, y, z に対して，$K_1(x,y,z)$ が成り立つならば，$x\le z$ かつ $y\le z$ となる．

この補題 K_1 の添字 1 は，（1 以上の）正整数の順序対の列に対して成り立つことを表している．補題 K_1 を証明するためには，次の関係が Σ_0 であるとわかる必要がある．（すべての変数の前には「正整数の二値法表記」という記述がついているものとする．）

$\mathrm{ones}(x)$　　（x は 1 だけからなる文字列）

$\overset{\text{定義}}{\Longleftrightarrow} \sim 2\,\mathrm{P}\,x$

$x\,\mathrm{fr}\,z$　　（x は z のフレーム）

$\overset{\text{定義}}{\Longleftrightarrow} (\exists y\le z)(\mathrm{ones}(y)\wedge x=2y2\wedge x\,\mathrm{P}\,y)$

$\mathrm{lf}(x,y,z)$　　（x と y は z のフレームで，x は y よりも長い）

$\overset{\text{定義}}{\Longleftrightarrow} (\exists v\le z)(\exists w\le z)(x\,\mathrm{fr}\,z\wedge y\,\mathrm{fr}\,z\wedge y=2v2\wedge \mathrm{ones}(w)\wedge x=2vw2)$

$x\max z$　　（x は z に現れる最長フレーム）

$\overset{\text{定義}}{\Longleftrightarrow} x\,\mathrm{fr}\,z\wedge(\forall u\le z)((u\,\mathrm{fr}\,z\wedge u\neq x)\supset \mathrm{lf}(x,u,z))$

これで，$K_1(x,y,z)$ の Σ_0 関係を構成する準備がやっとできた．それは次のとおりである．

$$(\exists f\le z)(f\max z\wedge ffxfyff\,\mathrm{P}\,z\wedge \sim f\,\mathrm{P}\,x\wedge \sim f\,\mathrm{P}\,y)$$

一階算術の論理式も含むようなやり方でクワインの補題を適用したいが，

一階算術の解釈の領域は**自然数**なので，実際には（もちろん 0 以上の）**自然数**の順序対の有限列の符号化について述べる補題 K_1 の変形が求められる．その必要とされる結果は次のとおりで，これは補題 K_1 から簡単に導くことができる．

補題 K_0（自然数に対するクワインの補題）　Σ_0 関係 $K_0(x, y, z)$ で，次の条件が成り立つものが存在する．**自然数**の順序対の任意の有限列 S に対して，数 z が存在して，任意の数 x と y に対して関係 $K_0(x, y, z)$ が成り立つのは，(x, y) が S に含まれる順序対の一つであるとき，そしてそのときに限る．

問題 8　（正整数の順序対の列に対する）補題 K_1 が証明されているものとして，自然数の順序対の列に対する補題 K_0 を証明せよ．

◉ Σ_1 関係

$\exists z R(x_1, \cdots, x_n, z)$ の形式の関係は，$R(x_1, \cdots, x_n, z)$ が Σ_0 であれば，Σ_1 と呼ぶ．すべての Σ_1 関係はもちろん算術的である．

いまや補題 K_0 があるので，（自然数 x と y の間の）関係 $g(\overline{x}) = y$ が Σ_1 であることは簡単に証明できる．

問題 9　関係 $g(\overline{x}) = y$ は Σ_1 であることを証明せよ．（ヒント：自然数の順序対の列 $(0, g(\overline{0}))$, $(1, g(\overline{1}))$, $\cdots$, $(n, g(\overline{n}))$ を考えて，$g(\overline{0}) = 12$ であり，それぞれの正整数 $i \leq n$ に対して $g(\overline{i+1}) = g(\overline{i}) * 122$ であることを思い出そう．）

練習問題　関係 $x^y = z$ は Σ_1 であることを証明せよ．（ヒント：列 $(0, a_0)$, $(1, a_1)$, $\cdots$, (n, a_n) で，$a_0 = 1$，$a_n = x^n$（a_n は式 $x^y = z$ の z に等しい）であり，それぞれの $i < n$ に対して $a_{i+1} = a_i \times x$ であるようなものを考え，補題 K_0 を使う．）

つづいて，Σ_1 関係に関する重要な事実を理解する必要がある．Σ_0 関係 $R(x, y, z_1, \cdots, z_n)$ を考え，そして，（変数 $z_1, \cdots, z_n$ の間の関係として）$\exists x \exists y R(x, y, z_1, \cdots, z_n)$ を考える．この関係には二つの有界でない存在量化子が含まれるので，表面的には Σ_1 には見えないが，実際には Σ_1 なのである．

問題 10　この関係が Σ_1 であり，したがって，関係 $R(x, z_1, \cdots, z_n)$ が Σ_1 ならば，$\exists x R(x, z_1, \cdots, z_n)$ も Σ_1 であることを証明せよ．

タルスキの定理

関係 $g(\overline{x}) = y$ が算術的であることは証明したので，一階算術に関するタルスキの定理を証明する準備が整った．

特定の変数を一つ決めて，たとえば，それを v_1 として，v_1 が唯一の自由変数である論理式 $F(v_1)$ を考える．$F(\overline{n})$ は，論理式 $F(v_1)$ の中の v_1 の自由な出現すべてにペアノ数項 $\overline{n}$ を代入した結果と定義したのであった．$F(\overline{n})$ のゲーデル数は，$F(v_1)$ のゲーデル数と数 n の算術的関数として表すことができるだろうか．すなわち，ある算術的関係 $R(x, y, z)$ で，それが成り立つのは，x が論理式 $F(v_1)$ のゲーデル数で，$F(\overline{y})$ のゲーデル数が z であるとき，そしてそのときに限るようなものが存在するだろうか．その答えは肯定的であり，そのような算術的関係が存在する．しかし，この証明は，代入の処理の算術化も含んでおり，極めて複雑である．幸運なことに，アルフレッド・タルスキによる巧妙なアイディア [31] を少し修正することによって，これを避けることができる．形式ばらずにいえば，そのアイディアは次のとおりである．与えられた性質 P が与えられた数 n に対して成り立つというのは，ある数 x が存在して，$x = n$ かつ x に対して P が成り立つというのと同値である．形式的には，文 $F(\overline{n})$ は，文 $\exists v_1(v_1 = \overline{n} \wedge F(v_1))$ と同値になる．（これはまた，文 $\forall v_1(v_1 = \overline{n} \supset F(v_1))$ と同値であり，これがタルスキの用いた文である．）

ここで鍵となるのは，このあとすぐにわかるように，$\exists v_1(v_1 = \overline{n} \wedge F(v_1))$ のゲーデル数を $F(v_1)$ のゲーデル数と数 n の算術的関数にするのは簡単であるということだ．$\exists v_1(v_1 = \overline{n} \wedge F(v_1))$ を $F[\overline{n}]$ と略記することにする．（角括弧を用いていることに注意せよ．）繰り返しになるが，重要な点は，文 $F[\overline{n}]$ と $F(\overline{n})$ は同一ではないが，同値（ともに真であるか，ともに偽であるかのいずれか）であることだ．

実際のところ，任意の記号列 E に対して，それが論理式であっても論理式でなくても，記号列 $\exists v_1(v_1 = \overline{n} \wedge E)$ は明確に定義できる（ただし，E が論理式でなければ意味をなさない）．そして，（場合によっては意味のない）記号列 $\exists v_1(v_1 = \overline{n} \wedge E)$ の省略形を $E[\overline{n}]$ と書くことにする．E が論理式であれば，$E[\overline{n}]$ も論理式になり，E が v_1 を唯一の自由変数とする論理式であれば，$E[\overline{n}]$ は文になる．しかし，いかなる場合も，$E[\overline{n}]$ は明確に定義された記号列である．

関数 $f(x, y)$ は，関係 $f(x, y) = z$ が Σ_1 関係であるならば，Σ_1 関数と呼ぶ．次の補題は，タルスキの定理を証明するための鍵となる．

補題 T_1　任意の記号列 E のゲーデル数 e と任意の数 n に対して $E[\overline{n}]$ のゲーデル数を値とする関数 $r(e, n)$ は，Σ_1 関数になる．

問題 11　補題 T_1 を証明せよ．（ヒント：記号列 $\exists v_1(v_1 = \overline{n} \wedge E)$ は，記号列 $\exists v_1(v_1 =$ に $\overline{n}$ が続き，さらに連言記号 $\wedge$，E，右括弧が続いたものである．このそれぞれの部分のゲーデル数を考えよ．）

これで関係 $r(x, y) = z$ が算術的であることはわかったので，タルスキの定理は，本質的に第 10 章の証明と同じ論証によって証明することができる．第 10 章と同じように，b をゲーデル数とする文 S_b は，S_b が真となるのが $b \in A$ であるとき，そしてそのときに限るならば，数の集合 A のゲーデル文と呼ぶ．ここで，すべての算術的集合 A はゲーデル文をもつことを示さなければならない．

関係 $r(x, y) = z$ は算術的なので，（x と y の間の）関係 $r(x, x) = y$ も算術的である．x^* を $r(x, x)$ と定義する．すると，関係 $x^* = y$ は算術的である．b をゲーデル数とする論理式 $F(v_1)$ を $F_b(v_1)$ と表記しよう．b^*（これは $r(b, b)$ である）は，文 $F_b[b]$ のゲーデル数である．（これは論理式 $F_b(v_1)$ の**対角化**と呼ぶにふさわしい．）任意の数の集合 A に対して，$A^\#$ を $n^* \in A$ となるすべての数 n の集合と定義する．すべての算術的集合がゲーデル文をもつことを示すには，A を算術的と仮定して，$F(x)$ を A を表示する論理式とする．このとき，$A^\#$ もまた算術的である．なぜなら，$x \in A^\#$ となるのは，$\exists y(x^* = y \wedge F(y))$ であるとき，そしてそのときに限るからである．$F_b(v_1)$ を（b をゲーデル数とする）論理式で，集合 $A^\#$ を表示するものとする．すると，任意の数 n に対して，文 $F_b[\overline{n}]$ が真となるのは，$n \in A^\#$ であるとき，そしてそのときに限り，それは $n^* \in A$ であるとき，そしてそのときに限る．つまり，$F_b[\overline{n}]$ が真となるのは，$n^* \in A$ であるとき，そしてそのときに限る．とくに，n として b をとると，$F_b[b]$ が真となるのは，$b^* \in A$ であるとき，そしてそのときに限る．しかし，b^* は $F_b[b]$ のゲーデル数なので，$F_b[b]$ は A のゲーデル文である．これで，すべての算術的集合 A はゲーデル文をもつことが証明された．

それでは，T をすべての真な算術的文からなる集合とし，T_0 をそのような文のゲーデル数からなる集合とする．T_0 の補集合 $\widetilde{T_0}$（これは T_0 に属さないすべての数からなる集合であることを思い出そう）は，ゲーデル文をもちえない．なぜなら，そのようなゲーデル文が真となるのは，そのゲーデル数が $\widetilde{T_0}$ に属するとき，そしてそのときに限る．しかし，これは，その文が真となるのは，そのゲーデル数が真な文のゲーデル数で**ない**とき，そしてそのときに限ることを意味するが，これはありえない．したがって，$\widetilde{T_0}$ はゲーデル文をもたない．すべての算術的集合はゲーデル文をもつので，$\widetilde{T_0}$ は算術的とはなりえない．つまり，T_0 は算術的にはなりえない．（なぜなら，もし T_0 がある論理式 $F(x)$ によって表示されるならば，集合 $\widetilde{T_0}$ は論理式 $\sim F(x)$ によって表示されるからである．）

これで次の定理が証明できた．

定理 T_1（算術性に関するタルスキの定理）　すべての真な文のゲーデル数からなる集合は，算術的ではない（いかなる論理式によっても表示可能でない）．

付記　ここでは，二値ゲーデル符号化という特定のゲーデル符号化に対して，タルスキの定理を証明した．ゲーデルの定理の意味論的証明に必要なのは，この二値ゲーデル符号化だけである．実際には，タルスキの定理は，記号列の連結関係を反映した算術的関係 $C(x, y, z)$ があるという性質，すなわち，任意の記号列 X と Y に対して，それぞれのゲーデル数を x と y とすると，関係 $C(x, y, z)$ が成り立つのは，z が XY（X の後ろに Y を続けたもの）のゲーデル数であるとき，そしてそのときに限るという性質をもつ任意のゲーデル符号化に対して成り立つ．私はこれを [28] において証明した．

A が算術的ならば，$A^{\#}$ も算術的であることがわかる．のちほど，A が

Σ_1 ならば，$A^\#$ も Σ_1 であることが必要になる．

問題 12　A が Σ_1 ならば，$A^\#$ も Σ_1 であることを証明せよ．（$R(x, y, z_1, \cdots, z_n)$ が Σ_0 ならば，関係 $\exists x \exists y R(x, y, z_1, \cdots, z_n)$ は Σ_1 であることに注意せよ．）

問題 13　A と B が Σ_1 集合ならば，それらの和集合 $A \cup B$ と共通集合 $A \cap B$ も Σ_1 集合であることを証明せよ．

一階算術の文の任意の集合 W に対して，W_0 を W の元の二値ゲーデル数からなる集合とする．T を一階算術のすべての真な文からなる集合とする．T_0 は算術的ではないというタルスキの定理から，真な文の任意の集合（T の任意の部分集合）W に対して，W_0 が算術的ならば，W は T 全体にはなりえないことが含意される（なぜなら W_0 は T_0 全体にはなりえないからである）．したがって，W に属さない真な文がなければならない．これは，W が算術の健全な（つまり，その公理系において証明可能な文はすべて真であるような）公理系のすべての証明可能な文からなる集合であるときには，とくに重要である．なぜなら，このとき，この公理系において証明可能でない真な文が存在することが導かれ，したがって，この公理系は完全でないというゲーデルの結果が示されるからである．

さらに，真な文の集合 W で W_0 が算術的であるようなものと，集合 W_0 を表示する論理式が与えられたとき，W に属さない真な文を実際に**見つける**ことができる．

問題 14　その理由を説明せよ．

第 13 章では，ペアノ算術として知られる一階算術の有名な公理系を考える．そこで導入される公理は，20 世紀に一階算術の分析のために開発され重視されたいくつかの公理系の公理と同値である．第 13 章では，その公理系のすべての証明可能な文のゲーデル数の集合を表示する論理式とこの章で苦労して得た結果から，真であるがペアノ算術では証明可能でない文を明示的に示すことができる．

*　*　*

次の重要な問いでこの章を終えることにする．一階算術のどの文が真でどの文が偽であるかを判別することのできる純粋に機械的な手続きがあるだろうか．この問いに答えるためには，機械的手続きを正確に定義する必要がある．これは，次の章で取り組む**計算可能性理論**，あるいは**再帰的関数論**とも呼ばれる領域の主題である．

問題の解答

問題 1　それぞれの関係や素数の集合は，次のようにして算術的であることが証明できる．

（a）　$x \operatorname{div} y$　（x は y を割り切る）　$\Longleftrightarrow$　$\exists z(x \times z = y)$

（b）　$x \operatorname{pdiv} y$　（x は y を割り切りかつ x は 1 でも y でもない）

$\Longleftrightarrow$　$x \operatorname{div} y \wedge \sim(x = 1) \wedge \sim(x = y)$

（c）　$x < y$　（x は y よりも小さい）　$\Longleftrightarrow$　$x \leq y \wedge \sim(x = y)$

（d）　$\operatorname{prm} x$　（x は素数である）　$\Longleftrightarrow$　$\sim\exists y(y \operatorname{pdiv} x)$

問題 2　もちろん，和と積によって表示可能である．なぜなら，関係 $x \leq y$ それ自体も次のようにして和と積によって表示可能だからである．

$$x \leq y \overset{\text{定義}}{\Longleftrightarrow} \exists z(x + z = y)$$

問題 3　$y \neq 0$ とするとき，$x = 2^{\mathrm{L}(y)}$ となるのは，条件 C_1, C_2, C_3 がすべて成り立つとき，そしてそのときに限ることを示さなければならない．

（a）　$y \neq 0$ として，$x = 2^{\mathrm{L}(y)}$ と仮定する．条件 C_3 と C_2 はあきらかに成り立つ．$r = \mathrm{L}(y)$ とすると，$x = 2^r$ となる．r は y の長さなので，条件 $(*)$ によって，$2^r - 1 \leq y \leq 2 \times (2^r - 1)$ が得られる．$x = 2^r$ なので，$x - 1 \leq y \leq 2(x - 1)$ が得られ，これは条件 C_1 である．

（b）　逆に，条件 C_1, C_2, C_3 がすべて成り立つと仮定する．C_3 によって，y は自然数でその値は 1 以上なので，それに対応する二値数項があり，二値数項としての y の長さ $\mathrm{L}(y)$ は意味のある数で，実際，1 以上の値をもつ数である．（そして，このことから，x のとりうる最小値は 2 である．）C_2 によって，ある r に対して $x = 2^r$ となる．そして，C_1 によって $x - 1 \leq y \leq 2(x - 1)$ であり，したがって $2^r - 1 \leq y \leq 2 \times (2^r - 1)$ である．このとき，$(*)$ によって，r は y の長さ，すなわち，$r = \mathrm{L}(y)$ である．$x = 2^r$ でかつ $r = \mathrm{L}(y)$ なので，$x = 2^{\mathrm{L}(y)}$ となる．

問題 4　条件 C_1 が Σ_0 であることを示すためには，今，C_1 として示されている式 $x - 1 \leq y \leq 2 \times (x - 1)$ を書き直す必要がある．これは，そのままでは Σ_0 論理式の条件に適合していないからである．たとえば，不等式を組み合わせたものは Σ_0 論理式として許されないので，二つの不等式を別々に書かなければならない．さらに，$-$ という記号は一階算術にはないので，引き算という数学演算を取り除かなければならない．元の式を $(\exists z \leq x)(x = z + 1 \wedge z \leq y \wedge y \leq 2 \times z)$ と書き直すと，これら二つの問題を回避することができる．

問題 5　次のようにして，それぞれの関係が Σ_0 であることがわかる．

（a）　$\mathrm{Pow}_2(x)$ となるのは，$(\forall y \leq x)[(y \,\mathrm{div}\, x \wedge y \neq 1) \supset 2 \,\mathrm{div}\, y]$ であるとき，そしてそのときに限る．

（b）　(a)によって，条件 C_2 は Σ_0（すなわち構成的算術）であり，C_1 が Σ_0 であることはすでに証明した．そして，条件 C_3 はあきらかに Σ_0 である．したがって，これら 3 条件の連言は Σ_0 であり，その連言は $x = 2^{\mathrm{L}(y)}$ と同値である．つまり，関係 $x = 2^{\mathrm{L}(y)}$ は Σ_0 である．ここで，$x * y = x \times 2^{\mathrm{L}(y)} + y$ なので，$x * y = z$ が意味がありかつ真となるのは，次の論理式が真であるとき，そしてそのときに限る．

$$x \neq 0 \wedge y \neq 0 \wedge (\exists w \leq z)(w = 2^{\mathrm{L}(y)} \wedge (x \times w) + y = z)$$

問題 6　次のようにして，それぞれの関係が Σ_0 であることがわかる．

（a）　$0 \neq x_1 \wedge 0 \neq x_2 \wedge 0 \neq x_3 \wedge x_1 * x_2 * x_3 = y$ は Σ_0 である．なぜなら，これは $0 \neq x_1 \wedge 0 \neq x_2 \wedge 0 \neq x_3 \wedge (\exists z \leq y)(x_1 * x_2 = z \wedge z * x_3 = y)$ と同値になるからである．

（b）　数学的帰納法を用いて $n = 2$ の場合から始める．関係 $x_1 * x_2 = y$ が Σ_0 であることはすでにわかっている．2 以上の数 n に対して，関係 $0 \neq x_1 \wedge \cdots \wedge 0 \neq x_n \wedge x_1 * x_2 * \cdots * x_n = y$ は Σ_0 だと仮定する．このとき，$n+1$ についてもこの性質が成り立つ．なぜなら，$x_1 * \cdots * x_n * x_{n+1} = y$ となるのは，$0 \neq x_1 \wedge \cdots \wedge 0 \neq x_n \wedge (\exists z \leq y)(x_1 * \cdots * x_n = z \wedge z * x_{n+1} = y)$ であるとき，そしてそのときに限るからである．

問題 7　次のようにして，それぞれの関係が Σ_0 であることがわかる．

（a）　$x \,\mathrm{B}\, y$（x によって y は始まる）$\Longleftrightarrow x = y \vee (\exists z \leq y)(x * z = y)$

（b）　$x \,\mathrm{E}\, y$（x によって y は終わる）$\Longleftrightarrow x = y \vee (\exists z \leq y)(z * x = y)$

（c）　$x \,\mathrm{P}\, y$（x は y の部分である）$\Longleftrightarrow x \,\mathrm{B}\, y \vee x \,\mathrm{E}\, y \vee (\exists z_1 \leq y)(\exists z_2 \leq y)(z_1 * x * z_2 = y)$

問題 8　$K_0(x, y, z)$ を関係 $K_1(x+1, y+1, z)$ とする．この関係 $K_0(x, y, z)$ は Σ_0 である．なぜなら，これは，次の Σ_0 関係と同値だからである．

$$(\exists x_1 \leq z)(\exists x_2 \leq z)(x_1 = x + 1 \wedge x_2 = y + 1 \wedge K_1(x_1, x_2, z))$$

この関係 $K_0(x, y, z)$ でうまくいくことを示さなければならない．

S を**自然数**の順序対の有限列とする．このとき，S' をすべての $(x, y) \in S$ に対する順序対 $(x+1, y+1)$ からなる列とする．補題 K_1 を列 S' に適用すると，数 z で任意の自然数 x と y に対して**正整数**の対 $(x+1, y+1)$ が S' に含まれるのは，$K_1(x+1, y+1, z)$ であるとき，そしてそのときに限るものが存在する．したがって，任意の自然数 x と y に対して，対 (x, y) が S に含まれるのは，$(x+1, y+1)$

が S' に含まれるとき，そしてそのときに限る．そして，それが真となるのは，$K_1(x+1, y+1, z)$ であるとき，そしてそのときに限り，それは $K_0(x, y, z)$ であるとき，そしてそのときに限る．つまり，$(x, y) \in S$ となるのは，$K_0(x, y, z)$ であるとき，そしてそのときに限る．

問題 9　まず，任意の自然数の対 n と m で $g(\overline{n}) = m$ となるものに対して，次の列 S は自然数の順序対 n 個を含み，(a, b) が S に含まれれば $g(\overline{a}) = b$ となり，$(c+1, d)$ が S に含まれれば，ある自然数 e が存在して (c, e) が S に含まれることに注意する．

$$S : (0, 12), (1, 12122), (2, 12122122), (3, 12122122122), \cdots, (n, m)$$

この問題を解く前に，いま定義した列が何を表しているのか考えてみよう．一階算術で表すことのできる 2 項関係は自然数の対についての関係（すなわち，関係 $R(x, y)$ で，一階算術の論理式 $F(x, y)$ が関係 $R(x, y)$ を表示することができるならば，$R(x, y)$ が二つの自然数 m と n に対して真となるのは，この章の前の方で述べたような論理式の真の定義によって $F(\overline{m}, \overline{n})$ が真となるとき，そしてそのときに限るようなもの）だけである．

しかし，ここで定義したゲーデル符号化関数 g は，一階算術の記号列の関数であり，自然数の関数ではない．算術性の定義によって，任意の記号列 X とそのゲーデル数 m に対して関数 $g(X) = m$ が算術的であることを示すことはできない．なぜなら，一階算術のすべての関係は自然数を定義域としているからである．しかし，（数学的な通常の自然言語で表された）関係 $g(\overline{n}) = m$ において，$g(\overline{n})$ は二つの関数の**合成**と呼ばれるものを含んでいる．上線で表された関数 $\overline{n}$ は，自然数についての関数で，0 の後ろに n 個のアクセント記号が続く一階算術の**記号列**を作り出す．このように，$g(\overline{n})$ は，まず n に上線関数の処理を行い，それから（自然数を作るために）その結果の記号列にゲーデル符号化関数 g を適用するという関数を表す記号列である．したがって，表示しようとしている関係 $g(\overline{n}) = m$ は，実際には二つの自然数 n と m の間の関係になる．

そして，関係 $g(\overline{x}) = y$ を表示するために，自然数の順序対の列を用いようとしている．もう一度，その順序対の列を示しておく．

$$(0, 12), (1, 12122), (2, 12122122), (3, 12122122122), \cdots, (n, m)$$

この列について，まず明らかにしておくべきことがある．それは，ここで関心のある自然数の間の関係 $g(\overline{n}) = m$ を満たす最初の n 個の順序対 (n, m) を含んでいるということだ．次の表に，この関係を満たす順序対を示す．（$\mathrm{Dec}(n)$ は「n の十進法表記」，$\mathrm{P}(n)$ は「n を指示するペアノ数項」，$\mathrm{Dy}(g(P(n)))$ は「n を指示するペアノ数項のゲーデル数に対応する二値数項」として，それぞれの列に含まれる自然数に使われている表記を示している.）

n		m すなわち $g(\overline{n})$
Dec(n)	P(n)	Dy(g(P(n)))
0	0	12
1	$0'$	12122
2	$0''$	12122122
3	$0'''$	12122122122
4	$0''''$	12122122122122

それぞれの順序対に含まれる二つの数のうちの 1 番目を十進法表記で書き，2 番目をゲーデル表記で書いていることを奇妙に思うかもしれない．しかし，n と m が表現するのは同じ数であることに気づいただろうか．この場合，表現として相異なるものを用いているのである．どのようにしてそれを行っているのかを見るために，前述の表を次のように拡張してみる．

n			m すなわち $g(\overline{n})$	
Dy(n)	Dec(n)	P(n)	Dy(g(P(n)))	Dec(g(P(n)))
—	0	0	12	4
1	1	$0'$	12122	42
2	2	$0''$	12122122	346
11	3	$0'''$	12122122122	3802
12	4	$0''''$	12122122122122	22234

この表からわかるように，さきに定義した列に含まれる順序対を指定する方法において，一貫して同じ表記を使おうとしても，二値法表記ではそうすることはできない．なぜなら，0 を指示する数項はないからである．しかし，この表からさらにわかるのは，最初の 5 個の整数に対する関数の値を示す順序対の数を両方とも十進法表記を使って表そうとするならば，合成関数 $g(\overline{n})$ を $g'(n)$ と略記することにして，g' の引数と値をともに十進法表記で表すと，最初の 5 個の自然数に対して $g'(0) = 4$, $g'(1) = 42$, $g'(2) = 346$, $g'(3) = 3802$, $g'(4) = 22234$ になる，ということである．そして $n = 4$ に対する元の列は，すべての数を十進法表記すると次のように書くことができる．

$$(0, 4), (1, 42), (2, 346), (3, 3802), (4, 22234)$$

いずれにしても，十進法表記で表された自然数の間の関係という観点からは，これらが最初の 5 個の自然数についての関数 $g(\overline{n}) = m$ に対応する順序対である．しかし，この場合には，列の順序対の二つの数のうち 1 番目の数を十進法表記で書き，2 番目の数をゲーデル表記で書くほうが便利である理由をわかってもらえただろう．

ここで，このような順序対列の存在を理解することが，なぜ $g(\overline{n}) = m$ が算術的であることだけでなく Σ_1 であることを証明するときに役立つのかを理解しておかなければならない．

まず，ここまでに述べた列の構成法で，任意の数 n と m に対して，$g(\overline{n})=m$ となるのは，順序対の有限列 S で次の条件を満たすものが存在するとき，そしてそのときに限ることに注意しよう．

（1） (n,m) は，列 S に含まれる順序対である．

（2） S に含まれるすべての順序対 (a,b) に対して，$(a,b)=(0,12)$ であるか，S に含まれるある順序対 (c,d) で，$(a,b)=(c+1,d*122)$ となるものが存在する．

ここまでに述べた構成法によって，$g(\overline{n})=m$ ならば，(1) と (2) がともに成り立つ有限列 S が存在する．

逆に，S が条件 (1) と (2) の成り立つ有限列だと仮定する．条件 (2) から，a に関する数学的帰納法によって，S のすべての対 (a,b) に対して $g(\overline{a})=b$ となる．とくに，条件 (1) によって，$g(\overline{n})=m$ であることがわかる．

ここまで来れば，$g(\overline{u})=v$ となるのは，(u,v) が，ある自然数の対 n,m に対する列で (1) と (2) を満たすものに含まれるとき，そしてそのときに限ることがはっきりしたはずである．

このことと補題 K_0 から，次の Σ_1 関係が $g(\overline{x})=y$ を表示することが導かれる．

$$\begin{aligned}&\exists z[K_0(x,y,z)\wedge(\forall v\leq z)(\forall w\leq z)(K_0(v,w,z)\\&\quad\supset[(v=0\wedge w=\overline{4})\\&\qquad\vee(\exists v_1\leq z)(\exists w_1\leq z)(K_0(v_1,w_1,z)\wedge v=v_1+1\wedge w=w_1*122)])]\end{aligned}$$

あるいは，これと同値な次の関係でもよい．

$$\begin{aligned}&\exists z[K_0(x,y,z)\wedge(\forall v\leq z)(\forall w\leq z)(K_0(v,w,z)\\&\quad\supset[(\sim(v=0\wedge w=\overline{4})\\&\qquad\supset(\exists v_1\leq z)(\exists w_1\leq z)(K_0(v_1,w_1,z)\wedge v=v_1+1\wedge w=w_1*122)])]\end{aligned}$$

注 1　2 箇所で代入しなければならない $K_0(x,y,z)$ を定義する論理式には，z が自然数の順序対の有限列に対する符号数であることを保証する条件がすべて含まれている．これに追加しなければならないのは，その有限列がこの問題の解として用いるような列であることを保証する条件だけである．もちろん，$\overline{4}$ が，実際には 0 の後ろに 4 個のアクセント記号が続く記号列の省略であることを忘れないように．

注 2　もしかすると，$K_0(x,y,z)$ が $K_1(x+1,y+1,z)$ の省略であることを思い出して，部分論理式 $(v=0\wedge w=\overline{4})$ が実際には $(v=0'\wedge w=\overline{42})$ でなくてよいのかと心配になるかもしれない．そのような心配をしなくてもよい理由は次のとおりである．前述の論理式に現れる K_0 に K_1 を（適切な引数とともに）代入するすると，次の論理式が得られる．

$$\exists z[K_1(x+1,y+1,z)\wedge(\forall v\leq z)(\forall w\leq z)(K_1(v+1,w+1,z)$$
$$\supset[(v=0\wedge w=\overline{4})\vee(\exists v_1\leq z)(\exists w_1\leq z)(K_1(v_1+1,w_1+1,z)$$
$$\wedge v=v_1+1\wedge w=w_1*122)])]$$

元の論理式において，z に対する量化の内側で $K_0(x,y,z)$ の後の部分は「z に符号化された列に含まれるすべての (v,w) に対して，$(v,w)\neq(0,\overline{4})$（これは，メタ言語を用いて順序対の 2 番目の数を十進法表記すると $(v,w)\neq(0,12)$ になる）ならば，（この順序対を並べる順序で）その直前にある順序対もまたこの列に含まれなければならない」と述べていることを理解しておくべきである．たとえば，$(2,12122122)$ がこの列に含まれるならば，$(1,12122)$ もこの列に含まれるということだ．$(v=0\wedge w=\overline{4})$ を用いることでうまくいくことを理解するには，K_0 の代わりに K_1 を使って書かれた論理式を注意深く見てみることである．その部分は次のとおりである．

$$(\forall v\leq z)(\forall w\leq z)(K_1(v+1,w+1,z)\supset\cdots$$
$$(\exists v_1\leq z)(\exists w_1\leq z)(K_1(v_1+1,w_1+1,z)\wedge v=v_1+1\wedge w=w_1*122))$$

S をこの文全体が存在を主張する列（それは $(0,12),(1,12122),(2,12122122),\cdots$ という形式であってほしい）とすると，$K_1(x+1,y+1,z)$ は，(x,y) が S に含まれると述べていることがわかる．したがって，$v=v_1+1$ は $v_1=v-1$ を含意し，$w=w_1*122$ は w_1 が w をゲーデル数とする正整数よりも 1 だけ小さい正整数のゲーデル数であることを含意することに注意すると

$$K_1(v+1,w+1,z)\text{ は }(v,w)\in S\text{ と述べている}\tag{1}$$
$$K_1(v_1+1,w_1+1,z)\text{ は }(v-1,w_1)\in S\text{ と述べている}\tag{2}$$

ことがわかる．そして，列 S に含まれる (v,w) で後半の主張が真でないものは，$(v,w)=(0,\overline{4})$ の場合だけである．なぜなら，0 は，（自然数の領域では）1 を引くことに意味のない唯一の自然数だからである．

だが，この解答を始めから見てきた者にはわかったであろうことが一つある．それは，K_1 から K_0 に書き直さないのであれば，$g(\overline{x})=y$ を表示する論理式全体から次のように変数を一つ取り除けたであろうということだ．

$$\exists z[K_1(x+1,y+1,z)\wedge(\forall v\leq z)(\forall w\leq z)(K_1(v+1,w+1,z)$$
$$\supset[(v=0\wedge w=\overline{4})\vee(\exists w_1\leq z)(K_1(v,w_1+1,z)\wedge w=w_1*122)])]$$

問題 10　次のようにして，それぞれの主張が成り立つことが証明できる．

（a）　まず，任意の関係 $R(x,y,z_1,\cdots,z_n)$ に対して，（$z_1,\ \cdots,\ z_n$ の間の関係として）次の 2 条件は同値であることに注意しよう．

$$\exists x \exists y R(x, y, z_1, \cdots, z_n) \tag{1}$$

$$\exists w(\exists x \leq w)(\exists y \leq w)R(x, y, z_1, \cdots, z_n) \tag{2}$$

(2) が (1) を含意することはあきらかである．逆に，z_1, ⋯, z_n を (1) が成り立つ数であると仮定する．このとき，ある数 x と y が存在して，$R(x, y, z_1, \cdots, z_n)$ が成り立つ．w を x と y の最大値とすると，このような数 w に対して $(\exists x \leq w)(\exists y \leq w)R(x, y, z_1, \cdots, z_n)$ が成り立つので，(2) も成り立つ．

それでは，$R(x, y, z_1, \cdots, z_n)$ が Σ_0 だと仮定する．w を $R(x, y, z_1, \cdots, z_n)$ の中に自由に出現しない変数とする．このとき，（w, z_1, ⋯, z_n の間の）関係 $(\exists x \leq w)(\exists y \leq w)R(x, y, z_1, \cdots, z_n)$ も Σ_0 である．したがって，関係 (2) は Σ_1 であり，(2) と同値な関係 (1) もまた Σ_1 である．

これで，$R(x, y, z_1, \cdots, z_n)$ が Σ_0 ならば，（z_1, ⋯, z_n の間の）関係 $\exists x \exists y R(x, y, z_1, \cdots, z_n)$ は Σ_1 であることが証明できた．

（b）　(a) から，関係 $R(x, z_1, \cdots, z_n)$ が Σ_1 ならば，（z_1, ⋯, z_n の間の）関係 $\exists x R(x, z_1, \cdots, z_n)$ も Σ_1 であることが導かれる．（その理由は次のとおり．$R(x, z_1, \cdots, z_n)$ が Σ_1 だと仮定する．このとき，ある Σ_0 関係 $S(x, x_1, \cdots, x_n, y)$ で，$R(x, z_1, \cdots, z_n)$ となるのは，$\exists y S(x, x_1, \cdots, x_n, y)$ であるとき，そしてそのときに限るものが存在する．したがって，$\exists x R(x, z_1, \cdots, z_n)$ となるのは，$\exists x \exists y S(x, x_1, \cdots, x_n, y)$ であるとき，そしてそのときに限り，これは (a) によって Σ_1 である．）

問題 11　a を記号列 $\exists v_1(v_1 =$ のゲーデル数とする．（必要ならば，実際に書き下すこともできる．）$\overline{n}$ のゲーデル数は $g(\overline{n})$ である．$\wedge$ のゲーデル数は g_8 である．E のゲーデル数を e とする．右括弧のゲーデル数は g_4 である．すると，記号列 $\exists v_1(v_1 = \overline{n} \wedge E)$ 全体のゲーデル数は，$a * g(\overline{n}) * g_8 * e * g_4$ になる．したがって，関数 $r(x, y)$ を $a * g(\overline{y}) * g_8 * x * g_4$ にとる．

ここで，関係 $r(x, y) = z$ が Σ_1 であることを確認しなければならない．$r(x, y) = z$ は

$$a * g(\overline{y}) * g_8 * x * g_4 = z \tag{1}$$

であり，これは

$$\exists w(w = g(\overline{y}) \wedge a * w * g_8 * x * g_4 = z) \tag{2}$$

と同値である．ここで，関係 $w = g(\overline{y})$ が Σ_1 であることは示せているので，ある Σ_0 関係 $S(w, y, v)$ で，$w = g(\overline{y})$ となるのは，$\exists v S(w, y, v)$ であるとき，そしてそのときに限るものが存在する．したがって，(2) は

$$\exists w \exists v(S(w, y, v) \wedge a * w * g_8 * x * g_4 = z) \tag{3}$$

に同値である．関係 $S(w,y,v) \wedge a * w * g_8 * x * g_4 = z$ は Σ_0 なので，問題 10 によって (3) は Σ_1 である．

問題 12　$A^{\#}$ の定義によって，$x \in A^{\#}$ であるのは，$r(x,x) \in A$ であるとき，そしてそのときに限る．また，$r(x,x) \in A$ であるのは，

$$\exists y(r(x,x) = y \wedge y \in A) \tag{1}$$

であるとき，そしてそのときに限る．（厳密にいえば，この $y \in A$ は一階算術の論理式でない．しかし，この問題では A を Σ_1 と仮定しているので，これがどのようにして算術的な論理式の省略，実際には Σ_1 論理式の省略と考えられるかは，後ほどわかる．）

それでは，A が Σ_1 だと仮定する．まず，$r(x,x) = y \wedge y \in A$ が Σ_1 であることを示す．

A が Σ_1 なので，ある Σ_0 関係 $R(y,z)$ で，$y \in A$ であるのは，$\exists z R(y,z)$ であるとき，そしてそのときに限るものが存在する．

関係 $r(x,y) = z$ が Σ_1 であることは示したので，関係 $r(x,x) = y$ は Σ_1 であり，ある Σ_0 関係 $S(x,y,w)$ で，$r(x,x) = y$ であるのは，$\exists w S(x,y,w)$ であるとき，そしてそのときに限るものが存在する．それゆえ，$r(x,x) = y \wedge y \in W$ であるのは，$\exists w \exists z(S(x,y,w) \wedge R(y,z))$ であるとき，そしてそのときに限る．問題 10 によって，この関係は Σ_1 である．なぜなら，関係 $S(x,y,w) \wedge R(y,z)$ は Σ_0 だからである．したがって，関係 $r(x,x) = y \wedge y \in A$ は Σ_1 であり，条件 $\exists y(r(x,x) = y \wedge y \in A)$ も（これもまた問題 10 によって）Σ_1 である．つまり，$A^{\#}$ は Σ_1 である．

問題 13　A と B がともに Σ_1 であると仮定する．このとき，ある Σ_0 関係 $R_1(x,y), R_2(x,y)$ で，$x \in A$ であるのは，$\exists y R_1(x,y)$ であるとき，そしてそのときに限り，$x \in B$ であるのは，$\exists y R_2(x,y)$ であるとき，そしてそのときに限るものが存在する．すると，$x \in A \cup B$ であるのは，$\exists w(\exists y \leq w)(\exists z \leq w)(R_1(x,y) \vee R_2(x,z))$ であるとき，そしてそのときに限る．また，$x \in A \cap B$ であるのは，$\exists w(\exists y \leq w)(\exists z \leq w)(R_1(x,y) \wedge R_2(x,z))$ であるとき，そしてそのときに限る．

問題 14　まず，任意の算術的集合 A に対して，A のゲーデル文が存在するという本書の証明は，集合 A を表示する算術的な論理式 $F(y)$ が与えられると A のゲーデル文を実際に明示できるという意味で，完全に構成的である．その証明は，次のとおりである．

まず，集合 $A^{\#}$ を表示する論理式 $H(v_1)$ を具体的に示さなければならない．$x \in$

$A^{\#}$ であるのは，$\exists y(r(x,x)=y \wedge y \in A)$ であるとき，そしてそのときに限る．ここで，$\varphi(x,y)$ を関係 $r(x,x)=y$ を表示する論理式とする．そして，$H(v_1)$ を論理式 $\exists y(\varphi(v_1,y) \wedge F(y))$ とする．すると，$H(v_1)$ は集合 $A^{\#}$ を表示する．h を $H(v_1)$ のゲーデル数とすると，$H[\overline{h}]$ は A のゲーデル文である．なぜなら，$H[\overline{h}]$ となるのは，$h \in A^{\#}$ であるとき，そしてそのときに限り，それは $r(h,h) \in A$ であるとき，そしてそのときに限る．そして，$r(h,h)$ は $H[\overline{h}]$ のゲーデル数だからである．

ここで，W を真な文の集合とし，W_0 は算術的であり，$F(y)$ は W_0 を表示する算術的論理式であると仮定する．このとき，この論理式の否定 $\sim F(y)$ は W_0 の補集合 $\widetilde{W_0}$ を表示する．すると，$\sim F(x)$ から，前述のようにして，$\widetilde{W_0}$ のゲーデル文 X を見つけることができる．したがって，X が真であるのは，そのゲーデル数 X_0 が $X_0 \in \widetilde{W_0}$ であるとき，そしてそのとき限り，それは $X_0 \notin W_0$ であるとき，そしてそのときに限る．さらに，それは，$X \notin W$ であるとき，そしてそのときに限る．つまり，X が真であるのは，X が W に属さないとき，そしてそのときに限る．そして，W はすべての真な文の集合の部分集合なので，X は真であるが W には属さない．

第 12 章

形式体系

純粋に**機械的**な手続きとは何を意味しているのだろうか．形式ばらずにいえば，機械的手続きというのは，いかなる創意工夫もなしに実行できるもの，すなわち，計算機によって実行できるものである．しかし，この形式的でない特徴付けは，数学を展開するためには不十分である．それでは，どのようにすれば，手続きが「機械的」ということの意味を正確に定義できるだろうか．20 世紀には，10 人以上もの数理論理学や計算機科学の研究者が独立にそれを定義した．（たとえば，クルト・ゲーデルやジャック・エルブランの再帰的関数，アラン・チューリングのチューリング機械やそれに関連するレジスタ機械，アロンゾ・チャーチのラムダ定義可能性，モーゼス・シェーンフィンケルのコンビネータ論理，エミール・ポストの正準系，レイモンド・スマリヤンの初等形式体系など．）興味深いことに，これらの定義は，表面的にはまったくの別物に見えるが，実はすべて同値であることが知られている．この定義のどれか一つに照らして「機械的」である処理は，ほかの定義のどれに照らしても機械的であるのだ．このことは，これらの定義が「機械的」手続きの意味するところを正確にとらえていることの強力な経験的根拠となっている．

機械的手続きの概念は，**形式的**な数学体系の概念と密接に関係している．さしあたって形式ばらずにいえば，**数理論理学の形式的証明体系**（以降では単に**形式体系**という）とは，そこでの証明可能な文が純粋に機械的な手続きで生成することができるような体系である．また，別の方向からいえば，体系が**形式的**であるとはどういうことかを定義すれば，集合がある形式体系において定義可能であるとき，その集合は機械的手続きによって生成されると定義することもできる．本書では，この方針を採用する．まず，**初等形式体系**とよぶ非常に単純な形式体系を定義する．そして，その初等形式体系を用いて，形式体系と機械的操作を定義する．初等形式体系の文脈では，単純で洗練されたやりかたで再帰理論（計算可能性理論とも呼ばれる）の全体像を展開することができるのである [23].

初等形式体系

初等形式体系を厳密に定義する前に，形式ばらない考察をしておくとよいだろう．

初等形式体系は，**暗黙**の定義を**明示的**な定義に変換する手段を提供する．まず，これらが何を意味するのか説明しよう．**暗黙**の定義，あるいは「再帰的」定義とは，数学の論文によく現れる，次のような形の定義を意味する．それは，集合や関係として単刀直入に W を定義するのではなく，W の元が満たすべき規則（「……は W に属する」「……が W に属するならば，……も属する」という形式の規則）の集合を与えることで**暗黙**に定義する．（たとえば，命題論理の**論理式**は，「命題は論理式である．X と Y が論理式であれば，$\sim X$，$X \supset Y$，$X \wedge Y$，$X \vee Y$ も論理式である」として定義される．）そして最後に次の一文（いわゆる**再帰的**条項）が添えられる．「前述の規則の帰結となるもの以外で W に属するものはない」ここでいう帰結とはどのような論理の帰結なのだろうか．この論理を提供するのが，このあとすぐに定義する初等形式体系なのである．

当面は，初等形式体系を集合や関係を生成する**プログラム**と考えるほうがわかりやすい．その例をいくつか見てみよう．

2 種類の記号 a と b だけを考え，この 2 種類の記号からなる文字列（記号列）すべての集合を考える．このような任意の文字列 x と y に対して，xy は x の後に y を続けた文字列，すなわち，x と y の連結を表す．

ここで，交代文字列，すなわち a と b がどちらも連続して現れない文字列すべての集合を生成したいとしよう．あきらかに次にあげる事実が成り立ち，文字列が交代文字列すべての集合に属することの暗黙の定義を与えるためにこの事実を使う．

（1）　a は交代文字列である.
（2）　b は交代文字列である.
（3）　ab は交代文字列である.
（4）　ba は交代文字列である.
（5）　xa が交代文字列ならば，$x$ab は交代文字列である.
（6）　xb が交代文字列ならば，$x$ba は交代文字列である.

そして，上記の 6 個の事実で生成されない交代文字列はない.
一方，次の命令によって，集合 A を生成することができる.

（1）　a を A に入れろ.
（2）　b を A に入れろ.
（3）　ab を A に入れろ.
（4）　ba を A に入れろ.
（5）　任意の x に対して，xa が A に入っていれば，$x$ab を A に入れろ.
（6）　任意の x に対して，xb が A に入っていれば，$x$ba を A に入れろ.

さて，計算機プログラムは**記号**を用いた言語で書き下される．すなわち，そこに現れる指令を表現する記号からなる文字列それぞれに対して，ただ一通りの解釈が可能である．（これは，自然言語に非常に近いものでかかれたプログラムについてさえ真である．今日のいくつかのプログラミング言語ではそのようになっている．）このように，計算機にとって**決定的プログラム**（すなわち，同じ入力を受けとればいつでも同じように動作するプログラム）と見なせるような初等形式体系を目指していることを強調しておく．「x を A に入れろ」という指令を，記号を用いた文字列で A x と略記する．すると，(1)–(4) は次のように書くことができる.

（1）　A a
（2）　A b
（3）　A ab
（4）　A ba

これらの規則は「無条件規則」と呼ばれる．なぜなら，それぞれの規則は単に，記号から作られた特定の文字列を集合 A に入れるように述べているからである．この例を規定する上記のやり方でまだ残されているのは，前述の 6 行の命令のうちの最後の 2 行である．これらは，「条件付き規則」と呼ばれる．そのそれぞれは，「もしある形式の元が A に入っていれば，（それに関連した）別の元を A に入れろ」と述べている．ここでは，この「もし……ならば……」という関係を（命題論理や一階述語論理の含意記号 ⊃ との混同を避けるために）→ という記号で表記する．すると，(5) と (6) は次のように書くことができる．

（5）　A xa → A $x$ab

（6）　A xb → A $x$ba

文字 x は，a と b からなる任意の文字列を表す変数として使われる．記号列の中の変数 x のすべての出現に，a と b からなるある文字列を代入した結果（すべての x に同じ文字列を代入する）を，その記号列の変数 x に対する**代入例**という．

それでは，集合 A を生成する機械的手続きを規定するものとして，計算機がこれらの行をどのように解釈するかを見てみよう．(1) によって，1 文字の文字列 a が A に入る．また，(2)，(3)，(4) によって，それぞれ文字列 b，ab，ba が A に入る．つぎに，計算機は集合 A に入れられた最初の元である a を取り上げ，条件付き規則のいずれかがこれに適用できるかどうかを調べる．しかし，どの条件付き規則も適用できない．なぜなら，a は 1 文字であるが，それぞれの規則の x は a と b からなる長さが少なくとも 1 の文字列を表すからである．つぎに，計算機は A に入れられた 2 番目の元である b を調べるが，どの規則もこれに適用することはできない．そして，計算機は A に入れられた 3 番目の元である ab を調べる．これに規則 (5) は適用できないが，計算機は規則 (6) の x を a で置き換えて代入例 A ab → A aba を得る．これは，「ab が A に入っていれば，aba を A に入れろ」と解釈される．計算機は ab が A に入っていることを知っているので，aba を A に入れる．そして，A に 4 番目に入れられた 4 番目の元である ab に進む．今度は，規則 (5) を適用できるが，規則 (6) は適用できない．計算機は規則 (5) の x を ab で置き換えて，代入例 A aba → A abab を得る．これは，「aba が A に入っていれば，abab を A に入れろ」という意味に解釈される．計算機は aba が A に入っていることを知っているので，abab を A に入れる．A に入っている元が A に入れられた順序を考えながらこのやり方を続けると，計算機は，すべての交代文字列をいずれは生成することになる．

こうして書き下された 6 行の規則のそれぞれの行は，記号からなる文字列で構成され，今みたように計算機プログラムの 1 行として解釈しうる．このあとすぐに，初等形式体系はこの単純な例よりもかなり複雑になりうること，それらが計算機アルゴリズムとしてどのように解釈されるかを理解するのはやや面倒になることがわかる．たとえば，ほかの規則を回避して一つの規則を繰り返して行き詰まることがないように，計算機が初等形式体系の規則を適用する順序をきちんと守ることが重要になる．（たとえば，$\mathrm{A}\,x\mathtt{ab} \rightarrow \mathrm{A}\,x\mathtt{abab}$ を規則として追加してしまって，計算機がこの規則を適用できる限り繰り返し用いたら，計算機はすべての交代文字列を生成できないだろう．）

ここまでが，初等形式体系，より具体的にはアルファベット $\{\mathtt{a}, \mathtt{b}\}$ 上の初等形式体系の簡単な例である．記号 A は，**述語**とよばれるものの一例である．前述の体系を，すべての交代文字列からなる集合を生成するプログラムが規定されていると見るのではなく，数学的な**公理系**として見ることにしよう．その場合，(1), (2), (3), (4) の代入例は体系の公理になり，(5) と (6) は推論規則になる．たとえば，推論規則として (5) を読むと，「$\mathrm{A}\,x\mathtt{a}$ から $\mathrm{A}\,x\mathtt{ab}$ が推論される」となり，(6) は「$\mathrm{A}\,x\mathtt{b}$ から $\mathrm{A}\,x\mathtt{ba}$ が推論される」となるだろう．このとき，A がすべての交代文字列からなる集合を表現するというのは，a と b からなる任意の文字列 x に対して，代入例 $\mathrm{A}\,x$ が証明可能となるのは，x が交代文字列であるとき，そしてそのときに限るということである．

練習問題　しかし，A が実際にすべての交代文字列からなる集合を表現していることがどのようようにしてわかるのだろうか．x が交代文字列ならば，$\mathrm{A}\,x$ は実際に証明可能であることと，$\mathrm{A}\,x$ が証明可能ならば，x は実際に交代文字列であることがいずれも明確にわかるようにならなければならない．これら二つのことを証明することができるだろうか．

初等形式体系は，文字列の間の**関係**を表現することもできる．たとえば，

K を 3 種類の記号 $\mathsf{a}, \mathsf{b}, \mathsf{c}$ からなるアルファベットとする．この 3 種類の記号からなる文字列の**反転**とは，その文字列に現れる記号をそれとは逆の順に並べた文字列のことである．たとえば，cabbab の反転は babbac になる．この反転の関係は，次の規則によって完全に決定することができる．

（1）1 文字の記号 a からなる文字列は，それ自体の反転になる．
（2）1 文字の記号 b からなる文字列は，それ自体の反転になる．
（3）1 文字の記号 c からなる文字列は，それ自体の反転になる．
（4）x が y の反転ならば，$\mathsf{a}x$ は $y\mathsf{a}$ の反転になる．
（5）x が y の反転ならば，$\mathsf{b}x$ は $y\mathsf{b}$ の反転になる．
（6）x が y の反転ならば，$\mathsf{c}x$ は $y\mathsf{c}$ の反転になる．

反転の関係を表すのに記号 R を用い，どのようなときに x が y の反転となるかを表す $\mathrm{R}\,x, y$ という形式の文を生成したい．それは，次の規則によって達成できる．

（1）$\mathrm{R}\,\mathsf{a}, \mathsf{a}$
（2）$\mathrm{R}\,\mathsf{b}, \mathsf{b}$
（3）$\mathrm{R}\,\mathsf{c}, \mathsf{c}$
（4）$\mathrm{R}\,x, y \to \mathrm{R}\,x\mathsf{a}, \mathsf{a}y$
（5）$\mathrm{R}\,x, y \to \mathrm{R}\,x\mathsf{b}, \mathsf{b}y$
（6）$\mathrm{R}\,x, y \to \mathrm{R}\,x\mathsf{c}, \mathsf{c}y$

この体系は，次の事実を使うと，少し短縮することができる．

（1）a は 1 文字の記号である．
（2）b は 1 文字の記号である．
（3）c は 1 文字の記号である．
（4）x が 1 文字の記号ならば，x はそれ自体の反転になる．
（5）x が y の反転で，かつ z が 1 文字の記号ならば，xz は zy の反転になる．

これは，「x は 1 文字の記号である」を $\mathrm{S}\,x$ で表すことにすると，次の体系になる．

（1）　$\mathrm{S}\,\mathtt{a}$

（2）　$\mathrm{S}\,\mathtt{b}$

（3）　$\mathrm{S}\,\mathtt{c}$

（4）　$\mathrm{S}\,x \to \mathrm{R}\,x, x$

（5）　$\mathrm{R}\,x, y \to \mathrm{S}\,z \to \mathrm{R}\,xz, zy$

ここで，記号 $\to$ を用いた含意は，**右側の結合を優先**する．すなわち，任意の文 X, Y, Z に対して，文 $X \to Y \to Z$ は，「X が真ならば，Y は Z を含意する」または「X が真ならば，Y もまた真ならば，Z も真となる」と読み，(左側の結合を優先して)「X ならば Y となるならば，Z は真となる」とは**読まない**．同様に，任意の文 X, Y, Z, W に対して，文 $X \to Y \to Z \to W$ は，「X が真ならば，Y が真ならば，Z が真ならば，W は真」と読む．これは，「X, Y, Z がすべて真ならば，W も真」と読むこともでき，それは，& という記号で「かつ」を表すことにすれば，$(X \& Y \& Z) \to W$ と表記することもできる．しかし，いくつかの技術的な理由によって，論理結合子として & を追加するのではなく，含意を表す $\to$ だけを用いるほうがよい．

次の体系は，これまでのものよりさらに短いが，やはり反転の関係を表している．

（1）　$\mathrm{R}\,\mathtt{a}, \mathtt{a}$

（2）　$\mathrm{R}\,\mathtt{b}, \mathtt{b}$

（3）　$\mathrm{R}\,\mathtt{c}, \mathtt{c}$

（4）　$\mathrm{R}\,x, y \to \mathrm{R}\,z, w \to \mathrm{R}\,xz, wy$

こうして，同じ関係の集合を生成するのにさまざまな初等形式体系がありうること，その中には，複数の集合や関係を同時に生成するものもあることがわかった．

◉初等形式体系の定義

ここで，先に進む前に，**初等形式体系**の正確な定義を示しておく．

アルファベット K とは，**記号**（または**符号**または**文字**）と呼ばれる元からなる有限個の元の並びを意味する．有限個の K の記号の任意の並びを，

K の**文字列**（または**記号列**または**語**）または，略して K **文字列**という．任意の K 文字列 X と Y に対して，XY は，X を構成する記号の並びの後に Y を構成する記号の並びを続けたものを意味する．たとえば，X が文字列 am で，Y が文字列 hjkd であれば，XY は文字列 amhjkd となる．通常，文字列 XY を X と Y の**連結**とよぶ．

K 上の**初等形式体系** (E) は，次の 5 種類の要素から構成される．

（1） アルファベット（記号の集合）K
（2） **変数**と呼ばれる記号からなる別のアルファベット．ここでは通常，x, y, z やそれに添字をつけたものを変数として用いる．
（3） **述語**と呼ばれる記号からなるまた別のアルファベット．それぞれの述語には，その**次数**と呼ばれる正整数が割り当てられている．ここでは通常，述語として英大文字を用いる．
（4） それにくわえて，**区切り記号**（通常はコンマを用いる）と**含意記号**（通常は $\rightarrow$ を用いる）の 2 種類の記号．
（5） **初期論理式**または**公理図式**と呼ばれる，有限個の論理式の集合．どのような文字列が論理式となるかは，この後に示す．

まず，準備のためにいくつかの定義を行う．**項**とは，K の記号と変数から構成される文字列を意味する．たとえば，a, b, c が K の記号で，x と y が変数ならば，aycxxbx は項である．また，$xyyxx$ や bcabbc も項である．変数を含まない項を**定項**という．**原子論理式**とは，1 次の述語 P に項 t が続く記号列 Pt，あるいは，2 次の述語 R に項 t_1 と t_2 が続く記号列 Rt_1, t_2，より一般的には，任意の正整数 n について，n 次の述語にコンマで区切った n 個の項が続くものである．**論理式**とは，原子論理式か，または，F を原子論理式，G を論理式とするときの $F \rightarrow G$ の形式の記号列のことである．

文とは，変数を含まない論理式のことである．

論理式の**代入例**とは，その論理式に出現するすべての変数に K の文字列を代入した結果のことである．ただし，その論理式に一つの変数が複数回出現するならば，それらすべてに K の同じ文字列を代入するものとする．たとえば，論理式 P axbycx において，a, b, c は K の記号で，x と y を変数とする．ここで，x に ab を代入し，y に ca を代入すると，代入例として

P aabbcacab が得られる．論理式が変数を含まないとき，すなわち，論理式が文であるときは，それ自体がその論理式の唯一の代入例である．

(E) と表記される初等形式体系は，他の論理式と区別される**初期論理式**または**公理図式**と呼ばれる論理式の有限集合をもつ．体系のすべての公理図式のすべての代入例からなる集合は，その体系の**公理**または**初期文**と呼ばれる．

そして，その体系において**証明可能**な文を，次の二つの条件のいずれかの結果として得られるものと定義する．

（1）　体系の公理図式のすべての代入例は，その体系において証明可能である．

（2）　任意の**原子**文（原子論理式で変数を含まないもの）X と任意の文 Y に対して，X と $X \to Y$ がともに証明可能ならば，Y も証明可能である．

より正確には，体系 (E) における**証明**とは，証明の**行**と呼ばれる (E) の論理式を（通常は，横ではなく縦に）並べた有限列で，それぞれの行 Y は，(E) の公理図式の代入例か，または，ある**原子文** X が存在して，この証明の Y よりも上の行として X と $X \to Y$ が現れる（この推論規則は**分離規則**（**モドゥスポネンス**）とよばれる）ようなものである．証明のどの行にも変数はまったく出現しないことに注意しよう．条件文（$\to$ を含む文）が出現する場合もそうである．

そして，文 X は，それがある証明の最後の行になっているとき，(E) で**証明可能**といい，そのような証明を X の証明という．主たる関心は，初等形式体系 (E) の証明可能なすべての**原子文**からなる集合にある．なぜなら，そのような原子文は，(E) の規則に出現する次数 n の述語それぞれに対して生成される，K 文字列の n 個組を示しているからである．

初等形式体系が機械的手続きの概念を説明する一つのやり方であることはすでに述べた．これをもっとよく理解するために，さらに複雑な機械的手続きを初等形式体系としてどのように記号化すればよいか知りたいかもしれない．多くの現実的な例をあげるのは本書の範囲を越えているが，実は，非常に複雑な例をすぐに提示する．それは，論理体系（ペアノ算術）を初等形式体系で記号化するというものである．しかし，任意の初等形式体系の仕様が，この体系において証明可能なすべての原子文を生成するプログラムとして実際に解釈されうることの意味を理解するためには，理想をいえば，任意の初等形式体系の公理図式が，証明可能なすべての原子文（これは通常，証明可能な論理式のうちもっとも関心のあるものである）を継続的に生成する計算機プログラムとしてどのように解釈しうるかを，読者は詳しく考えてみるのもよいだろう．そのときには，第 2 章で得られた，さまざまに定義された可算集合のすべての元を（機械的に）列挙するやり方についての知識が役立つだろう．（たとえば，公理図式である原子論理式がちょうど n 個の相異なる変数を含むならば，この一つの公理図式のすべての代入例を得るためには，この公理図式の代入例となる証明可能なすべての原子文が得られるように K 文字列の n 個組をすべて列挙しなければならないだろう．）

◉表現可能性

アルファベット K 上の任意の初等形式体系 (E) において，1 次の述語 P は，その体系において $\mathrm{P}\,t$ が証明可能となるすべての**定項** t からなる集合を**表現**するという．(E) の定項を元とする集合 S は，(E) のある述語が S を表現するならば，**表現可能**という．

任意の定項 t_1 と t_2 に対して，文 $\mathrm{P}\,t_1, t_2$ が体系 (E) において証明可能であるとき，そしてそのときに限り，2 項関係 $R(t_1, t_2)$ が成り立つならば，関係 $R(x, y)$ は 2 次の述語 P によって表現されるという．さらに一般的には，任意の定項 $t_1, \cdots, t_n$ に対して，文 $\mathrm{P}\,t_1, \cdots, t_n$ が体系 (E) において証明可能であるとき，そしてそのときに限り，n 項関係 $R(t_1, \cdots, t_n)$ が成り立つならば，関係 $R(x_1, \cdots, x_n)$ は n 次の述語 P によって表現されるという．

これらの集合や関係は，K 上のある初等形式体系において表現可能であるとき，**K 上で形式的に表現可能**，または **K 表現可能**という．そして，集合や関係は，あるアルファベット K 上のある初等形式体系において形式的に表現可能であるとき，**形式的に表現可能**という．

問題 1　W_1 はアルファベット K 上の初等形式体系 (E_1) で表現可能な集合，W_2 は同じアルファベット K 上の初等形式体系 (E_2) で表現可能な集合とする．このとき，W_1 と W_2 がともに表現可能であるような一つの初等形式体系が必ず存在するだろうか．

K 文字列を元とする任意の集合 S に対して，S と（すべての K 文字列からなる集合に関する）その補集合 $\widetilde{S}$ がいずれも K 上で形式的に表現可能となるとき，S は K 上で**決定可能**（**可解**）という．集合は，あるアルファベット K 上で決定可能となるとき，**決定可能**という．

◉考察

決定可能とは，うまく考えられた呼称だ．すでに述べたように，初等形式体系 (E) が与えられたとき，(E) において証明可能なすべての文からなる集合を生成するように計算機をプログラムすることができる．ここで，集合 S が K 上で決定可能であったとする．このとき，初等形式体系 (E) の述語 P_1 と P_2 で，K の記号からなる任意の文字列 X に対して，$\mathrm{P}_1 X$ が証明可能となるのは，$X \in S$ であるとき，そしてそのときに限り，$\mathrm{P}_2 X$ が証明可能となるのは，$X \notin S$ であるとき，そのときに限るものが存在する．そこで，(E) において表現される関係の要素をすべて生成するようなプログラムが走るように計算機を設定すると，K 文字列 X は S に属するか属さないかのいずれかなので，いつかは $\mathrm{P}_1 X$ か $\mathrm{P}_2 X$ が出力される．$\mathrm{P}_1 X$ が出力されれば X は S に属することがわかるし，一方，$\mathrm{P}_2 X$ が出力されれば X は S に属さないことがわかる．このようにして，S の要素であるか否かの判定は機械的に解ける問題であることが示された．

それでは，集合 S が表現可能だが決定可能ではないとする．そして，S は，ある初等形式体系においてある述語 P によって表現されるとしよう．与えられた文字列 X が S に属するかどうかを知りたいならば，最善の方法は，計算機を使ってこの体系において証明可能な文を印刷していくことである．X が集合 S に属するならば，計算機は $\mathrm{P}\,X$ をいずれは出力して，X は S に属することがわかるだろう．しかし，X が S に属さないならば，計算機は永久に動き続けるかもしれず，どれだけ待ったとしてもその後に $\mathrm{P}\,X$ が出力されるかどうかわからない．簡単にいうと，S が表現可能であるが決定可能でない場合，X が S に属するならば，いつかはそれを知ることができるが，X が S に属さないならば，（なんらかの創意工夫によってそれを知る方法を発見しない限り）けっしてそれを知ることはできないということだ．このような集合 S は**半決定可能**（半可解）と呼ぶにふさわしい．

それでは，表現可能であって決定可能ではない集合は存在するだろうか．これは，再帰的関数論における重要な問いであり，後ほど答えることにする．

問題 2　W_1 と W_2 はいずれも K 上で形式的に表現可能な集合とする．このとき，これらの和集合 $W_1 \cup W_2$ と共通集合 $W_1 \cap W_2$ は，いずれも K 上で形式的に表現可能であることを証明せよ．

問題 3　W_1 と W_2 はいずれも K 上で**決定可能**な集合とする．このとき，$W_1 \cup W_2$ と $W_1 \cap W_2$ は必然的に K 上で決定可能になるだろうか．

数を元とする集合と数の間の関係

正整数に対する二値法表記は，本書の目的には極めて有用であることがわかっている．D を 2 種類の数字からなるアルファベット $\{1, 2\}$ とし，D 上の初等形式体系を**初等二値体系**とよぶ．とくに断らない限り，正整数とそれを表す二値数項を同一視する．集合または関係 W は，D 上で表現可能であるならば，**二値的に枚挙可能**という．（二値的に枚挙可能であるのは，前章で定義した Σ_1 であるのと同じであることがわかる．これに関しては，のちほどもう少し説明する．）A と $\widetilde{A}$ がともに二値的に枚挙可能ならば，A は**二値的に決定可能**であるという．

問題 4　次の関係はそれぞれ二値的に枚挙可能であることを示せ．

（a）　$\mathrm{S}x, y$ （「x の後者は y である」という関係）

（b）　$x < y$

（c）　$x = y$

（d）　$x \leq y$

（e）　$x \neq y$

（f）　$x + y = z$

（g）　$x \times y = z$

（h）　$x^y = z$

関係 $R(x, y)$ は，どの x に対しても $R(x, y)$ が成り立つような y がちょうど一つだけ存在するならば，**関数的**という．関係 $R(x, y, z)$ は，どの対 x と y に対しても $R(x, y, z)$ が成り立つような z がちょうど一つだけ存在するならば，**関数的**という．（同様にして，関係 $R(x_1,\cdots,x_n,y)$ は，どの x_1，$\cdots$，x_n に対しても $R(x_1,\cdots,x_n,y)$ が成り立つような y がちょうど一つだけ存在するならば，**関数的**という．）

問題 5　関係 $R(x,y)$ が関数的で，二値的に枚挙可能ならば，二値的に決定可能でなければならないことを証明せよ．また，関係 $R(x,y,z)$ についても同様のことが成り立つことを証明せよ．

問題 6　問題 4 の関係のうち，二値的に決定可能なものはどれか．

初等形式体系の算術化

前章と同じく，任意の正の数 n に対して，g_n を 1 の後ろに n 個の 2 が続くような二値法表記をもつ数とする．（たとえば，$g_4 = 12222$ である．）K を記号からなる順序づけられた任意のアルファベット $\langle a_1,\cdots,a_n\rangle$ とするとき，前章で初等算術の順序づけられたアルファベットに対して行ったのと同じやり方で，K の記号からなるすべての文字列に二値ゲーデル数を割り当てる．すなわち，K の記号からなる任意の文字列 X に対して，その二値ゲーデル数を，a_1 のそれぞれの出現を g_1 で置き換え，a_2 のそれぞれの出現を g_2 で置き換えるというようにした結果とする．（たとえば，$a_3a_1a_2$ の二値ゲーデル数は，$g_3g_1g_2$，すなわち 122212122 である．）

K の文字列からなる任意の集合 W に対して，W_0 は，W のすべての元の（二値）ゲーデル数からなる集合を表す．この章の主たる目標は，W が K 上で形式的に表現可能ならば，W_0 は Σ_1 になるのを示すことである．あとでわかるように，これからいくつかの重要な定理が派生する．

順を追っていくつかの準備を行う．任意の正の数 n に対して，G_n を g_1，$\cdots$，g_n から連結によって作られるすべての二値数項からなる集合とする．（したがって，それぞれの $i \leq n$ に対して，$g_i \in G_n$ であり，G_n に属する任意の X と Y に対して，数項 XY は G_n に属する．）

問題 7　任意の正の数 n に対して，集合 G_n は Σ_0 であることを証明せよ．

つぎに必要となるのは代入補題である．

代入補題　L を順序づけられたアルファベット $\langle k_1,\cdots,k_n,a_1,\cdots,a_m\rangle$

とし，K を順序づけられた L の部分アルファベット $\langle k_1, \cdots, k_n \rangle$ とする．L の記号と変数 $x_1, \cdots, x_t$（これらは L の記号とは重ならないと仮定する）からなる任意の文字列 X に対して，$I(X)$ は X のすべての変数に K の文字列を代入した得られるすべての文字列からなる集合とし，$I_0(X)$ を $I(X)$ に属するすべての文字列の二値ゲーデル数からなる集合とする．このとき，集合 $I_0(X)$ は Σ_0 である．

問題 8　代入補題を証明せよ．

ここで，アルファベット K 上の初等形式体系 (E) を考える．L を K の記号に (E) の述語とコンマと $\rightarrow$ を合わせた集合とする．（したがって，L は，(E) のすべての文を作り出すことのできるアルファベットである．）K の記号が先頭にくるように L を順序づけ，Pr を (E) のすべての証明可能な文からなる集合とする．

(E) の**証明**とは，(E) の文の有限列 $X_1, \cdots, X_t$ であって，それぞれの $i \leq r$ に対して文 X_i は，(E) の公理図式の代入例か，または，この有限列で X_i より前にある二つの要素から分離規則によって導出できるものであったことを思い出してほしい．（分離規則は，X を原子論理式とするとき，X と $X \rightarrow Y$ から Y を導く規則である．）

ここで，L の文字列の有限列 $X_1, \cdots, X_t$ に対して，**列番号**と呼ばれる数を割り当てる必要がある．それは次のようにする．

L の記号の個数が n であるとき，$m = n + 1$ とする．前と同じように，g_m を 1 の後ろに m 個の 2 が続く二値数項とする．列 $X_1, \cdots, X_r$ のそれぞれの項 X_i に対して，a_i を項 X_i の二値ゲーデル数とする．そして，列 $X_1, \cdots, X_r$ には，数 $g_m a_1 g_m a_2 g_m \cdots g_m a_r g_m$ を割り当てる．

$\mathrm{Seq}(x)$ を「x はある列の列番号である」という性質とする．また，$x \operatorname{in} y$ を「y はある列の列番号で，x はその列に含まれる項の二値ゲーデル数である」という関係とする．さらに，$\mathrm{pr}(x, y, z)$ を「z はある列 Z の列番号で，y は Z に含まれるある項 Y のゲーデル数，x は Z の中で最初の Y の出現よりも前に出現するある項 X のゲーデル数である」という関係とする．

問題 9　$\mathrm{Seq}(x)$, $x \operatorname{in} y$, $\mathrm{pr}(x, y, z)$ がいずれも Σ_0 であることを証明せよ．

ここで，$\mathrm{Der}(x,y,z)$ を，「x, y, z はそれぞれ (E) の記号列 X, Y, Z のゲーデル数で，Z は X と Y から分離規則によって導かれる」という関係とする．

問題 10　関係 $\mathrm{Der}(x,y,z)$ は Σ_0 であることを証明せよ．

つぎに，$\mathrm{Pf}(x)$ を，x は (E) における証明の列番号であることと定義する．そして，$y\,\mathrm{pf}\,x$ を，y は (E) のある証明の列番号で，x はその証明の最後の項のゲーデル数であることと定義する．

問題 11　次の関係や集合がいずれも Σ_1 であることを証明せよ．

（a）　$\mathrm{Pf}(x)$

（b）　$y\,\mathrm{pf}\,x$

（c）　(E) のすべての証明可能な文からなる集合 Pr

（d）　任意の表現可能な集合 W に対して，集合 W に属するすべての数の二値ゲーデル数からなる集合 W_0

これで次の定理が証明できた．

定理 A　記号列からなる任意の形式的に表現可能な集合 W に対して，W に属するすべての数の二値ゲーデル数からなる集合 W_0 は Σ_1 である．

注　ここで示した定理 A の証明は，W を表現する初等形式体系 (E) が与えられたとき，集合 W_0 を表示する Σ_1 論理式を実際に提示できるという意味で，完全に構成的である．

もちろん，定理 A は，集合 W に対してだけでなく，任意の関係 W に対しても成り立つ．これは簡単に確かめることができる．

派生定理

前に述べたように，すべての形式的に表現可能な集合 W に対して集合 W_0 は Σ_1 であるという事実から，いくつもの重要な定理が派生する．その一つとして，この事実をタルスキの定理と組み合わせると，次の定理が得られる．

定理 T_1^*　一階算術のすべての真な文からなる集合 T は，形式的に表現可能ではない．

問題 12　その理由を述べよ．

これは，一階算術のどの文が真でどの文が偽であるかを決定する純粋に機械的な手段があるかという，前章の最後にあげた問いの答えである．これは，再帰的関数論の言葉でいえば，集合 T が決定可能かどうかという問いである．実は，集合 T は決定可能でないだけでなく，形式的に表現可能でさえないのだ．こうして，集合 T は，どのような純粋に機械的な装置によっても解くことができないのはもちろん，生成することもできないのである．

公理系は，その系において証明可能なすべての文からなる集合が形式的に表現可能であるとき，**形式体系**とよぶ．

算術のための公理系とは，一階算術のための公理系，すなわち，その論理式が一階算術の論理式になるような公理系のことをいう．このような公理系は，この公理系において証明可能なすべての文が真であるならば，**健全**という．

定理 T_1^* からすぐに次の定理を導くことができる．

定理 GT（ゲーデルとタルスキの結果にもとづく）　与えられた算術のための健全な任意の形式公理系 $\mathcal{S}$ に対して，$\mathcal{S}$ において証明可能でない真な文が存在する．

注　このような公理系 $\mathcal{S}$ に対して，$\mathcal{S}$ において証明可能でない真な文が存在することだけでなく，すべての証明可能な文からなる集合 P を表現する初等形式体系 (E) が与えられたときに，$\mathcal{S}$ において証明可能でない真な文を具体的に示すことができる．なぜなら，すでに述べたように，(E) からすべての証明可能な文のゲーデル数の集合 P_0 を表示する Σ_1 論理式 $F(x)$ を具体的に示すことができるからである．この論理式 $F(x)$ は，もちろん算術的である．したがって，前章の問題 14 において，W として F を使うと，P に含まれない真な文を見つけることができる．

以降では，$\mathcal{S}$ は算術のための形式体系，P は $\mathcal{S}$ のすべての証明可能な文からなる集合，P_0 は P のすべての元の二値ゲーデル数からなる集合である．

定理 GT の証明には，P_0 が Σ_1 であるという事実の一部だけしか必要としない．すなわち，この事実よりも弱い，P_0 が算術的であるという事実だけでよい．しかしながら，ω 無矛盾性にもとづいたゲーデルの証明や，それよりも弱い仮定である単純無矛盾性にもとづいたロッサーの証明においては，P_0 が算術的であることだけでなく，Σ_1 であることが必要になる．

関係 $R(x_1, \cdots, x_n)$ に対して，ある論理式 $F(x_1, \cdots, x_n)$ が存在して，すべての数 a_1，$\cdots$，a_n に対して，$R(a_1, \cdots, a_n)$ が成り立つならば文 $F(\overline{a}_1, \cdots, \overline{a}_n)$ が証明可能であり，$R(a_1, \cdots, a_n)$ が成り立たないならば文 $F(\overline{a}_1, \cdots, \overline{a}_n)$ が反証可能であるとき，論理式 $F(x_1, \cdots, x_n)$ は R を定義するといい，R は体系 $\mathcal{S}$ において定義可能ということを思い出そう．$\mathcal{S}$ は，すべての Σ_0 関係が $\mathcal{S}$ において定義可能であるならば，Σ_0 **完全**という．これは，$\mathcal{S}$ においてすべての真な Σ_0 文が証明可能であるという条件と同値である．

定理 G（ゲーデルの結果にもとづく）　形式的で Σ_0 **完全**な体系 $\mathcal{S}$ が ω 無矛盾ならば，$\mathcal{S}$ の文で決定不能なものが存在する．

定理 R（ロッサーの結果にもとづく）　形式的で Σ_0 **完全**な体系において，任意の論理式 $F(x)$ と任意の数 n に対して次の条件が成り立つとする．

L_1:　$F(\overline{0})$, $\cdots$, $F(\overline{n})$ がすべて証明可能ならば，$\forall x(x \leq \overline{n} \supset F(x))$ も証明可能である．

L_2:　$\forall x(x \leq \overline{n} \vee \overline{n} \leq x)$ が証明可能である．

このとき，この体系が**単純無矛盾**ならば，決定不能な文が存在する．

問題 13　定理 G と定理 R を証明せよ．

次章では，算術に対する実際の公理系である**ペアノ算術**としてよく知られた体系を考察する．そして，ペアノ算術が定理 GT，定理 G，定理 R それぞれの前提を満たすことを示し，結果として，有名なペアノ算術の不完全性の 3 通りの証明を完成させる．

問題の解答

問題 1　(E_1) を K 上の初等形式体系で W_1 を表現するものとし，(E_2) を K 上の初等形式体系で W_2 を表現するものとする．(E_1) と (E_2) に共通する述語があれば，そのような (E_1) と共通する (E_2) の述語を (E_1) には含まれない新しい記号で置き換えて，その結果得られる体系を $(E_2{}')$ とよぶ．そして，(E_1) の公理図式と $(E_2{}')$ の公理図式を合わせたものを (E) の公理図式とする．すると，W_1 と W_2 はともに (E) で表現される．

問題 2　W_1 と W_2 はともに K 上で表現可能とする．問題 1 によって，ある初等形式体系 (E) で，W_1 と W_2 がともに表現されるものがある．そこで，W_1 は P_1 によって表現され，W_2 は P_2 によって表現されるとする．

（a）$W_1 \cup W_2$ を表現するためには，新たな述語 P を用いて，次の二つの公理図式を追加する．

$$\mathrm{P}_1\, x \to \mathrm{P}\, x$$

$$\mathrm{P}_2\, x \to \mathrm{P}\, x$$

これで，P は $W_1 \cup W_2$ を表現する．

（b）$W_1 \cap W_2$ を表現するためには，新たな述語 P を用いて，次の公理図式を追加する．

$$\mathrm{P}_1\, x \to \mathrm{P}_2\, x \to \mathrm{P}\, x$$

これで，P は $W_1 \cap W_2$ を表現する．

問題 3　それらは必然的に決定可能になる．W_1 と W_2 はともに K 上で決定可能とする．すると，$W_1, \widetilde{W_1}, W_2, \widetilde{W_2}$ は，それぞれ K 表現可能（K 上で形式的に表現可能）である．W_1 と W_2 が K 表現可能なので，$W_1 \cup W_2$ と $W_1 \cap W_2$ も（問題 2 によって）K 表現可能である．あとは，それらの補集合 $\widetilde{W_1 \cup W_2}$ と $\widetilde{W_1 \cap W_2}$ が K 表現可能であることを示さなければならない．$\widetilde{W_1}$ と $\widetilde{W_2}$ がともに K 表現可能なので，$\widetilde{W_1} \cap \widetilde{W_1}$ も K 表現可能である．しかし，$\widetilde{W_1} \cap \widetilde{W_1} = \widetilde{W_1 \cup W_2}$ が成り立つ．したがって，$\widetilde{W_1 \cup W_2}$ は K 表現可能である．$\widetilde{W_1 \cap W_2}$ の場合も同様にして K 表現可能であることがわかる．

問題 4　問題の 8 個の関係が二値的に枚挙可能であることは次のようにして証明される．

（a）二値表記を用いると，1 の後者は 2，2 の後者は 11，x1 の後者は x2，そして，y を x の後者とするとき，x2 の後者は y1 である．したがって，「x の後者は y である」という関係を，初等二値体系において S によって表現すると，その公理図式は次のようになる.

$$\mathrm{S}\,\mathtt{1},\mathtt{2}$$

$$\mathrm{S}\,\mathtt{2},\mathtt{11}$$

$$\mathrm{S}\,x\mathtt{1},x\mathtt{2}$$

$$\mathrm{S}\,x,y\to\mathrm{S}\,x\mathtt{2},y\mathtt{1}$$

（b）　読みやすさを優先して，$<x,y$ の代わりに $x<y$ と表記する．この関係を表現するためには次のような初等二値体系を用いればよい．（ただし，S は，(a) で定義した後者関係である．）

$$\mathrm{S}\,x,y\to x<y$$

$$x<y\to y<z\to x<z$$

これで，$<$ は，「x は y よりも小さい」という関係を表現する.

（c）　$x=x$ を公理図式とすればよい.

（d）　次のような初等二値体系を用いればよい.

$$x<y\to x\leq y$$

$$x=y\to x\leq y$$

（e）　次のような初等二値体系を用いればよい.

$$x<y\to x\neq y$$

$$y<x\to x\neq y$$

（f）　関係 $x+y=z$ は，次の条件によって一意に定まる.

（1）x' を x の後者とするとき，$x+1=x'$

（2）y' を y の後者とし，$(x+y)'$ を $x+y$ の後者とするとき，$x+y'=(x+y)'$

いいかえると，y' を y の後者，z' を z の後者とするとき，$x+y=z$ ならば $x+y'=z'$ になる．したがって，加法の関係 $x+y=z$ を A によって表現するには，後者関係を表現する(a)の体系に対して次の公理図式を追加すればよい.

$$\mathrm{S}\,x,y\to\mathrm{A}\,x,1,y$$

$$\mathrm{A}\,x,y,z\to\mathrm{S}\,y,u\to\mathrm{S}\,z,v\to\mathrm{A}\,x,u,v$$

（g）　関係 $x\times y=z$ は，次の条件によって一意に定まる.

（1）$x\times 1=x$

（2）$x\times y'=(x\times y)+x$　（ここで y' は y の後者である.）

したがって，たとえば，M によって関係 $x\times y=z$ を表現するのであれば，ここまでの体系に次の公理図式を追加すればよい.

$$\mathrm{M}\,x,1,x$$

$$\mathrm{M}\,x,y,z\to\mathrm{A}\,z,x,w\to\mathrm{S}\,y,u\to\mathrm{M}\,x,u,w$$

（h）　（正整数の間の）関係 $x^y = z$ は，次の条件によって一意に定まる．

（1）$x^1 = x$

（2）$x^{y'} = x^y \times x$ （ここで y' は y の後者である．）

E を用いて関係 $x^y = z$ を表現するには，ここまでの体系に次の公理図式を追加する．

$$\mathrm{E}\,x, 1, x$$

$$\mathrm{S}\,y, u \to \mathrm{E}\,x, y, z \to \mathrm{M}\,x, z, w \to \mathrm{E}\,x, u, w$$

問題 5　2 項関係 $R(x, y)$ の証明を示すことで，3 項関係 $R(x, y, z)$ も同様にして証明できることがわかる．R が関数的かつ二値的に枚挙可能とする．$\overline{R}(x, y)$ を $R(x, y)$ は成り立たないという関係とする．このとき，$\overline{R}$ もまた二値的に枚挙可能であることを示さなければならない．R は関数的なので，$R(x, y)$ が成り立たないということは，y とは等しくないある z に対して $R(x, z)$ が成り立つということである．（なぜなら，R が関数的であるという場合の前提の一つは，それぞれの x に対して，ある値 y が存在して $R(x, y)$ が成り立つということだからだ．もちろん，関数的であるためには，それが成り立つ y は一つだけしかない．）そこで，関係 R を表現する二値体系をひとつ選ぶ．その体系では，関係 R は，たとえば R によって表現されているとする．また，この体系では，不等式の関係も，たとえば $\neq$ によって表現されているとする．（これは，問題 4 (e) によって二値的に枚挙可能である．）この体系に，たとえば，$\overline{\mathrm{R}}$ を新しい述語として，公理図式 $\mathrm{R}\,x, y \to z \neq y \to \overline{\mathrm{R}}\,x, z$ を追加する．このとき，$\overline{\mathrm{R}}$ は関係 $\overline{R}(x, y)$ を表現する．

問題 6　これらはすべて二値的に決定可能である．関係 (a), (f), (g), (h) はいずれも関数的で二値的に枚挙可能なので，問題 5 によって二値的に決定可能である．また，問題 4 の (c) と (e) によって，関係 $x = y$ とその否定 $x \neq y$ はともに二値的に枚挙可能なので，ともに二値的に決定可能である．関係 $x < y$ は関係 $y \leq x$ の否定であり，それらはともに二値的に枚挙可能なので，(b) と (d) はともに二値的に決定可能である．

問題 7　証明：$G_n(x)$ を $1\mathrm{B}\,x \wedge 2\mathrm{E}\,x \wedge {\sim}11\,\mathrm{P}\,x \wedge {\sim}g_{n+1}\,\mathrm{P}\,x$ とすると，Σ_0 論理式になり，集合 G_n を表示する．

問題 8　まず，例として，特別な場合の証明を示す．a, b, c を L の記号とし，a_0, b_0, c_0 をそれらの二値ゲーデル数とする．x_1 と x_2 を変数として，X を文字列 $bx_1abx_2cx_1b$ とし，X^* を文字列 $b_0x_1a_0b_0x_2c_0x_1b_0$ とする．（これは，X に現れる a, b, c をそれぞれそれらのゲーデル数項で置き換えた結果である．）このとき，$x \in I_0(X)$ となるのは，$(\exists x_1 \leq x)(\exists x_2 \leq x)(G_n(x_1) \wedge G_n(x_2) \wedge$

$x = X^*$) であるとき，そしてそのときに限る．すなわち，$(\exists x_1 \leq x)(\exists x_2 \leq x)(G_n(x_1) \wedge G_n(x_2) \wedge x = b_0x_1a_0b_0x_2c_0x_1b_0)$ であるとき，そしてそのときに限る．より一般的には，X を L の記号と変数 $x_1, \cdots, x_t$ から構成される任意の文字列とし，X^* を X に現れる L の記号をそれらの二値ゲーデル数項でそれぞれ置き換えた結果とする．このとき，$x \in I_0(X)$ となるのは，$(\exists x_1 \leq x) \cdots (\exists x_t \leq x)(G_n(x_1) \wedge \cdots \wedge G_n(x_t) \wedge x = X^*)$ であるとき，そしてそのときに限る．

問題 9　それぞれの i に対して，集合 G_i は Σ_0 であることを思い出そう．

（a）　$\mathrm{Seq}(x) \Leftrightarrow G_m(x) \wedge g_m \,\mathrm{B}\, x \wedge g_m \,\mathrm{E}\, x \wedge \sim g_m g_m \,\mathrm{P}\, x$

（b）　$x \,\mathrm{in}\, y \Leftrightarrow \mathrm{Seq}(y) \wedge g_m x g_m \,\mathrm{P}\, y \wedge G_n(x)$ （ここで，n は L に含まれる記号の個数，m は n に 1 を加えたものである．）

（c）　$\mathrm{pr}(x, y, z) \Leftrightarrow y \,\mathrm{in}\, z \wedge (\exists w \leq z)(w \,\mathrm{B}\, z \wedge x \,\mathrm{in}\, w \wedge \sim y \,\mathrm{P}\, w)$

問題 10　b を含意記号のゲーデル数とする．このとき，$\mathrm{Der}(x, y, z)$ であるのは，$y = xbz \wedge \sim b \,\mathrm{P}\, x$ であるとき，そしてそのときに限る．

問題 11　$Y_1, \cdots, Y_r$ を (E) の公理図式とし，それぞれの $i \leq r$ に対して，A_i を集合 $I_0(Y_i)$ とする．代入補題によって，集合 $A_1, \cdots, A_r$ はそれぞれ Σ_0 であり，したがって，それらの和集合 $A_1 \cup \cdots \cup A_r$ も Σ_0 である．このことから，(E) のすべての公理のゲーデル数からなる集合 A は Σ_0 である．

（a）　$\mathrm{Pf}(x) \Leftrightarrow \mathrm{Seq}(x) \wedge (\forall y \leq x)[y \,\mathrm{in}\, x \supset (\mathrm{A}(y) \vee (\exists z \leq x)(\exists w \leq x)$
$(\mathrm{pr}(z, y, x) \wedge \mathrm{pr}(w, y, x) \wedge \mathrm{Der}(z, w, y)))]$

（b）　$y \,\mathrm{pf}\, x \Leftrightarrow \mathrm{Pf}(y) \wedge x \,\mathrm{in}\, y \wedge g_m x g_m \,\mathrm{E}\, y$

（c）　$\mathrm{Pr}(x) \Leftrightarrow \exists y(y \,\mathrm{pf}\, x)$

（d）　H を (E) において W を表現する述語とし，h を H のゲーデル数とする．このとき，$x \in W_0$ となるのは，$\exists y(y \,\mathrm{pf}\, hx)$ であるとき，そしてそのときに限る．（注：$y \,\mathrm{pf}\, hx$ は $(\exists z \leq y)(z = hx \wedge y \,\mathrm{pf}\, z)$ と書くことができる．）

問題 12　一階算術のすべての真な文からなる集合 T が形式的に表現可能ならば，集合 T_0 は Σ_1 であり，したがって，算術的でなければならない．しかし，タルスキの定理によって，そうはなりえない．それゆえ，集合 T は形式的に表現可能ではない．

問題 13　まず，次のことに注意する．$\mathcal{S}$ は Σ_0 完全で，W は記号列からなる形式的に表現可能な集合とする．このとき，集合 W^* は $\mathcal{S}$ において枚挙可能でなければならない．なぜなら，W_0 は Σ_1 であり，したがって，W^* （これは $W_0^{\#}$ に等しい）も（第 11 章の問題 12 によって）また Σ_1 であり，そして，これは Σ_0 関係 $R(x, y)$ の定義域である．体系は Σ_0 完全なので，この体系において関係 $R(x, y)$

は定義可能であり，それゆえ，この体系において W^* は枚挙可能である．

それでは，$\mathcal{S}$ を Σ_0 完全な形式体系とする．P を証明可能な文の集合とし，R を反証可能な文の集合とする．$\mathcal{S}$ は形式体系なので，集合 P と R はともに形式的に表現可能であり，したがって，集合 P^* と R^* は前述のようにともに枚挙可能である．

（a）　すると，ある論理式 $A(x, y)$ で集合 P^* を枚挙するものが存在する．体系が ω 無矛盾ならば，第 10 章の定理 G_1 によって，文 $\forall y(\sim A(\overline{p}, y))$ は決定不能である．ただし，p は論理式 $\forall y(\sim A(x, y))$ のゲーデル数である．これで，定理 G が証明された．

（b）　$\mathcal{S}$ では，条件 L_1 と L_2 も成り立つとする．このとき，$\mathcal{S}$ はロッサーの条件を満たす．したがって，体系が**単純無矛盾**ならば，第 10 章の定理 R_1 によって，決定不能な文が存在する．

第 13 章

ペアノ算術

1891 年，ジュゼッペ・ペアノは正整数（これは自然数と呼ばれることもあるが，今日では一般的に自然数には 0 を含める）についての有名な公準を発表した．その公準（または公理）は次のとおりである．

ペアノの公準では，1 と後者関数 $S(n)$ が未定義概念である．

（1） 1 は自然数である．

（2） n が自然数ならば，$S(n)$ も自然数となる．

（3） $S(n) = S(m)$ ならば，$n = m$ となる．（相異なる二つの自然数が同じ後者をもつことはない．）

（4） $S(n) \neq 1$ （1 はいかなる自然数の後者ともなりえない．）

（5） （数学的帰納法の公理）K を次の条件を満たす集合とする．

1. $1 \in K$
2. 任意の自然数 $n \in K$ に対して，自然数 $S(n)$ もまた K に属する．

このとき，K はすべての自然数を含む．

ペアノのいわゆる「公理」は，現代的な意味では公理系にはなっていない．これは，ユークリッドの著作に見られるような古代ギリシア人の公理と同じように，「定式化されていない」公理とでもいうべきもので，それ自体が自明とみなせる真理によって構成されている．

ペアノ算術の現代版では，その基礎となる論理が陽に示されていて，加法や乗法に関する公理が後者関数の公理を補完している．その公理は 3 グループに分けられる．第 I 群は，**命題論理**の公理で，論理結合子 $\sim$（否定），$\wedge$（連言），$\vee$（選言），$\supset$（含意）に関するものである．第 II 群は，**一階述語論理**の公理で，量化子 $\forall$ と $\exists$ に関するものである．第 III 群は，後者，加法，乗法，等号，大小関係 $<$ という純粋に算術的な概念に関する公理である．（本書の公理系では，$<$ の代わりに $\leq$ を用いる．$<$, $>$, $\geq$ は，$\leq$, $=$ と論理結合子 $\sim$ を用いて簡単に定義できる．）

ここで示す公理系は，[12] によって与えられた公理系とほぼ同じである．

第 II 群の公理を考えるとき，任意の変数 x および y と任意の論理式 F に対して，x が少なくとも一度出現する論理式 G で，$\forall yG$ か $\exists yG$ が F の一部分であるものが存在するならば，x は F の中で y によって束縛されるという．

任意の項 t，変数 x，論理式 F に対して，F の中で x が t に現れるどの変数によっても束縛されないならば，F の中で t は x に対して自由であるという．これらの定義の目的は，論理式 G の中の変数 x の自由な出現すべてに自由変数を含む項 t を代入しても，その結果において，t の中の自由な変数がいずれも束縛されないための条件を与えることである．一階述語論理ではこのことを気にはしなかった．なぜなら，そこで行ったのは，あるパラメータを自由な変数に代入することだけだったからである．

以降で，第 III 群の公理においては，わかりやすいように，原子論理式を必要に応じて括弧で囲むことにする．

注　$(X \supset Y) \wedge (Y \supset X)$ の省略形として $X \equiv Y$ を用いる．

ペアノ算術の公理図式と推論規則

◉第 I 群の公理図式

A1.　$(F \wedge G) \supset F$

A2.　$(F \wedge G) \supset G$

A3.　$[(F \wedge G) \supset H] \supset [F \supset (G \supset H)]$

A4.　$[(F \supset G) \wedge (F \supset (G \supset H))] \supset (F \supset H)$

A5.　$F \supset (F \vee G)$

A6.　$G \supset (F \vee G)$

A7.　$[(F \supset H) \wedge (G \supset H)] \supset ((F \vee G) \supset H)$

A8.　$((F \supset G) \wedge (F \supset \sim G)) \supset \sim F$

A9.　$\sim\sim F \supset F$

◉第 I 群の推論規則

分離規則　$\dfrac{F, \quad F \supset G}{G}$

◉第 II 群の公理図式

次の二つの公理図式では，F の中で t は x に対して自由な項で，$F(t)$ は $F(x)$ 中の x の自由な出現すべてに t を代入した結果である．

A10.　$\forall x F(x) \supset F(t)$

A11.　$F(t) \supset \exists x F(x)$

◉第 II 群の推論規則

次の二つの推論規則では，C は，その中に x の自由な出現がない論理式である．

規則 1.　$\dfrac{C \supset F(x)}{C \supset \forall x F(x)}$

規則 2.　$\dfrac{F(x) \supset C}{\exists x F(x) \supset C}$

◉第 III 群の公理図式

A12.　$(x' = y') \supset (x = y)$

A13.　$\sim(x' = 0)$

A14.　$((x = y) \wedge (x = z)) \supset (y = z)$

A15.　$(x = y) \supset (x' = y')$

A16.　$x + 0 = x$

A17.　$x + y' = (x + y)'$

A18.　$x \times 0 = 0$

A19.　$x \times y' = (x \times y) + x$

A20.　$(F(0) \wedge \forall x(F(x) \supset F(x'))) \supset \forall x F(x)$　（数学的帰納法）

A21.　$(x \leq 0) \equiv (x = 0)$

A22.　$(x \leq y') \equiv ((x \leq y) \vee (x = y'))$

A23.　$(x \leq y) \vee (y \leq x)$

A24.　$x = x$

A25.　$F(\overline{n}) \supset ((x = \overline{n}) \supset F(x))$

A26.　$\forall x{\sim}F(x) \supset {\sim}\exists x F(x)$

以降では，とくに記さない限り，**証明可能性**は，ペアノ算術における証明可能性を意味する．

命題 1　ペアノ算術に関して，次の基本的事実が成り立つ．

（a）　$F(x)$ が証明可能ならば，$\forall x F(x)$ も証明可能となる．

（b）　$F(x)$ が証明可能ならば，任意の数 n に対して $F(\overline{n})$ が証明可能となる．

（c）　$F(x, y)$ が証明可能ならば，任意の数 n と m に対して $F(\overline{n}, \overline{m})$ が証明可能となる．

問題 1　命題 1 を証明せよ．

ペアノ算術の証明可能な論理式の集合は形式的に表現可能であること，したがって，それに対応するゲーデル数の集合が Σ_1 であることを示したい．

問題 2　次の集合や関係が形式的に表現可能であることを順に示せ．具体的には，これらすべてを同時に表現する算術のアルファベット K 上の初等形式体系 (E) を構成せよ．

（1）　v からなる文字列の集合

（2）　（ペアノ算術の）変数の集合

（3）　「x と y は相異なる変数である」という関係

（4）　（ペアノ算術の）数項の集合

（5）　項の集合

（6）　原子論理式の集合

（7）　論理式の集合

（8）　「t は項，x は変数，y は項で，z は y の中の x の出現すべてに t を代入した結果」という関係

（9）　「t は項，x は変数，f は論理式で，g は f の中の x の**自由**な出現すべてに t を代入した結果」という関係

(10)　「x は変数，f は論理式で，f の中には x の**自由**な出現はない」という関係

(11)　「x と y は変数，f は論理式で，f の中で x は y によって束縛されない」という関係

(12)　「t は項，x は変数，f は論理式で，f の中で t は x に対して自由である」という関係

(13)　公理の集合

(14)　証明可能な論理式の集合

これで，ペアノ算術の証明可能な論理式の集合 Pf が形式的に表現可能であること，したがって，それに対応するゲーデル数の集合 Pf_0 が Σ_1 であることが示せた．しかし，証明可能な**文**（自由な変数を含まない論理式）の集合 P が形式的に表現可能であることは示していないし，すべての証明可能な文のゲーデル数の集合 P_0 が Σ_1 であることも示してはいない．P が形式的に表現可能なことを示すこともできるが，いささか込み入っていて，P_0 が Σ_1 であることを直接示すほうが簡単なので，そちらを示そう．

ここでは，S をペアノ算術のすべての**文**の集合とし，S_0 をそれに対応するゲーデル数の集合とする．P_0 が Σ_1 であることを示すために鍵となるのは，まず S_0 が Σ_1 であることを示すことである．

問題 3　次の 3 段階によって，S_0, P_0, R_0 がそれぞれ Σ_1 であることを証明せよ．

（a）　S_0 が Σ_1 であることを証明せよ．（ヒント：論理式 X は，その中に変数の自由な出現がないとき，そしてそのときに限り，文になる．それには，X の一部分である変数がどれも X の中で自由な出現とならないならば，十分である．（なぜなら，X の一部分ではない変数は，あきらかに，X の中で自由な出現とはならないからである．）したがって，X のゲーデル数よりも大きくないゲーデル数をもつすべての変数 x に対して，変数 x が X の中で自由な出現とならなければよい．これには，X のゲーデル数よりも大きくない数の集合上だけを動く全称量化子を用いればよい．）

（b）　P_0 が Σ_1 であることを証明せよ．

（c）　R を反証可能な文の集合とするとき，R_0 が Σ_1 であることを示せ．

これで，ペアノ算術のすべての証明可能な文のゲーデル数の集合 P_0 が Σ_1 であること，したがって，P_0 が算術的であることも示せた．しかし，タルスキの定理によれば，**真**な文のゲーデル数の集合 T_0 は算術的ではない．したがって，真であることと証明可能であることは一致しない．これは，ある真な文は証明可能でないか，または，ある証明可能な文は真でないことを意味する．ペアノ算術の公理はすべて真であり，ペアノ算術の推論規則によって真な文からは真な文しか得られないことから，すべての証明可能な文は真であるという合理的な仮定の下で，前者の選択肢は除外される．つまり，ある真な文 X はペアノ算術において証明可能ではない．X は真なので，その否定 $\sim X$ は偽であり，それゆえ，（これもペアノ算術は健全な体系であるという仮定の下で）ペアノ算術において証明可能ではない．したがって，X はペアノ算術において決定不能な文である．こうして，次の定理が得られた．

ペアノ算術の不完全性定理 I, GT（ゲーデル，タルスキ）　ペアノ算術が健全であれば不完全である．すなわち，ペアノ算術において証明可能な文が真な文だけであれば，ペアノ算術において証明も反証もできない真な文 X が存在する．

付記　ここでは，ペアノ算術が健全であることを仮定している．次のようにして，ペアノ算術において真であるが証明可能でない文を**具体的**に示すことが実際にできる．第 12 章で，記号列の集合 W が形式的に表現可能ならば，W_0 が Σ_1 集合であるだけでなく，W を表現する初等形式体系 (E) が与えられれば，W_0 を表示する Σ_1 論理式を実際に提示できると述べた．ここでは，ペアノ算術の証明可能な**論理式**の集合 Pf を表現する初等形式体系 (E) が与えられたので，Pf_0 を表示する Σ_1 論理式を見出すことができる．そして，これによって，ペアノ算術のすべての証明可能な**文**のゲーデル数の集合 P_0 を表示する論理式（これを $P(x)$ とよぶ）をどのようにして見つければよいかがわかる．論理式 $P(x)$ は算術的なので，P_0 の補集合 $\widetilde{P_0}$ を表示するその否定 $\sim P(x)$ もまた算術的である．このとき，第 11 章で説明したように，$\widetilde{P_0}$ のゲーデル文 X（証明可能でないとき，そしてそのときに限り，真であるような文）をどのようにして見つければよいかがわかる．すなわち，X は，証明可能でないとき，そしてそのときに限り，真である．そして，これこそが求めていた文である．もちろん，X を明示的に提示することもできるが，それは極めて面倒であり，無益であるように思われる．

つぎに，ゲーデルによるペアノ算術の不完全性の証明に移ろう．これは，「健全さ」の仮定を，それより弱い ω 無矛盾という仮定に置き換えたものである．そして，さらに弱い単純無矛盾の仮定を使ったロッサーの証明を調べよう．

すでにペアノ算術が不完全であることを示したので，なぜこのようなことをしなければならないのかと不思議に思うかもしれない．実は，ここまでに示したペアノ算術の不完全性の証明は，「有限的な」証明とよばれるものではないのである．有限的な証明とは何か．その統一された定義はまだないが，提案されているすべての定義において，無限集合の存在を仮定した証明はどれも有限的な証明ではないという点では一致している．一階算術の文に対する**真偽**の概念は，有限的ではない．それは明確に定義されているが，一般的に検証することができない．なぜなら，それは無限に多くの自然数の上を動く量化子を含むからである．全称的な文 $\forall x F(x)$ が真であるかどうかを確認するには，一般的に無限個の文 $F(\overline{0}), F(\overline{1}), \cdots, F(\overline{n}), \cdots$ を調べなければならないが，有限の時間内にそれを行うことはできない．これとは対照的に，形式体系において証明を構成する論理式の列の概念は有限的である．

このため，ここまでに示した不完全性の証明を認めようとしない数学者もいる．しかし，おそらくゲーデルの証明は認めるだろうし，有限的であることに疑問の余地がないロッサーの証明も確実に認めるだろう．記録として残すために，私自身は有限的でない手法を拒絶するグループには属さないことを，ここに明言しておく．すでに示した，真の概念を含む不完全性の証明を私は全面的に認める．

そうであるにもかかわらず，ゲーデルとロッサーの証明に同じくらいの関心があるのには，また別の理由がある．これらの証明は極めて独創的であり，また，ゲーデルの証明はこのあとで簡単に論じるゲーデルの第二不完全性定理の前提条件として必須である．ゲーデルの第二不完全性定理は，大雑把にいうと，ペアノ算術が無矛盾であればそれ自体の無矛盾性を証明できないというものである．

ゲーデルの証明は，ペアノ算術が ω 無矛盾ならば，不完全であるというものである．ペアノ算術が形式体系であることはすでに示したので，第 12 章の定理 G を使うために，あとはペアノ算術の中ですべての Σ_0 関係が定義できることを示せばよい．これには，すべての真な Σ_0 文がペアノ算術において証明可能であることを示せば十分である．（Σ_0 文が真であるという概念は極めて有限的である．なぜなら，それは有限の量化子しか含まないからである．Σ_0 文が真かどうかは，常に調べることができる．）Σ_0 文は，真でかつペアノ算術において証明可能であるか，または，偽でかつペアノ算術において反証可能であるならば，（ペアノ算術において）**健全に決定可能**ということにする．このとき，すべての Σ_0 文はペアノ算術において健全に決定可能であり，したがって，すべての真な Σ_0 文はペアノ算術において定義可能であることを示す．実際には，第 14 章で必要となるより一般的な結果を証明する．

次の論理式図式は，現代の多くの研究において重要な役割を演じる．

Ω1:　$\overline{m}+\overline{n}=\overline{k}$，ただし，$m+n=k$ とする．

Ω2:　$\overline{m}\times\overline{n}=\overline{k}$，ただし，$m\times n=k$ とする．

Ω3:　$\sim(\overline{m}=\overline{n})$，ただし，$m\neq n$ とする．

Ω4:　$x\leq\overline{n}\equiv(x=\overline{0}\vee\cdots\vee x=\overline{n})$

Ω5:　$x\leq\overline{n}\vee\overline{n}\leq x$

注　しばしば，$\sim(x=y)$ を省略して $x\neq y$ と表記する．

補題 R　Ω1–Ω5 は，すべて A20 を用いずにペアノ算術において証明可能である[原注 1]．

問題 4　補題 R を証明せよ．

論理式図式 Ω1–Ω5 は，(R) として知られているラルフ・ロビンソン [20] の体系の算術公理である．体系 $\mathcal{S}$ において Ω1–Ω5 が証明可能であれば，$\mathcal{S}$ を (R) の**拡大**とよぶ．ペアノ算術が (R) の拡大であることは，すでに（補題 R によって）示した．つぎに，ペアノ算術が Σ_0 完全であることだけでなく，(R) のすべての拡大が Σ_0 完全であることを示したい．

[原注 1]　ただし，この体系について推論するために数学的帰納法を用いる．

問題 5　(R) の任意の拡大において，すべての真な**原子** Σ_0 文は証明可能であること（したがって，ペアノ算術において証明可能であること）を証明せよ．

ある体系において，Σ_0 文が，真でかつその体系において証明可能か，または，偽でかつその体系において反証可能であるならば，その体系において**健全に決定可能**であるということを思い出そう．

問題 6　(R) の任意の拡大において，すべての真な**原子** Σ_0 文は健全に決定可能であること（したがって，ペアノ算術において健全に決定可能であること）を証明せよ．

問題 7　(R) の拡大 $\mathcal{S}$ において，$F(\overline{0}), F(\overline{1}), \cdots, F(\overline{n})$ が $\mathcal{S}$ において証明可能ならば，$(\forall x \leq \overline{n})F(x)$ もまた証明可能であることを示せ．

問題 8　(R) の任意の拡大 $\mathcal{S}$ は Σ_0 完全であることを証明せよ．

これで，ゲーデルとロッサーによるペアノ算術の不完全性定理の証明に必要となる結果の大部分を証明した．任意の Σ_0 完全な形式体系が ω 無矛盾であれば決定不能な文をもつという第 12 章の定理 G を思い出そう．ペアノ算術が形式体系であり，Σ_0 完全であることは証明したので，次の定理が得られた．

ペアノ算術の不完全性定理 II, G（ゲーデル）　ペアノ算術が ω 無矛盾であれば，不完全である．

この定理はゲーデルの第一不完全性定理として知られているが，しばしば「ゲーデルの定理」として参照される．

つぎに，ロッサーによるペアノ算術の不完全性の証明に移ろう．第 12 章の定理 R によってペアノ算術が単純無矛盾ならば不完全であることを示すためには，ペアノ算術が Σ_0 完全な形式体系であること（これはすでに示した）と，任意の論理式 $F(x)$ と任意の数 n に対して次の条件が成り立つことを示せば十分である．

L_1:　ペアノ算術において，$F(\overline{0}), F(\overline{1}), \cdots, F(\overline{n})$ がすべて証明可能であれば，$(\forall x \leq \overline{n})F(x)$ も証明可能となる．

L_2:　ペアノ算術において，$\forall x(x \leq \overline{n} \vee \overline{n} \leq x)$ は証明可能である．

問題 9　L_1 と L_2 を証明せよ．

これで次の定理が証明された．

ペアノ算術の不完全性定理 III, R（ロッサー）　ペアノ算術が単純無矛盾であれば，不完全である．

◉考察

この章を終えるにあたって述べておきたいのは，ペアノ算術の不完全性は，すべての**真**な文からなる集合が決定可能でないだけでなく形式的に表現可能でもないという事実に比べれば，それほど重要ではないと私は考えている，ということだ．後者は，どの文が真でどの文が真でないかを決定する純粋に機械的な手続きがないということだけでなく，すべての真な文，そしてそれだけからなる集合を生成するような機械的手続きがないことを意味している．数学の専門家にとって関心があるのは，まさに**真**な文であって，ペアノ算術において証明可能な文ではない．ある文がペアノ算術において証明可能か反証可能であれば，その文が真であるかどうかがわかるので，もちろんそれはよいことであるが，その文がペアノ算術において証明可能でも反証可能でもなければ，その文の真偽について何も得られることはない．

不完全であるにも関わらず，ペアノ算術にはほかにも興味深い特徴が数多くある．それについては，のちほど調べることにしよう．

問題の解答

問題 1　(a) および (b) において，$F(x)$ は証明可能であると仮定する．

（a）　証明可能な任意の閉論理式（文）C をひとつ選ぶ．$F(x)$ は証明可能なので，命題論理によって $C \supset F(x)$ も証明可能である．（これは，実際，すでに証明した第 7 章の T_5 から導くことができる．そして，命題論理として真である論理式はどれも証明可能である．なぜなら，ペアノ算術の公理系は，第 7 章で完全性を証明した命題論理のすべての公理と推論規則を含むからである．）したがって，第 II 群の規則 1 によって，$C \supset \forall x F(x)$ が証明可能である．C も証明可能なので，分離規則によって $\forall x F(x)$ も証明可能になる．

（b）　$F(x)$ は証明可能なので，(a) によって $\forall x F(x)$ も証明可能になる．また，あきらかに $\overline{n}$ は $F(x)$ の中で x に対して自由なので，公理 A10 によって $\forall x F(x) \supset F(\overline{n})$ は証明可能である．論理式 $\forall x F(x) \supset F(\overline{n})$ と $\forall x F(x)$ はともに証明可能なので，分離規則によって $F(\overline{n})$ も証明可能である．

（c）　$F(x, y)$ は証明可能であるとする．このとき，(b) によって，$F(\overline{n}, y)$ も証明可能である．したがって，ふたたび (b) によって，$F(\overline{n}, \overline{m})$ も証明可能である．

注　もちろん，$F(x_1, \cdots, x_k)$ が証明可能ならば，$F(\overline{n}_1, \cdots, \overline{n}_k)$ も証明可能であることも数学的帰納法を用いて示すことができる．

問題 2　問題の集合や関係を表現する初等形式体系 (E) において新たに導入する述語ごとに，その述語が何を表現するかを説明した後で，その述語のための公理図式を示す．(E) の変数をペアノ算術の変数と混同しないようにしよう．(E) の変数として，文字 x, y, z, w, t, f, g, h やそれに添字をつけたものを使う．また，ペアノ算術の含意記号には $\supset$ を用い，初等形式体系 (E) の含意記号には $\rightarrow$ を用いる．

（1）　st は，v からなる文字列の集合を表現する．

$$\mathrm{st}\,\mathrm{v}$$

$$\mathrm{st}\,x \rightarrow \mathrm{st}\,x\mathrm{v}$$

（2）　V は，（ペアノ算術の）変数の集合を表現する．

$$\mathrm{st}\,x \rightarrow \mathrm{V}(x)$$

（3）　D は，「x と y は相異なる変数である」という関係を表現する．

$$\mathrm{st}\,x \rightarrow \mathrm{st}\,y \rightarrow \mathrm{D}(x), (xy)$$

$$\mathrm{D}\,x, y \rightarrow \mathrm{D}\,y, x$$

（4）　N は，数項の集合を表現する．

$$\mathrm{N}\,0$$

$$\mathrm{N}\,x \to \mathrm{N}\,x'$$

（5） Tm は，項の集合を表現する．

$$\mathrm{V}\,x \to \mathrm{Tm}\,x$$

$$\mathrm{N}\,x \to \mathrm{Tm}\,x$$

$$\mathrm{Tm}\,x \to \mathrm{Tm}\,y \to \mathrm{Tm}(x+y)$$

$$\mathrm{Tm}\,x \to \mathrm{Tm}\,y \to \mathrm{Tm}(x \times y)$$

$$\mathrm{Tm}\,x \to \mathrm{Tm}\,x'$$

（6） F_0 は，原子論理式の集合を表現する．

$$\mathrm{Tm}\,x \to \mathrm{Tm}\,y \to \mathrm{F}_0\,x = y$$

$$\mathrm{Tm}\,x \to \mathrm{Tm}\,y \to \mathrm{F}_0\,x \le y$$

（7） F は，論理式の集合を表現する．

$$\mathrm{F}_0\,x \to \mathrm{F}\,x$$

$$\mathrm{F}\,x \to \mathrm{F}\sim x$$

$$\mathrm{F}\,x \to \mathrm{F}\,y \to \mathrm{F}(x \wedge y)$$

$$\mathrm{F}\,x \to \mathrm{F}\,y \to \mathrm{F}(x \vee y)$$

$$\mathrm{F}\,x \to \mathrm{F}\,y \to \mathrm{F}(x \supset y)$$

$$\mathrm{V}\,x \to \mathrm{F}\,y \to \mathrm{F}\,\forall xy$$

$$\mathrm{V}\,x \to \mathrm{F}\,y \to \mathrm{F}\,\exists xy$$

（8） S_0 は，「t は項，x は変数，y は項で，z は y の中の x の出現すべてに t を代入した結果」という関係を表現する．

$$\mathrm{Tm}\,t \to \mathrm{V}\,x \to \mathrm{S}_0\,t, x, x, t$$

$$\mathrm{Tm}\,t \to \mathrm{V}\,x \to \mathrm{N}\,y \to \mathrm{S}_0\,t, x, y, y$$

$$\mathrm{Tm}\,t \to \mathrm{D}\,x, y \to \mathrm{S}_0\,t, x, y, y$$

$$\mathrm{S}_0\,t, x, y, z \to \mathrm{S}_0\,t, x, y', z'$$

$$\mathrm{S}_0\,t, x, y, z \to \mathrm{S}_0\,t, x, y_1, z_1 \to \mathrm{S}_0\,t, x, (y+y_1), (z+z_1)$$

$$\mathrm{S}_0\,t, x, y, z \to \mathrm{S}_0\,t, x, y_1, z_1 \to \mathrm{S}_0\,t, x, (y \times y_1), (z \times z_1)$$

（9） S は，「t は項，x は変数，f は論理式で，g は f の中の x の自由な出現すべてに t を代入した結果」という関係を表現する．

$$\mathrm{S}_0\,t,x,y,z \to \mathrm{S}_0\,t,x,y_1,z_1 \to \mathrm{S}\,t,x,y=y_1,z=z_1$$
$$\mathrm{S}_0\,t,x,y,z \to \mathrm{S}_0\,t,x,y_1,z_1 \to \mathrm{S}\,t,x,y\leq y_1,z\leq z_1$$
$$\mathrm{S}\,t,x,f,g \to \mathrm{S}\,t,x,\sim f,\sim g$$
$$\mathrm{S}\,t,x,f,g \to \mathrm{S}\,t,x,f_1,g_1 \to \mathrm{S}\,t,x,(f\wedge f_1),(g\wedge g_1)$$
$$\mathrm{S}\,t,x,f,g \to \mathrm{S}\,t,x,f_1,g_1 \to \mathrm{S}\,t,x,(f\vee f_1),(g\vee g_1)$$
$$\mathrm{S}\,t,x,f,g \to \mathrm{S}\,t,x,f_1,g_1 \to \mathrm{S}\,t,x,(f\supset f_1),(g\supset g_1)$$
$$\mathrm{S}\,t,x,f,g \to \mathrm{D}\,x,y \to \mathrm{S}\,t,x,\forall yf,\forall yg$$
$$\mathrm{S}\,t,x,f,g \to \mathrm{D}\,x,y \to \mathrm{S}\,t,x,\exists yf,\exists yg$$
$$\mathrm{Tm}\,t \to \mathrm{F}\,f \to \mathrm{V}\,x \to \mathrm{S}\,t,x,\forall xf,\forall xf$$
$$\mathrm{Tm}\,t \to \mathrm{F}\,f \to \mathrm{V}\,x \to \mathrm{S}\,t,x,\exists xf,\exists xf$$

(10)　Noc は,「x は変数, f は論理式で, f の中には x の自由な出現はない」という関係を表現する.

$$\mathrm{D}\,y,x \to \mathrm{S}\,y,x,f,f \to \mathrm{Noc}\,x,f$$

(11)　$\overline{\mathrm{B}}$ は,「x と y は変数, f は論理式で, f の中で x は y によって束縛されない」という関係を表現する.

$$\mathrm{V}\,x \to \mathrm{V}\,y \to \mathrm{Tm}\,z \to \mathrm{Tm}\,w \to \overline{\mathrm{B}}\,x,y,z=w$$
$$\mathrm{V}\,x \to \mathrm{V}\,y \to \mathrm{Tm}\,z \to \mathrm{Tm}\,w \to \overline{\mathrm{B}}\,x,y,z\leq w$$
$$\overline{\mathrm{B}}\,x,y,f \to \overline{\mathrm{B}}\,x,y,\sim f$$
$$\overline{\mathrm{B}}\,x,y,f \to \overline{\mathrm{B}}\,x,y,g \to \overline{\mathrm{B}}\,x,y,(f\wedge g)$$
$$\overline{\mathrm{B}}\,x,y,f \to \overline{\mathrm{B}}\,x,y,g \to \overline{\mathrm{B}}\,x,y,(f\vee g)$$
$$\overline{\mathrm{B}}\,x,y,f \to \overline{\mathrm{B}}\,x,y,g \to \overline{\mathrm{B}}\,x,y,(f\supset g)$$
$$\overline{\mathrm{B}}\,x,y,f \to \mathrm{D}\,y,z \to \overline{\mathrm{B}}\,x,y,\forall zf$$
$$\overline{\mathrm{B}}\,x,y,f \to \mathrm{D}\,y,z \to \overline{\mathrm{B}}\,x,y,\exists zf$$
$$\overline{\mathrm{B}}\,x,y,f \to \mathrm{Noc}\,x,f \to \overline{\mathrm{B}}\,x,y,\forall yf$$
$$\overline{\mathrm{B}}\,x,y,f \to \mathrm{Noc}\,x,f \to \overline{\mathrm{B}}\,x,y,\exists yf$$

(12)　E は,「t は項, x は変数, f は論理式で, f の中で t は x に対して自由である」という関係を表現する.

$$\overline{\mathrm{B}}\,x,y,f \to \mathrm{E}\,x,y,f$$
$$\mathrm{V}\,x \to \mathrm{N}\,y \to \mathrm{F}\,f \to \mathrm{E}\,y,x,f$$
$$\mathrm{E}\,t,x,f \to \mathrm{E}\,t',x,f$$
$$\mathrm{E}\,t,x,f \to \mathrm{E}\,t_1,x,f \to \mathrm{E}(t+t_1),x,f$$
$$\mathrm{E}\,t,x,f \to \mathrm{E}\,t_1,x,f \to \mathrm{E}(t\times t_1),x,f$$

(13)　A は，公理の集合を表現する．（注：命題論理の 9 個の公理（第 I 群）については，最初の公理についてだけ解を示す．残りの 8 個の公理については，あきらかに同じようにできるので，読者に委ねる．）

1 $\mathrm{F}\,f \to \mathrm{F}\,g \to \mathrm{A}(f \wedge g) \supset f$

2 $\mathrm{F}\,f \cdots$

$\vdots$

10 $\mathrm{E}\,t, x, f \to \mathrm{S}\,t, x, f, g \to \mathrm{A}(\forall x f) \supset g$

11 $\mathrm{E}\,t, x, f \to \mathrm{S}\,t, x, f, g \to \mathrm{A}\,g \supset (\exists x f)$

12 $\mathrm{Tm}\,x \to \mathrm{Tm}\,y \to \mathrm{A}(x' = y') \supset (x = y)$

13 $\mathrm{Tm}\,x \to \mathrm{A} \sim(x' = 0)$

14 $\mathrm{Tm}\,x \to \mathrm{Tm}\,y \to \mathrm{Tm}\,z \to \mathrm{A}((x = y) \wedge (x = z)) \supset (y = z)$

15 $\mathrm{Tm}\,x \to \mathrm{Tm}\,y \to \mathrm{A}(x = y) \supset (x' = y')$

16 $\mathrm{Tm}\,x \to \mathrm{A}\,x + 0 = x$

17 $\mathrm{Tm}\,x \to \mathrm{Tm}\,y \to \mathrm{A}\,x + y' = (x + y)'$

18 $\mathrm{Tm}\,x \to \mathrm{A}\,x \times 0 = 0$

19 $\mathrm{Tm}\,x \to \mathrm{Tm}\,y \to \mathrm{A}\,x \times y' = (x \times y) + x$

20 $\mathrm{V}\,x \to \mathrm{S}\,0, x, f, g \to \mathrm{S}\,x', x, f, h \to \mathrm{A}(g \wedge \forall x(f \supset h)) \supset \forall x f$

21 $\mathrm{Tm}\,x \to \mathrm{A}(x \leq 0) \equiv (x = 0)$

22 $\mathrm{Tm}\,x \to \mathrm{Tm}\,y \to \mathrm{A}(x \leq y') \equiv ((x \leq y) \vee (x = y))$

23 $\mathrm{Tm}\,x \to \mathrm{Tm}\,y \to \mathrm{A}(x \leq y) \vee (y \leq x)$

24 $\mathrm{Tm}\,x \to \mathrm{A}\,x = x$

25 $\mathrm{N}\,y \to \mathrm{S}\,y, x, f, g \to \mathrm{A}\,g \supset (x = y \supset f)$

26 $\mathrm{F}\,f \to \mathrm{V}\,x \to \mathrm{A}\,\forall x {\sim} f \supset {\sim}\exists x f$

(14)　P は，証明可能な論理式の集合を表現する．

$$\mathrm{A}\,f \to \mathrm{P}\,f$$

$$\mathrm{P}\,f \to \mathrm{P}(f \supset g) \to \mathrm{P}\,g$$

$$\mathrm{Noc}\,x, c \to \mathrm{F}\,f \to \mathrm{P}(c \supset f) \to \mathrm{P}(c \supset \forall x f)$$

$$\mathrm{Noc}\,x, c \to \mathrm{F}\,f \to \mathrm{P}(f \supset c) \to \mathrm{P}(\exists x f \supset c)$$

問題 3　F をすべての論理式の集合とし，F_0 をそれに対応するゲーデル数の集合とする．F は，すでに示したように形式的に表現可能なので，F_0 は（第 12 章の定理 A によって）Σ_1 である．

V をペアノ算術のすべての変数の集合とする．V は形式的に表現可能なので，

V_0 は Σ_1 である．

形式的に表現可能な関係 $\mathrm{Noc}(x, y)$（「x は論理式で，y は x の中に自由な出現のない変数」という関係）を考えてみよう．$\mathrm{NocG}(x, y)$ を，これに対応するゲーデル数の間の関係とする．（すなわち，$\mathrm{NocG}(x, y)$ は，x と y はそれぞれ論理式 u と変数 v のゲーデル数で，$\mathrm{Noc}(u, v)$ が成り立つことを意味する．）すると，$\mathrm{NocG}(x, y)$ は Σ_1 関係である．

（a）S_0 をすべての文のゲーデル数からなる集合とするとき，S_0 が Σ_1 であることを示さなければならない．ここで，$x \in S_0$ となるのは，次の条件を満たすとき，そしてそのときに限る．

$$F_0(x) \wedge (\forall y \leq x)(V_0(y) \supset \mathrm{NocG}(x, y))$$

この条件が Σ_1 であることを示すのは，読者に委ねる．（第 11 章の問題 10 を思い出そう．）

（b）すべての証明可能な**論理式**からなる集合 Pf は形式的に表現可能であることはすでに示しているので，それに対応するゲーデル数の集合 Pf_0 は Σ_1 である．このとき，

$$x \in P_0 \Leftrightarrow \mathrm{Pf}_0(x) \wedge S_0(x)$$

が成り立つ．

（c）$x \in R_0 \Leftrightarrow (7 * z) \in P_0$（7 は $\sim$ のゲーデル数である．）

問題 4　まず，任意の数 n に対して，数項 $\overline{n}'$ は，$\overline{n+1}$ と同じ記号列であることに注意する．このとき，論理式 Ω1–Ω5 を証明しよう．

Ω1.　論理式 $x + y' = (x + y)'$ は証明可能である（これは公理 A17 である）から，命題 1 (c) によって，任意の数 m と n に対して，文 $\overline{m} + \overline{n}' = (\overline{m} + \overline{n})'$ は証明可能である．それゆえ，任意の数 q に対して，$\overline{m} + \overline{n} = \overline{q}$ が証明可能ならば，$\overline{m} + \overline{n}' = \overline{q}'$ も証明可能であり，したがって，$\overline{m} + \overline{n+1} = \overline{q+1}$ も証明可能である．こうして，

$$\overline{m} + \overline{n} = \overline{q} \text{ が証明可能ならば，} \overline{m} + \overline{n+1} = \overline{q+1} \text{ も証明可能} \qquad (1)$$

が得られた．

一方，$\overline{m} + \overline{0} = \overline{m}$ は（A16 と命題 1 (b) によって）証明可能であり，したがって，(1) によって，$\overline{m} + \overline{1} = \overline{m+1}$，$\overline{m} + \overline{2} = \overline{m+2}$，…，$\overline{m} + \overline{n} = \overline{m+n}$ を順に証明することができる．（ここで実質的に数学的帰納法を用いている．）

Ω2.　この証明は，公理 A17 と A16 の代わりに A19 と A18 を用いれば，Ω1 の場合と同じである．

Ω3.　ペアノ算術において，$m \neq n$ であれば，$\sim(\overline{m} = \overline{n})$ が証明可能であるこ

とを示さなければならない．$m > n$ である場合にこれを示そう．数 k を $m-n$ と定義する．あきらかに，k は正で，$m = k + n$ が成り立つ．したがって，$m \neq n$ が真であるとき，$\overline{k+n} \neq \overline{n}$ が証明可能であることを示す必要がある．

公理 $(x' = y') \supset (x = y)$（公理 A12）と命題 1 (c) から，任意の数 m と n に対して，文 $\overline{m}' = \overline{n}' \supset \overline{m} = \overline{n}$ は証明可能であることが導かれる．したがって，命題論理によって，$\overline{m}' \neq \overline{n}' \supset \overline{m} \neq \overline{n}$ も証明可能であり，$\overline{m} \neq \overline{n} \supset \overline{m+1} \neq \overline{n+1}$ も証明可能である．こうして，

$$\overline{m} \neq \overline{n} \text{ が証明可能ならば，} \overline{m+1} \neq \overline{n+1} \text{ も証明可能} \tag{1}$$

が得られた．

つぎに，公理 $x' \neq 0$（公理 A13）と命題 1 (b) から，任意の数 j に対して，文 $\overline{j}' \neq 0$ が証明可能であることが導かれる．したがって，上記で定義した正の数 k に対して，文 $\overline{k} \neq 0$ は証明可能である．（なぜなら，$\overline{k}$ は $\overline{k-1}'$ だからである．）このとき，(1) によって，$\overline{k+1} \neq \overline{1}$，$\overline{k+2} \neq \overline{2}$，$\cdots$，$\overline{k+n} \neq \overline{n}$ を順に証明することができる．（$m = k + n$ なので）これが求めるものである．

Ω4.　ペアノ算術において，論理式 $x \leq \overline{n} \equiv (x = \overline{0} \vee \cdots \vee x = \overline{n})$ が証明可能であることを示さなければならない．それを示すためには，数学的帰納法を用いる．

$n = 0$ の場合は，論理式 $x \leq \overline{0} \equiv x = \overline{0}$ は公理（公理 A21）なので，証明可能である．つぎに，n において

$$x \leq \overline{n} \equiv (x = \overline{0} \vee \cdots \vee x = \overline{n}) \text{ が証明可能} \tag{1}$$

が成り立つとする．

数学的帰納法が成り立つためには，この仮定から $x \leq \overline{n+1} \equiv (x = \overline{0} \vee \cdots \vee x = \overline{n+1})$ が証明可能であることを示さなければならない．

$x \leq y' \equiv (x \leq y \vee x = y')$ は公理（公理 A22）であり，したがって証明可能である．このとき，命題 1 (b) によって，$x \leq \overline{n}' \equiv (x \leq \overline{n} \vee x = \overline{n}')$ は証明可能である．これから，

$$x \leq \overline{n+1} \equiv (x \leq \overline{n} \vee x = \overline{n+1}) \text{ が証明可能} \tag{2}$$

が導かれる．

すると，(1) と (2) から命題論理によって，

$$x \leq \overline{n+1} \equiv (x = \overline{0} \vee \cdots \vee x = \overline{n+1})$$

は証明可能である．これで数学的帰納法は完成し，証明は完了である．

Ω5.　$x \leq \overline{n} \vee \overline{n} \leq x$ は，命題 1 (b) と公理 $x \leq y \vee y \leq x$（公理 A23）から直接導くことができる．

問題 5　ペアノ算術において，すべての真な原子 Σ_0 文が証明可能であることを示さなければならない．それには，まず，任意の定項 t に対して，文 $t = \overline{n}$ がペアノ算術において証明可能であることを示さなければならない．ただし，n は t が指示する自然数である．これは，項 t に出現する数学的演算（和，積，後続関数）の個数に関する数学的帰納法によって，簡単に証明することができる．

これで，自然数 n を指示する任意の定項 t に対して，論理式 $t = \overline{n}$ は証明可能であることがわかったので，m_1 と m_2 がそれぞれ定項 t_1 と t_2 を指示する自然数とするとき，$t_1 = t_2$ が真（これは t_1 と t_2 が同じ自然数を指示することを意味する）ならば，$t_1 = t_2$ はペアノ算術において証明可能であることを示そう．（そして，その後で，もうすこし複雑な論理式 $t_1 \leq t_2$ の場合についても同様の結果を示さなければならない．）

$t_1 = t_2$ が真で，t_1 と t_2 がともに自然数 n を指示するならば，前述のように，$t_1 = \overline{n}$ と $t_2 = \overline{n}$ はともに証明可能である．したがって，（公理 A14 から導くことのできる）等式への代入によって，$t_1 = t_2$ は証明可能である．それでは，もう少し複雑な $t_1 \leq t_2$ の場合についても示すことにしよう．$t_1 \leq t_2$ が真だと仮定する．ただし，t_1 は m_1 を指示し，t_2 は m_2 を指示するものとする．これは，（初等算術体系の真の定義によって）$m_1 \leq m_2$ であることを意味する．また，$t_1 = \overline{m}_1$ と $t_2 = \overline{m}_2$ はともに証明可能であることがわかっている．したがって，（等式への代入によって）$t_1 \leq \overline{m}_2$ が証明可能であることが示せれば，求める結果が得られることになる．しかし，$\Omega 4$ によって

$$t_1 \leq \overline{m}_2 \equiv (t_1 = \overline{0} \vee t_1 = \overline{1} \vee \cdots \vee t_1 = \overline{m}_2)$$

であることがわかっている．

この同値式の右辺の論理式はあきらかに証明可能である．なぜなら，それは選言の構成要素として（仮定によって）証明可能な部分論理式 $t_1 = \overline{m}_1$ を含んでいるからである．したがって，ペアノ算術において命題論理を証明するのに必要なものはすべて揃っているので，$t_1 \leq \overline{m}_2$ は証明可能でなければならず，その結果，すでに述べたように，$t_1 \leq t_2$ も同じく証明可能になる．

問題 6　体系 $\mathcal{S}$ を (R) の拡大とする．すべての真な原子文が $\mathcal{S}$ において証明可能であることはすでに示した．あとは，すべての偽な原子 Σ_0 文が $\mathcal{S}$ において反証可能であることを示す必要がある．

（1）　$\overline{m} + \overline{n} = \overline{q}$ という形式の偽な Σ_0 文を考える．これは偽なので，$m + n \neq q$ が成り立つ．したがって，$\Omega 3$ によって，$\overline{m} + \overline{n} \neq \overline{q}$ は，$\mathcal{S}$ において証明可能である．また，$\Omega 1$ によって，$\overline{m} + \overline{n} = \overline{m + n}$ は証明可能である．$\sim(\overline{m + n} = \overline{q})$ もまた証明可能なので（この省略形である $\overline{m + n} \neq \overline{q}$ が証明可能であることを示

した)，命題論理によって，$\sim(\overline{m}+\overline{n}=\overline{q})$ も証明可能である．したがって，$\overline{m}+\overline{n}=\overline{q}$ は反証可能である．

（2） $\Omega1$ の代わりに $\Omega2$ を用いることで，$\overline{m}\times\overline{n}=\overline{q}$ の形式の偽な文がいずれも反証可能であることも同じように証明できる．

（3） $\overline{m}=\overline{n}$ が偽であるとする．すると，$m\neq n$ であり，したがって，($\Omega3$ によって) $\overline{m}\neq\overline{n}$ は証明可能であり，$\overline{m}=\overline{n}$ は反証可能である．

（4） $\overline{n}'=\overline{m}$ の形式の偽な Σ_0 文を考える．これは偽なので，$n+1\neq m$ であり，$\Omega3$ によって文 $\overline{n+1}\neq\overline{m}$ は証明可能である．しかし，この文は $\overline{n}'\neq\overline{m}$ である．したがって，$\overline{n}'=\overline{m}$ は反証可能である．

（5） 最後に，$\overline{m}\leq\overline{n}$ の形式の偽な Σ_0 文を考える．これは偽なので，文 $\overline{m}=\overline{0}$, $\overline{m}=\overline{1}$, $\cdots$, $\overline{m}=\overline{n}$ はすべて偽であり，したがって，($\Omega3$ によって) これらの文は反証可能である．それゆえ，命題論理によって，文 $\overline{m}=\overline{0}\vee\cdots\vee\overline{m}=\overline{m}\vee\cdots\vee\overline{m}=\overline{n}$ は反証可能である．また，($\Omega4$ によって) 文 $\overline{m}\leq\overline{n}\equiv(\overline{m}=\overline{0}\vee\cdots\vee\overline{m}=\overline{n})$ は証明可能である．したがって，命題論理によって，$\overline{m}\leq\overline{n}$ は $\mathcal{S}$ において反証可能である．

問題 7　体系 $\mathcal{S}$ を (R) の拡大とする．$\Omega4$ によって

$$x\leq\overline{n}\equiv(x=\overline{0}\vee\cdots\vee x=\overline{n}) \tag{1}$$

は，$\mathcal{S}$ において証明可能である．また，公理 A25 によって，任意の数 m に対して，論理式 $F(\overline{m})\supset(x=\overline{m}\supset F(x))$ は証明可能である．したがって，$F(\overline{m})$ が証明可能ならば，$x=\overline{m}\supset F(x)$ も証明可能である．

ここで，$F(\overline{0})$, $F(\overline{1})$, $\cdots$, $F(\overline{n})$ はいずれも $\mathcal{S}$ において証明可能であるとする．すると，命題論理によって，次の命題も証明可能である．

$$(x=\overline{0}\vee\cdots\vee x=\overline{n})\supset F(x) \tag{2}$$

(1) と (2) から $x\leq\overline{n}\supset F(x)$ が証明可能であることが導かれ，したがって，命題 1 (a) によって，$\forall x(x\leq\overline{n}\supset F(x))$ も証明可能である．そして，これは文 $(\forall x\leq\overline{n})F(x)$ である．

問題 8　これは，Σ_0 文の次数（論理結合子と量化子の出現数）に関する数学的帰納法を用いて証明する．

（a） 次数 0 の任意の Σ_0 文は原子 Σ_0 文である．したがって，問題 6 によって，これは健全に決定可能である．

（b） d を正の数とし，次数が d よりも小さいすべての Σ_0 文は健全に決定可能であると仮定する．

X を次数 d の Σ_0 文とする．X は，$\sim Y, Y\wedge Z, Y\vee Z, Y\supset Z, (\forall x\leq\overline{n})F(x)$,

$(\exists x \leq \overline{n})F(x)$ のいずれかの形式でなければならない．ここで，Y, Z, $F(x)$ それぞれの次数は d よりも小さい．

X が $\sim Y, Y \wedge Z, Y \vee Z, Y \supset Z$ のいずれかの形式であったとしよう．あきらかに，命題論理によって，Y が健全に決定可能であれば $\sim Y$ も健全に決定可能であり，Y と Z がともに健全に決定可能であれば $Y \wedge Z, Y \vee Z, Y \supset Z$ も健全に決定可能である．Y と Z の次数はともに d よりも小さいので，帰納法の仮定によってともに健全に決定可能である．したがって，X が $\sim Y, Y \wedge Z, Y \vee Z, Y \supset Z$ のいずれかの形式であれば，X は健全に決定可能である．

それでは，X が $(\forall x \leq \overline{n})F(x)$ の形式である場合を考えてみよう．このとき，$F(x)$ の次数は d より小さく，任意の数 m に対して，文 $F(\overline{m})$ の次数は d よりも小さいので，帰納法の仮定によって $F(\overline{m})$ は健全に決定可能である．まず，$(\forall x \leq \overline{n})F(x)$ が真だと仮定する．すると，文 $F(\overline{0}), F(\overline{1}), \cdots, F(\overline{n})$ はすべて真であり，したがって健全に決定可能であり，（それらは真であるから）証明可能である．それゆえ，$(\forall x \leq \overline{n})F(x)$ は，（問題 7 によって）証明可能である．

つぎに，論理式 $(\forall x \leq \overline{n})F(x)$ が偽だと仮定しよう．すると，ある $m \leq n$ に対して，$F(\overline{m})$ は偽であり，それゆえ反証可能である．$m \leq n$ なので，Σ_0 文 $\overline{m} \leq \overline{n}$ は真であり，証明可能である．$\overline{m} \leq \overline{n}$ と $\sim F(\overline{m})$ はともに証明可能なので，

（1）（命題論理によって）$\overline{m} \leq \overline{n} \supset F(\overline{m})$ は反証可能である．

（2）$\forall x(x \leq \overline{n} \supset F(x)) \supset (\overline{m} \leq \overline{n} \supset F(x))$ は証明可能である．（公理 A10）

(1) と (2) から，$\forall x(x \leq \overline{n} \supset F(x))$ が反証可能であることが導かれる．ところが，この文は $(\forall x \leq \overline{n})F(x)$ である．

最後に，X が $(\exists x \leq \overline{n})F(x)$ の形式の場合を考えよう．まず，X が真だと仮定する．このとき，ある $m \leq n$ に対して，文 $F(\overline{m})$ は真であり，それゆえ証明可能である．（なぜなら，この文の次数は d より小さいからである．）また，$\overline{m} \leq \overline{n}$ も証明可能であり，$\overline{m} \leq \overline{n} \supset F(\overline{m})$ であるから，（命題論理によって）$\overline{m} \leq \overline{n} \wedge F(\overline{m})$ も証明可能である．さらに，（公理 A11 によって）$(\overline{m} \leq \overline{n} \supset F(\overline{m})) \supset \exists x(x \leq \overline{n} \wedge F(x))$ も証明可能である．したがって，命題論理によって，$\exists x(x \leq \overline{n} \wedge F(x))$ が証明可能である．こうして，$(\exists x \leq \overline{n})F(x)$ は証明可能である．

それでは，$(\exists x \leq \overline{n})F(x)$ が偽だと仮定しよう．すると，すべての $m \leq n$ に対して，文 $F(\overline{m})$ は偽であり，反証可能である．すなわち，文 $F(\overline{0}), F(\overline{1}), \cdots, F(\overline{n})$ はすべて反証可能である．$\sim F(\overline{0}), \sim F(\overline{1}), \cdots, \sim F(\overline{n})$ がすべて証明可能なので，（問題 7 によって）$(\forall x \leq \overline{n}){\sim}F(x)$ も証明可能である．そして，これは文 $\forall x(x \leq \overline{n} \supset \sim F(x))$ である．それゆえ，（公理 A10 によって）開論理式 $x \leq \overline{n} \supset \sim F(x)$ は証明可能であり，命題論理によって，$\sim(x \leq \overline{n} \wedge F(x))$ は証明可能である．すると，命題 1 (a) によって，$\forall x{\sim}(x \leq \overline{n} \wedge F(x))$ は証明可能である．また，（公理 A26 によって）

$$\forall x{\sim}(x \leq \overline{n} \wedge F(x)) \supset {\sim}\exists x(x \leq \overline{n} \wedge F(x))$$

は証明可能であり，${\sim}\exists x(x \leq \overline{n} \wedge F(x))$ も証明可能である．したがって，文 ${\sim}(\exists x \leq \overline{n})F(x)$ は証明可能である．すなわち，$(\exists x \leq \overline{n})F(x)$ は反証可能である．

これで帰納法は完成である．

問題 9　二つの条件は次のようにして証明できる．

（a）$F(\overline{0})$，$F(\overline{1})$，$\cdots$，$F(\overline{n})$ はすべて証明可能だと仮定する．すると，公理 A25 から，分離規則によって $x = \overline{0} \supset F(x)$，$\cdots$，$x = \overline{n} \supset F(x)$ はすべて証明可能であることが導かれる．ここから，命題論理によって，

$$(x = \overline{0} \vee \cdots \vee x = \overline{n}) \supset F(x) \text{ は証明可能} \tag{1}$$

が得られる．

また，補題 R の Ω4 から

$$x \leq \overline{n} \supset (x = \overline{0} \vee \cdots \vee x = \overline{n}) \text{ は証明可能} \tag{2}$$

が得られる．

(1) と (2) から，命題論理によって

$$x \leq \overline{n} \supset F(x) \text{ は証明可能} \tag{3}$$

が得られる．

すると，命題 1 (a) によって，$\forall x(x \leq \overline{n} \supset F(x))$ が証明可能であることが導かれる．ところが，この文は $(\forall x \leq \overline{n})F(x)$ である．

（b）Ω5 によって，論理式 $x \leq \overline{n} \vee \overline{n} \leq x$ は証明可能である．したがって，命題 1 (a) によって，$\forall x(x \leq \overline{n} \vee \overline{n} \leq x)$ は証明可能である．

第 14 章

進んだ話題

ゲーデルのいわゆる**第二不完全性定理**は，ここまでに調べてきた彼の不完全性定理と同じくらい有名であり，大雑把に言うと，ペアノ算術とそれに類する体系が（単純）無矛盾ならば，それ自体の無矛盾性を証明できないというものである．本章の後半では，この定理をもっと正確に定式化する．まずは，準備として，考察しなければならないことがいくつかある．

対角化と不動点

◉再帰的関係

数の集合や関係が**再帰的**であることの定義は，文献によってさまざまであるが，それらはすべて同値である．実際，それらはすべて，関係とその補集合がともに Σ_1 であることと同値である．いくつかの文献では，関係が Σ_1 ならば**再帰的枚挙可能**と定義していて，本書でもこの方針を採用する．したがって，以降では，Σ_1 と「再帰的枚挙可能」という用語を同じ意味で用いる．集合や関係は，それとその補集合がともに再帰的枚挙可能ならば，すなわち，それらがともに Σ_1 ならば，**再帰的**と呼ばれる．

命題 1　$\mathcal{S}$ が (R) の拡大ならば，すべての再帰的集合および再帰的関係は $\mathcal{S}$ において定義可能である．

問題 1　命題 1 を証明せよ．

◉関数の強定義可能性

論理式 $F(x,y)$ は，関係 $f(x)=y$ を定義するとき，すなわち，すべての数 m と n に対して次の二つの条件が成り立つとき，この体系において（数から数への）関数 $f(x)$ を**弱定義**するという．

（1）　$f(n)=m$ ならば，$F(\overline{n},\overline{m})$ は証明可能である．
（2）　$f(n)\neq m$ ならば，$F(\overline{n},\overline{m})$ は反証可能である．

さらに，すべての m と n に対して次の条件が成り立つならば，論理式 $F(x,y)$ は関数 $f(x)$ を**強定義**するという．

（3）　$f(n)=m$ ならば，$\forall y(F(\overline{n},y)\supset y=\overline{m})$ は証明可能である．

命題 2　$\Omega4$ および $\Omega5$ の論理式が $\mathcal{S}$ において証明可能ならば，$\mathcal{S}$ において弱定義可能な任意の関数 $f(x)$ は，$\mathcal{S}$ において強定義可能である．

問題 2　命題 2 を証明せよ．

関係 $f(x)=y$ が再帰的であれば，$f(x)$ は**再帰的**であるという．
命題 1 および 2 から，次の命題が得られる．

命題 3　すべての再帰的関数 $f(x)$ は，(R) の任意の拡大 $\mathcal{S}$ において強定義可能である．

次に必要となるのは，命題 4 である．

命題 4　$f(x)$ が $\mathcal{S}$ において強定義可能ならば，任意の論理式 $G(x)$ に対して，ある論理式 $H(x)$ で，すべての数 n に対して文 $H(\overline{n})\equiv G(\overline{f(n)})$ が $\mathcal{S}$ において証明可能となるものが存在する．

問題 3　命題 4 を証明せよ．

関数 $f(x)$ は，関係 $f(x)=y$ が Σ_1 であれば，Σ_1 であるという．

問題 4　関数 $f(x)$ が Σ_1 ならば，$f(x)$ は再帰的であることを証明せよ．

◉対角関数

第 11 章の Σ_1 関数 $r(x,y)$ は，論理式 $F_n(v_1)$ のゲーデル数となる任意の n と任意の数 m に対して，数 $r(n,m)$ が文 $F_n[\overline{m}]$ のゲーデル数になるという性質をもつことを思い出そう．$F_n[\overline{m}]$ は，文 $\exists v_1(v_1 = \overline{m} \wedge F_n(v_1))$ であり，これは文 $F_n(\overline{m})$（丸括弧）と同値である．$d(x)$ を Σ_1 関数 $r(x,x)$ とする．したがって，n が $F_n(v_1)$ のゲーデル数ならば，$d(n)$ はその対角化 $F_n[\overline{n}]$ のゲーデル数である．この $d(x)$ を**対角関数**と呼ぶ．この対角関数は Σ_1 なので，（問題 4 によって）再帰的である．

ここで，体系 (R) の任意の拡大 $\mathcal{S}$ を考える．関係 $d(x)=y$ は再帰的なので，（命題 1 によって）$\mathcal{S}$ において定義可能であり，これは，関数 $d(x)$ が $\mathcal{S}$ において弱定義可能であることを意味する．$\Omega4$ および $\Omega5$ のすべての論理式は $\mathcal{S}$ において証明可能なので，命題 2 から $d(x)$ が $\mathcal{S}$ において**強**定義可能であることが導ける．これで，次の命題が得られた．

命題 5　対角関数 $d(x)$ は，(R) の任意の拡大 $\mathcal{S}$ において強定義可能である．

◉不動点

この章のこれ以降では，任意の記号列 X に対して，$\overline{X}$ を X **のゲーデル数を指示するペアノ数項**とする．したがって，任意の論理式 $F(x)$ に対して，$F(\overline{X})$ は，n を X のゲーデル数とするときの $F(\overline{n})$ を意味する．

注　ここで定義した表記は，これまでに使ってきた表記と完全に矛盾するわけではない．これは，これまでの上線関数が概念的な自然数に作用したのに対して，記号列に作用する新しい「上線」関数を単に導入しただけである．どちらの関数を意図しているかは，常に文脈から明らかである．したがって，この $F(\overline{n})$ は，これまでずっと使ってきたものとまったく同じ意味である．n が自然数（たとえば，3 や任意の記号列のゲーデル数）ならば，$\overline{n}$ は，n に対応するペアノ数項であり（$n=2$ の場合には $\overline{2}$ はペアノ数項 $0''$ である），ペアノ算術の**記号列**である．そして，$F(\overline{2})$ は，$F(x)$ の中の x のすべての自由な出現に $0''$ を代入した結果である．混乱するかもしれないのは，この記号列 $0''$ をここでの定義における記号列 X と考えてしまうと，定義が述べているのは，$\overline{0''}$ が $0''$ のゲーデル数を指示するペアノ数項，すなわち，（十進法表記では 346 になる数を二値法表記で表現した）12122122 を指示するペアノ数項であるようになってしまうことだ．すると，$\overline{0''}$ は，0 の後に 346 個のアクセント記号を続けたものになってしまう．しかし，ここでの定義がもっとも便利な状況は，すでに何度も遭遇しているように，X 自体が論理式の場合である．その論理式をたとえば $F(x)$ とする．$F(x)$ はもちろんゲーデル数をもち，そのゲーデル数を f によって表す．いったん論理式のゲーデル数が得られれば，f をゲーデル数にもつ論理式を $F_f(x)$ とした新しい表記に切り替えることがしばしばあった．（その論理式の中に，x は自由変数として現れるかもしれないし，現れないかもしれない．）そのような論理式に対して頻繁に行ったのは，論理式 $F_f(x)$ の中の変数 x のすべての自由な出現にその論理式のゲーデル数のペアノ数項を代入することであり，それを $F_f(\overline{f})$ のように表記したのであった．

論理式 $F(x)$ に対して，文 $X \equiv F(\overline{X})$ が $\mathcal{S}$ において証明可能ならば，文 X は $F(x)$ の（体系 $\mathcal{S}$ における）**不動点**と呼ばれる．したがって，X が $F(x)$ の不動点であるのは，n を X のゲーデル数として，$X \equiv F(\overline{n})$ であるとき，そしてそのときに限る．

命題 6　対角関数 $d(x)$ が $\mathcal{S}$ において強定義可能ならば，すべての論理式 $F(x)$ は $\mathcal{S}$ において不動点をもつ．

問題 5　命題 6 を証明せよ．

命題 6 と 5 から，次の命題が得られる．

命題 7　$\mathcal{S}$ が (R) の拡大ならば，$\mathcal{S}$ のすべての論理式 $F(x)$ は不動点をもつ．

次の定理は，タルスキ [29, 30] による．

定理 T_2　無矛盾な体系 $\mathcal{S}$ に対して，対角関数 $d(x)$ が $\mathcal{S}$ において強定義可能ならば，$\mathcal{S}$ のすべての証明可能な文のゲーデル数の集合 P_0 は，$\mathcal{S}$ において定義可能ではない．

問題 6　定理 T_2 を証明せよ．

◉真理述語

論理式 $T(x)$ は，すべての文 X に対して，文 $X \equiv T(\overline{X})$ が体系 $\mathcal{S}$ において証明可能ならば，$\mathcal{S}$ の**真理述語**と呼ばれる．

次の定理もまた，タルスキによるものである．

定理 T_3　$\mathcal{S}$ が無矛盾で，対角関数 $d(x)$ が $\mathcal{S}$ において強定義可能ならば，$\mathcal{S}$ の真理述語は存在しない．

問題 7　定理 T_3 を証明せよ．

ゲーデルの第二不完全性定理に関連する結果では，不動点が重要な役割を演じる．また，不動点は，次の練習問題で示すように，ゲーデルとロッサーの不完全性定理の洗練された別証明を与える．

練習問題　体系 $\mathcal{S}$ を考え，P_0 を $\mathcal{S}$ のすべての証明可能な文のゲーデル数からなる集合，R_0 を $\mathcal{S}$ のすべての反証可能な文のゲーデル数からなる集合とする．このとき，次の(1)–(5)を証明せよ．

（1）　$F(x)$ が R_0 を表現するならば，$F(x)$ の任意の不動点は（$\mathcal{S}$ が無矛盾であるという前提のもとで，$\mathcal{S}$ において）決定不能である．

（2）　$F(x)$ が P_0 を表現し，$\mathcal{S}$ が無矛盾ならば，$\sim F(x)$ の不動点は決定不能である．

（3）　$F(x)$ が P_0 と互いに素で R_0 を含むある集合を表現するならば，$F(x)$ の任意の不動点は決定不能である．

（4）　$F(x)$ が R_0 と互いに素で P_0 を含むある集合を表現するならば，$\sim F(x)$ の不動点は決定不能である．

（5）　$F(x, y)$ が $\mathcal{S}$ において P_0 を枚挙し，G を $\forall y {\sim} F(x, y)$ の不動点とする．このとき，

（a）　この体系が単純無矛盾ならば，G は証明可能ではない．

（b）　この体系が ω 無矛盾ならば，G は反証可能でもなく，したがって決定不能である．

無矛盾性の証明不可能性

ゲーデルの第二不完全性定理は，この後すぐに簡潔に述べることになるが，さまざまな方向に一般化および抽象化され，**証明可能性述語**の概念にまで及んでいる．証明可能性述語は，多くの現代的なメタ数学の研究において，根本的な役割を果たしている．この証明可能性述語について調べよう．

◉証明可能性述語

論理式 $P(x)$ は，すべての文 X と Y に対して次の 3 条件が成り立つならば，体系 $\mathcal{S}$ の**証明可能性述語**と呼ばれる．（X のゲーデル数を指示するペアノ数項を表す $\overline{X}$ という表記を引き続き用いる．）

P_1:　X が $\mathcal{S}$ において証明可能ならば，$P(\overline{X})$ も証明可能である．

P_2:　$P(\overline{X \supset Y}) \supset (P(\overline{X}) \supset P(\overline{Y}))$ は $\mathcal{S}$ において証明可能である．

P_3:　$P(\overline{X}) \supset P(\overline{P(\overline{X})})$ は $\mathcal{S}$ において証明可能である．

ここで，$P(x)$ は，ペアノ算術のすべての証明可能な文のゲーデル数からなる集合 P_0 を表示する Σ_1 論理式であるとする．ω 無矛盾性の仮定の下で，$P(x)$ は集合 P_0 を表現する．それよりも弱い単純無矛盾性の仮定の下で導くことができるのは，$P(x)$ は P_0 を含むある集合を表現することだけだが，X がペアノ算術において証明可能ならば $P(\overline{X})$ も証明可能であることを導くにはこれで十分である．それゆえ，条件 P_1 が成り立つ．条件 P_2 については，文 $P(\overline{X \supset Y}) \supset (P(\overline{X}) \supset P(\overline{Y}))$ はあきらかに真である．なぜなら，これは，$X \supset Y$ と X がともに証明可能ならば Y も証明可能だということで，もちろん，分離規則がペアノ算術の推論規則なので成り立つ．この論証を定式化して前述の文が真であるだけでなくペアノ算術において証明可能であることを示すのは，それほど難しくない．

条件 P_3 については，文 $P(\overline{X}) \supset P(\overline{P(\overline{X})})$ は，X が証明可能ならば $P(\overline{X})$ も証明可能だと主張している．これは，条件 P_1 によって真である．また，これは，ペアノ算術においても証明可能であるが，その証明は極端に込み入っていて，本書の範囲を越えている．ブーロス [2] の第 2 章に，その証明の概略がある．ペアノ算術に類似した体系に対する詳細な取扱いはヒルベルト-ベルナイス [10] にある．

以降では，$P(x)$ は $\mathcal{S}$ の証明可能性述語であり，すべての恒真な論理式は $\mathcal{S}$ において証明可能で，$\mathcal{S}$ は分離規則の下で閉じていると仮定する．

$\mathcal{S}$ の証明可能性述語 $P(x)$ は，（すべての文 X と Y に対して）次の条件を満たす．

P_4:　$X \supset Y$ が（$\mathcal{S}$ において）証明可能ならば，$P(\overline{X}) \supset P(\overline{Y})$ も証明可能である．

P_5:　$X \supset (Y \supset Z)$ が証明可能ならば，$P(\overline{X}) \supset (P(\overline{Y}) \supset P(\overline{Z}))$ も証明可能である．

P_6:　$X \supset (P(\overline{X}) \supset Y)$ が証明可能ならば，$P(\overline{X}) \supset P(\overline{Y})$ も証明可能である．

問題 8　P_4, P_5, P_6 を証明せよ．

条件 P_6 が重要な役割を演じるのは次の補題である．

鍵となる補題　X が $P(x) \supset Y$ の不動点ならば，$(P(\overline{Y}) \supset Y) \supset X$ は $\mathcal{S}$ において証明可能である．

問題 9　鍵となる補題を証明せよ．

◉無矛盾性の証明不可能性

f によって，$\mathcal{S}$ において反証可能な任意の文（たとえば，任意のトートロジーの否定や，ペアノ算術ではよく用いられる文 $0 = \overline{1}$ など）を表す．議論のために，f を固定しておく．f は反証可能なので，任意の文 X に対して，文 $\sim X \equiv (X \supset f)$ は $\mathcal{S}$ において反証可能であることに注意する．また，f は反証可能なので，f が $\mathcal{S}$ において証明可能なのは，$\mathcal{S}$ が矛盾しているとき，そしてそのときに限り，そして，それゆえ，f が証明可能でないのは，$\mathcal{S}$ が無矛盾であるとき，そしてそのときに限ることに注意する．

consis を文 $\sim P(\overline{f})$ とする．任意の文 X に対して，文 $P(\overline{X})$ が真となるのが，X が $\mathcal{S}$ において証明可能であるとき，そしてそのときに限るという意味で，$P(x)$ が $\mathcal{S}$ の**健全**な証明可能性述語ならば，文 $\sim P(\overline{f})$ が真となるのは，f が $\mathcal{S}$ において証明可能でないとき，言い換えれば，$\mathcal{S}$ が無矛盾であるとき，そしてそのときに限る．しかしながら，以降では，$P(x)$ は $\mathcal{S}$ の**健全**な証明可能性述語とは仮定せず，$\mathcal{S}$ の証明可能性述語とだけ仮定する．言い換えると，条件 P_1, P_2, P_3 が（したがって，P_4, P_5, P_6 も）成り立つことだけを仮定する．

定理 1　G が $\sim P(x)$ の不動点ならば，consis $\supset G$ は $\mathcal{S}$ において証明可能である．

問題 10　定理 1 を証明せよ．（ヒント：これは，鍵となる補題からほぼすぐさま得られる．）

定理 2　G が $\sim P(x)$ の不動点で，$\mathcal{S}$ が無矛盾ならば，G は $\mathcal{S}$ において証明可能ではない．

問題 11　定理 2 を証明せよ．

体系 $\mathcal{S}$ のすべての論理式 $F(x)$ が不動点をもつならば，$\mathcal{S}$ は**対角化可能**という．体系 (R) のすべての拡大は対角化可能であり，ペアノ算術は (R) の拡大なので対角化可能であることもわかっている．

定理 3（ゲーデルの第二不完全性定理の抽象化版）　$\mathcal{S}$ が対角化可能で無矛盾ならば，文 consis は $\mathcal{S}$ において証明可能ではない．

問題 12　定理 3 を証明せよ．

◉考察

$\mathcal{S}$ がペアノ算術の体系であり，$P(x)$ がペアノ算術のすべての証明可能な文のゲーデル数の集合を表示する Σ_1 論理式である場合，（ペアノ算術の無矛盾性を前提とすると）文 consis は真な文であるが，ペアノ算術において証明可能ではない．この結果は，「算術が無矛盾ならば，それ自体の無矛盾性を証明することはできない」と言い換えられてきた．残念なことに，何が問題なのかをあきらかにまったく理解していない書き手によって，これについての一般向けのでたらめが大量に書かれてきた．たとえば，「ゲーデルの第二不完全性定理によれば，算術が無矛盾かどうかはけっして知りえない」などといういいかげんな文を見たことがある．これがいかにくだらないことかを見るには，文 consis がペアノ算術において証明可能であるとわかったとしてみればよい．あるいは，もっと現実的には，それ自体の無矛盾性を証明できる体系を考えてみればよい．それが，その体系の無矛盾性を信じるための何らかの根拠になるだろうか．そのようなことは，もちろんない．その体系が矛盾していれば，consis を含めて，どんな文でも証明できるだろう．それ自体の無矛盾性を証明できることを根拠に体系の無矛盾性を信じることは，けっして嘘をつかないと主張していることを根拠にその人の誠実さを信じるくらい馬鹿げている．

かつて，数学者アンドレ・ヴェイユは，「神は存在する．なぜなら算術は無矛盾だからだ．悪魔は存在する．なぜなら，その無矛盾性を証明できないからだ」とおどけて言ったことがある．この発言は愉快ではあるが，実のところ正確ではない．ペアノ算術が無矛盾であることを証明できないということはない．正しくは，ペアノ算術だけを用いてペアノ算術の無矛盾性を証明できないのである．その公理があきらかに健全であるような高階の数学体系においては，ペアノ算術の文 consis は証明可能である．

要するに，ペアノ算術が無矛盾ならば consis はペアノ算術において証明可能ではないというここまでに示した事実は，ペアノ算術の無矛盾性が疑わしいことの証拠とは微塵もならないのである．

◉ヘンキン文とレーブの定理

レオン・ヘンキン [9] は，ペアノ算術の体系に関して次のような有名な問いを投げかけた．この体系は対角化可能なので，$P(x)$ の不動点，すなわち，$H \equiv P(\overline{H})$ がペアノ算術において証明可能となる文 H が存在する．$\sim P(x)$ の不動点であるゲーデルの文 G が真になるのは，それが証明可能でないとき，そしてそのときに限る．しかし，それとは異なり，ヘンキンの文 H が真となるのは，それが証明可能であるとき，そしてそのときに限る．これは，H が真でかつ（ペアノ算術において）証明可能であるか，または，偽でかつ証明可能でないかのいずれかを意味する．そのいずれであるかを見分ける何らかの方法があるだろうか．この問題は，マーチン・ヒューゴー・レーブ [16] により解かれた．レーブは，$P(\overline{H}) \supset H$ が証明可能でさえあれば（そして，もちろん，$P(\overline{H}) \equiv H$ が証明可能でさえあれば），実際に H がペアノ算術において証明可能であることを示した．これが，レーブの定理である．

定理 4（レーブの定理）　対角化可能な任意の体系 $\mathcal{S}$ と $\mathcal{S}$ の証明可能性述語 $P(x)$，そして任意の文 Y に対して，$P(\overline{Y}) \supset Y$ が $\mathcal{S}$ において証明可能ならば，Y も証明可能である．

問題 13　レーブの定理を証明せよ．（ヒント：鍵となる補題を使う．）

ゲオルク・クライゼル [13] が考察したように，ゲーデルの第二不完全性定理は，レーブの定理の特別な場合（Y が文 f である場合）である．

問題 14　ゲーデルの第二不完全性定理が，レーブの定理の特別な場合になっている理由を説明せよ．

証明可能性述語について言うべきことはまだ山ほどある．証明可能性述語を**様相論理**として知られる領域と結びつけることから数理論理学の一分野が生じた．一般に，様相論理は，**必然的**真理に関する研究領域である．この方向での先駆者は，ジョージ・ブーロスである．ブーロスは，彼の素晴らしい著書 [2] において，この二つの領域を統合した．この章の続きとして，この本を読むことを強く奨める．

*　*　*

一旦立ち止まるには，ここはちょうどよい区切りである．読者は，数理論理学のほんの入り口を理解したにすぎない．今では，数理論理学は，少し例をあげるだけでも，高階論理，再帰的関数論，モデル理論，集合論，証明論，コンビネータ論理，様相論理，直観主義論理といったさまざまな分野に分岐している．一階述語論理についても，計画しているシリーズの第 1 巻である本書に含まれることよりもはるかに多くのことがある．次巻[訳注 1]では，主に一階述語論理のこのほかの主題や再帰的関数論，そして可能ならばコンビネータ論理に焦点をあてる．

［訳注 1］　Smullyan, Raymond. *A Beginner's Further Guide to Mathematical Logic*, World Scientific, 2017.〔2018 年に日本評論社より邦訳を刊行予定.〕

問題の解答

問題 1　まず最初に，論理式 F が体系 $\mathcal{S}$ において関係 R を**定義**するのは，F が R をその補集合 $\widetilde{R}$ から強分離するのと同値であるという自明な事実に注意する．したがって，関係 R が $\mathcal{S}$ において定義可能なのは，$\mathcal{S}$ において R が $\widetilde{R}$ から強分離可能なとき，そしてそのときに限る．

ここで，$\mathcal{S}$ を (R) の拡大とする．このとき，$\mathcal{S}$ において，$\Omega 4$ と $\Omega 5$ はともに成り立つ．それゆえ，前章（の問題 7）で示したように，任意の論理式 $F(x)$ と任意の数 n に対して，論理式 $(F(\overline{0}) \wedge \cdots \wedge F(\overline{n})) \supset (\forall x \leq \overline{n})F(x)$ は $\mathcal{S}$ において証明可能であり，もちろん，$x \leq \overline{n} \vee \overline{n} \leq x$ も証明可能である．すると，第 10 章の分離補題によって，$\mathcal{S}$ において枚挙可能で，互いに素な任意の関係 R_1 と R_2 は，$\mathcal{S}$ において強分離可能である．ここで，任意の Σ_1 関係 R は $\mathcal{S}$ において枚挙可能である．なぜなら，R は Σ_0 関係 S の定義域であり，$\mathcal{S}$ が Σ_0 完全なので，S は $\mathcal{S}$ において定義可能だからである．R が再帰的関係ならば，R と $\widetilde{R}$ はともに Σ_1 であり，したがって，ともに $\mathcal{S}$ において枚挙可能である．そして，$\mathcal{S}$ において，R は $\widetilde{R}$ から強分離可能である．これは，R が $\mathcal{S}$ において定義可能であることを意味する．

問題 2　$\Omega 4$ と $\Omega 5$ のすべての論理式は，$\mathcal{S}$ において証明可能で，$F(x,y)$ は $\mathcal{S}$ において $f(x)$ を弱定義するものとする．このとき，$G(x,y)$ を論理式 $F(x,y) \wedge \forall z(F(x,z) \supset y \leq z)$ とする．

$G(x,y)$ は，$\mathcal{S}$ において $f(x)$ を**強**定義することを示そう．$f(n) = m$ とすると，次の三つを示さなければならない．

（1）　$G(\overline{n},\overline{m})$ は（$\mathcal{S}$ において）証明可能である．
（2）　任意の $k \neq m$ に対して，$G(\overline{n},\overline{k})$ は（$\mathcal{S}$ において）反証可能である．
（3）　$\forall y(G(\overline{n},y) \supset y = \overline{m})$ は，（$\mathcal{S}$ において）証明可能である．

（1）　まず，論理式 $z \leq \overline{m} \supset (F(\overline{n},z) \supset \overline{m} \leq z)$ が証明可能であることを示す．そこで，$F(\overline{n},\overline{m})$ は証明可能であるとし，さらに $k \leq m$ と仮定する．すると，$k < m$ か，または $k = m$ である．$k < m$ ならば，$k \neq m$ であり，したがって，$F(\overline{n},\overline{k})$ は反証可能である．$k = m$ ならば，$\overline{m} \leq \overline{k}$ は証明可能である．（なぜなら，第 13 章の $\Omega 5$ と命題 1 (b) によって，$\overline{m} \leq \overline{m}$ だからである．）したがって，$F(\overline{n},\overline{k})$ は反証可能か，または $\overline{m} \leq \overline{k}$ が証明可能のいずれかでり，そのいずれの場合も $F(\overline{n},\overline{k}) \supset \overline{m} \leq \overline{k}$ は証明可能である．すべての $k \leq n$ に対して $F(\overline{n},\overline{k}) \supset \overline{m} \leq \overline{k}$ は証明可能なので，$\Omega 4$ によって，次の論理式は証明可能である．

$$z \leq \overline{m} \supset (F(\overline{n},z) \supset \overline{m} \leq z) \tag{a}$$

また，もちろん，次のトートロジーも証明可能である．

$$\overline{m} \leq z \supset (F(\overline{n}, z) \supset \overline{m} \leq z) \tag{b}$$

(a), (b) と Ω5 によって，論理式 $F(\overline{n}, z) \supset \overline{m} \leq z$ は証明可能であり，したがって，（第 13 章の命題 1 (a) によって）文 $\forall z(F(\overline{n}, z) \supset \overline{m} \leq z)$ は証明可能である．また，$F(\overline{n}, \overline{m})$ は証明可能と仮定していて，その結果として文 $F(\overline{n}, \overline{m}) \wedge \forall z(F(\overline{n}, z) \supset \overline{m} \leq z)$ は $\mathcal{S}$ において証明可能であることがわかる．そして，この文は $G(\overline{n}, \overline{m})$ である．これで，(1) が証明された．

（2）　これはきわめて自明である．$k \neq m$ ならば，$F(\overline{n}, \overline{k})$ は反証可能であり，したがって，$F(\overline{n}, \overline{k}) \wedge \forall z(F(\overline{n}, z) \supset \overline{k} \leq z)$ も反証可能であるが，これは文 $G(\overline{n}, \overline{k})$ である．

（3）　論理式 $G(\overline{n}, y) \supset \forall z(F(\overline{n}, z) \supset y \leq z)$ はトートロジーであり，したがって，$\mathcal{S}$ において証明可能である．また，$\forall z(F(\overline{n}, z) \supset y \leq z) \supset (F(\overline{n}, \overline{m}) \supset y \leq \overline{m})$ は，（一階述語論理の公理なので）証明可能である．したがって，命題論理によって，次の論理式は証明可能である．

$$G(\overline{n}, y) \supset y \leq \overline{m} \tag{a}$$

つぎに，任意の $k \leq m$ に対して，文 $G(\overline{n}, \overline{k}) \supset \overline{k} = \overline{m}$ は証明可能であることに注意する．なぜなら，$k < m$ ならば，（$F(\overline{n}, \overline{k})$ が反証可能なので）$G(\overline{n}, \overline{k})$ は反証可能であり，$k = m$ ならば，$\overline{k} = \overline{m}$ は証明可能だからである．このとき，Ω5 によって，次の論理式は証明可能である．

$$y \leq \overline{m} \supset (G(\overline{n}, y) \supset y = \overline{m}) \tag{b}$$

命題論理によって，(a) と (b) から，論理式 $G(\overline{n}, y) \supset y = \overline{m}$ は証明可能である．したがって，（第 13 章の命題 1(a) によって）$\forall y(G(\overline{n}, y) \supset y = \overline{m})$ は証明可能である．

これで証明は完成した．

問題 3　$F(x, y)$ が関数 $f(x)$ を強定義するとしよう．与えられた論理式 $G(x)$ に対して，$H(x)$ を論理式 $\exists y(F(x, y) \wedge G(y))$ とする．そして，$f(n) = m$ とする．

このとき，$H(\overline{n}) \equiv G(\overline{m})$ が証明可能であることを示さなければならない．すなわち，$G(\overline{m}) \supset H(\overline{n})$ と $H(\overline{n}) \supset G(\overline{m})$ がともに証明可能であることを示さなければならない．

（1）　$G(\overline{m}) \supset H(\overline{n})$ が証明可能であることを示すために，まず，$F(x, y)$ は $f(x)$ を定義し，$f(n) = m$ なので，$F(\overline{n}, \overline{m})$ が証明可能であることに注意する．すると，命題論理によって，$G(\overline{m}) \supset (F(\overline{n}, \overline{m}) \wedge G(\overline{m}))$ は証明可能である．したがって，命題論理によって，$G(\overline{m}) \supset \exists y(F(\overline{n}, y) \wedge G(y))$ は証明可能である．そして，これは $G(\overline{m}) \supset H(\overline{n})$ である．

（2） 逆向きの含意については，$F(x,y)$ が $f(x)$ を強定義するので，

（a） $\forall y(F(\overline{n},y) \supset y = \overline{m})$ は証明可能である．

（b） したがって，開いた論理式 $F(\overline{n},y) \supset y = \overline{m}$ も証明可能である．

（c） すると，命題論理によって，論理式 $(F(\overline{n},y) \wedge G(y)) \supset (y = \overline{m} \wedge G(y))$ は証明可能である．

（d） また，$(y = \overline{m} \wedge G(y)) \supset G(\overline{m})$ は（一階述語論理によって）証明可能である．

（e） したがって，（命題論理の）三段論法によって，$(F(\overline{n},y) \wedge G(y)) \supset G(\overline{m})$ は証明可能である．

（f） すると，一階述語論理によって，$\exists y(F(\overline{n},y) \wedge G(y)) \supset G(\overline{m})$ は証明可能である．

（g） そして，この論理式は，$H(\overline{n}) \supset G(\overline{m})$ である．

問題 4　$f(x)$ が Σ_1 であるとする．すなわち，関係 $f(x) = y$ は Σ_1 である．このとき，関係 $f(x) \neq y$ もまた Σ_1 であることを示さなければならない．$f(x) \neq y$ となるのは，$\exists z(f(x) = z \wedge z \neq y)$ であるとき，そしてそのときに限る．条件 $f(x) = z \wedge z \neq y$ は Σ_1 なので，関係 $\exists z(f(x) = z \wedge z \neq y)$ も（第 11 章の問題 10 によって）Σ_1 である．

問題 5　$F(x)$ を $\mathcal{S}$ において $d(x)$ を強定義する論理式とする．命題 4 によって，論理式 $H(v_1)$ で，すべての数 n に対して文 $H(\overline{n}) \equiv F(\overline{d(n)})$ が $\mathcal{S}$ において証明可能になるものが存在する．したがって，文 $H[\overline{n}] \equiv F(\overline{d(n)})$ も証明可能である．h を $H(v_1)$ のゲーデル数とすると，$H[\overline{h}] \equiv F(\overline{d(h)})$ は $\mathcal{S}$ において証明可能である．すると，$d(h)$ は $H[\overline{h}]$ のゲーデル数なので，$H[\overline{h}]$ は $F(x)$ の不動点である．

問題 6　まず，いくつかの準備をする．$\mathcal{S}$ において P_0 を定義する論理式 $F(x)$ が存在すると仮定する．すなわち，すべての数 n に対して，次の (1)，(2) が成り立つものとする．

（1） $n \in P_0$ ならば，$F(\overline{n})$ は証明可能である．

（2） $n \notin P_0$ ならば，$F(\overline{n})$ は反証可能である．

任意の n をゲーデル数とする文 S_n に対して，n が P_0 に属するのは，S_n が証明可能であるとき，そしてそのときに限る．したがって，

（$1'$） S_n が証明可能ならば，$F(\overline{n})$ は証明可能である．

（$2'$） S_n が証明可能でないならば，$F(\overline{n})$ は反証可能である．

ここで，対角関数 $d(x)$ は，$\mathcal{S}$ において強定義可能であるとする．すると，$\sim F(x)$ の不動点 S_n が存在する．したがって，$S_n \equiv \sim F(\overline{n})$ は証明可能である．すなわち，S_n が証明可能なのは，$F(\overline{n})$ が反証可能であるとき，そしてそのときに限る．そして，($1'$)，($2'$) によって，

(1″)　$F(\overline{n})$ が反証可能ならば，$F(\overline{n})$ は証明可能である．

(2″)　$F(\overline{n})$ が反証可能でないならば，$F(\overline{n})$ は反証可能である．

(2″)から，$F(\overline{n})$ が反証可能であることが導け，また，(1″)によって，$F(\overline{n})$ が証明可能であることが導ける．これは，体系 $\mathcal{S}$ が矛盾することを意味する．それゆえ，$\mathcal{S}$ が無矛盾ならば，P_0 が $\mathcal{S}$ において定義可能とはなりえず，$d(x)$ が $\mathcal{S}$ において強定義可能ともなりえない．

問題 7　$\mathcal{S}$ は無矛盾であり，対角関数 $d(x)$ は $\mathcal{S}$ において強定義可能であるとする．ここで，任意の論理式 $F(x)$ を考えると，$\sim F(x)$ の不動点 X が存在しなければならない．このとき，X は $F(x)$ の不動点とはなりえない．（X が $F(x)$ の不動点でもあったとすると，$F(\overline{X}) \equiv \sim F(\overline{X})$ は証明可能になり，これは $\mathcal{S}$ が無矛盾であるという前提に反する．）それゆえ，$X \equiv F(\overline{X})$ が $\mathcal{S}$ において証明可能ということはなく，したがって，$F(x)$ は真理述語とはなりえない．

問題 8

（1）　P_4 を証明するために，$X \supset Y$ は証明可能であるとする．このとき，P_1 によって，$P(\overline{X \supset Y})$ も証明可能である．すると，P_2 と分離規則によって，$P(\overline{X}) \supset P(\overline{Y})$ も証明可能である．

（2）　P_5 を証明するために，$X \supset (Y \supset Z)$ は証明可能であるとする．このとき，P_4 によって

$$P(\overline{X}) \supset P(\overline{Y \supset Z}) \tag{a}$$

は証明可能である．また，P_2 によって

$$P(\overline{Y \supset Z}) \supset (P(\overline{Y}) \supset P(\overline{Z})) \tag{b}$$

も証明可能である．すると，命題論理によって，(a) と (b) から $P(\overline{X}) \supset (P(\overline{Y}) \supset P(\overline{Z}))$ が証明可能になる．

（3）　P_6 を証明するために，$X \supset (P(\overline{X}) \supset Y)$ は証明可能であるとする．このとき，P_5 によって，

$$P(\overline{X}) \supset (P(\overline{P(\overline{X})}) \supset P(\overline{Y})) \tag{a}$$

は証明可能である．また，P_3 によって，$P(\overline{X}) \supset P(\overline{P(\overline{X})})$ が証明可能なので，命題論理によって，$P(\overline{X}) \supset P(\overline{Y})$ は証明可能であることが導ける．

問題 9　X が $P(x) \supset Y$ の不動点であるとすると，

（1）　$X \equiv (P(\overline{X}) \supset Y)$ は証明可能である．このとき，次の(2)–(5)が順に証明可能になる．

（2）　$X \supset (P(\overline{X}) \supset Y)$　((1)によって)

（3）　$P(\overline{X}) \supset P(\overline{Y})$　（(2) と P_6 によって）

（4）　$(P(\overline{Y}) \supset Y) \supset (P(\overline{X}) \supset Y)$　（(3) から命題論理によって）

（5）　$(P(\overline{Y}) \supset Y) \supset X$　（(1) と (4) から命題論理によって）

問題 10　G が $\sim P(x)$ の不動点であるとする．$\sim P(x) \equiv (P(x) \supset f)$ なので，G は $P(x) \supset f$ の不動点である．したがって，$G \equiv (P(\overline{G}) \supset f)$ は証明可能である．このとき，鍵となる補題によって，X として G をとり，Y として f をとると，文 $(P(\overline{f}) \supset f) \supset G$ は証明可能である．しかし，$(P(\overline{f}) \supset f) \equiv \sim P(\overline{f})$ もまた証明可能なので，$\sim P(\overline{f}) \supset G$ が証明可能である．すなわち，consis $\supset G$ は証明可能である．

問題 11　G が $\sim P(x)$ の不動点であるとする．すなわち，$G \equiv \sim P(\overline{G})$ は証明可能である．すると，G が証明可能ならば，文 $\sim P(\overline{G})$ が証明可能になってしまい，（P_1 によって）$P(\overline{G})$ も証明可能になる．したがって，$\mathcal{S}$ は矛盾することになる．それゆえ，$\mathcal{S}$ が無矛盾ならば，G は証明可能ではない．

問題 12　$\mathcal{S}$ は対角化可能であるとする．このとき，$\sim P(x)$ の不動点 G が存在する．すると，定理 1 によって，文 consis $\supset G$ は $\mathcal{S}$ において証明可能である．それゆえ，consis が証明可能であれば，G は証明可能になってしまい，（G は $\sim P(x)$ の不動点なので）定理 2 によって，$\mathcal{S}$ は矛盾してしまう．したがって，$\mathcal{S}$ が無矛盾ならば，consis は $\mathcal{S}$ において証明可能ではない．

問題 13　$P(\overline{Y}) \supset Y$ は証明可能であるとする．X を $P(x) \supset Y$ の不動点とすると，次の (1)–(2) が順に証明可能である．

（1）　$P(\overline{Y}) \supset Y$　（仮定）

（2）　$X \equiv (P(\overline{X}) \supset Y)$　（X は $P(x) \supset Y$ の不動点）

すると，次の (3)–(7) が順に証明可能にある．

（3）　$(P(\overline{Y}) \supset Y) \supset X$　（鍵となる補題によって，(2) から）

（4）　X　（(1) と (3) によって）

（5）　$P(\overline{X})$　（(4) と証明可能性述語の条件 P_1 によって）

（6）　$P(\overline{X}) \supset Y$　（(4) と (2) によって）

（7）　Y　（(5) と (6) によって）

問題 14　レーブの定理によって，Y として f をとると，$P(\overline{f}) \supset f$ が証明可能ならば，f も証明可能である．すなわち，（consis $\equiv P(\overline{f}) \supset f$ は証明可能なので）consis が証明可能ならば，f も証明可能である．しかし，f が証明可能ならば，体系は矛盾になる．したがって，体系が無矛盾ならば，この体系において文 consis は証明可能ではない．

監訳者解説

1　はじめに

本書（上下巻）は，2017 年 2 月 6 日に 97 歳で永眠されたレイモンド・スマリヤン博士（1919 年 5 月 25 日米国生）の絶筆となった数理論理学の入門書の全訳である．

原書は当初 1 巻本として企画されていたが，自身の死期が近いことを察した著者は，前半（上巻）を “A Beginner’s Guide to Mathematical Logic”（2014）として先に公刊し，亡くなるわずか数か月前に下巻 “A Beginner’s Further Guide to Mathematical Logic”（2017）を脱稿した（下巻の著者前書きを参照）．

百歳に手が届きそうな人がこれだけボリュームのある本を書くこと自体驚きであるが，各章に散りばめられた大量の問題群にはさらに目を見張るものがある．それらはたんなる演習問題というよりも本文の一部であって，章末にはちゃんと解答が付けられている．この特徴的なスタイルは，考える楽しみを読者と分かち合いたいという，パズル本の人気作家でもある彼のこだわりが生み出したものであろう．他方，自分で考える余裕のない人には，問題を解かずにその主張をただ受け入れることで，さくさく読み進められるというメリットにもなっている．

この本で扱う題材は，博士論文以来彼が再考に再考を重ね，またずっと語り続けてきたいわゆる十八番（おはこ）である．昭和時代に少し論理学をかじったロートルにはこれぞロジックの原点といった感じがするかもしれないし，平成生まれの若者はむしろ最近の教科書にない新鮮さを感じるかもしれない．それにしても新しい研究トピックや現代風の議論展開をまったく採り入れない彼の頑固さは，電子楽器の普及で生まれた新しい音楽スタイルを受け付けない古手のジャズ・ファンのそれに近いような気がする．とはいえ，本書は半世紀前の再現でもなければ，単なる懐古趣味でもない．遺作となることを覚悟した人が，全力を出し切って作成したベスト・アルバムなのである．

原書はビギナーズ・ガイドと名乗っており，たしかに入口は初心者向けではあるが，上巻の出口ですでに中級以上，下巻になると大学院専門課程の難易度である．それでいて，この半世紀の数理論理学の発展についてほとんど何も触れていないのだから，万人向けのガイドブックではない．本書はあくまでスマリヤン氏によるスマリヤン流論理学の独演会としてご賞翫いただくのが正解だと思う．

2 論理学者スマリヤン

音楽家の両親をもつスマリヤンは，20 歳頃まではプロのピアニストを目指していた．しかし，手首を痛めたこともありピアニストの夢をあきらめ，ナイトクラブのマジックショーなどで生計を立てつつ，米国の有名大学を転々として数学を学んだ．最終的に数理論理学の分野で博士号を取ったのは 1959 年，彼はすでに 40 歳だった．指導教授はプリンストン大学のチャーチ教授である．チャーチの初期の弟子にはチューリングやヘンキンもいるが，スマリヤンと同時代にはラビン，スコット，コーチェンら数理論理学の新潮流を生み出していく 20 代の俊英が研究室に集まっていた．ちなみに，完全性定理に別証を与えたヘンキンはスマリヤンより 2 つ年下である．ともあれ，スマリヤンは時代の流れに動じることなく，泰然自若としてゲーデルの完全性定理や不完全性定理の証明を分析するような研究に専心した．

ニューヨークの大学で教職に就いたスマリヤンは，博士論文を下地にして最初の専門書

[S1] *Theory of Formal Systems*（形式体系の理論，1961）

をプリンストン大学出版の通称「赤本シリーズ」(Annals of Mathematics Studies) の一冊として発表した．本書で扱う二値ゲーデル符号化や再帰的分離不能性（下巻）などはすでにそこで詳しく研究されている．そして，1960 年代には多数の研究論文を発表しながら，本書の中心題材の一つとなるタブロー法を確立し，その成果をいまや古典的名著である

[S2] *First-Order Logic*（一階論理，1969）

で披露した．

1970 年代以降，スマリヤンはユーモラスな随筆や論理パズルの本を次々と出版した．和訳もされている代表的な作品（原書発表年）として，『この本の名は？――嘘つきと正直者をめぐる不思議な論理パズル』（1978），『パズルランドのアリス』（1982），『数学パズルものまね鳥をまねる――愉快なパズルと結合子論理の夢の鳥物語』（1985），『決定不能の論理パズル――ゲーデルの定理と様相論理』（1987），『無限のパラドックス――パズルで学ぶカントールとゲーデル』（1992）などがある．どの作品も数理論理学の古典的結果とその周辺の話題に読者を誘う楽しく独創的な啓蒙書である．

1992 年に大学を退職した後，彼は 3 冊の論理学書

[S3] *Gödel's Incompleteness Theorem*（1992，邦訳『ゲーデルの不完全性定理』高橋昌一郎訳，丸善）

[S4] *Recursion Theory for Metamathematics*（1993）

[S5] *Diagonalization and Self-Reference*（1994）

をオックスフォード大学出版のロジック・ガイド・シリーズから次々と出版した．上から下へと専門性が高くなるが，題材的には博士論文の路線と変わっていない．残念ながらこれらの本は他の人の研究との比較や広い視野の考察を欠いていて，学術書としてはあまり高い評価が得られなかった．とくに [S3] は，『記号論理学ジャーナル』の書評（60 巻 4 号 pp. 1320–1324, 1995）において，学術書としての手厳しい批判を受けた．本書は，[S3] の大部分と，[S4] と [S5] の一部を内容的に引き継いでいるものの，入門書的な扱い方が明確なため，そのような批判は全体にはあてはまらないと思う．部分的な問題点については，また後で述べる．

続いて，オックスフォード大学出版から，弟子のフィッテングとの共著で，

[S6] *Set Theory and the Continuum Problem*（1996）

を出しているが，これに関しては本書と関わる部分がほとんどない．

最後に，比較的最近の彼の本に『論理の迷宮（ロジカル・ラビリンス）』（2009）がある．日本語訳は二分冊になって，『スマリヤン記号論理学 一般化と記号化』（高橋昌一郎監訳，川辺治之訳，丸善 2013）と『スマリヤン数理論理学 述語論理と完全性

定理』（高橋昌一郎監訳，村上祐子訳，丸善 2014）という書名で出版されている．『論理の迷宮（ロジカル・ラビリンス）』は，彼のパズル本から彼の専門書への架け橋であると前書きに宣言されており，とすれば，本書はその橋を渡り終わったところから，彼の数理論理学ワールドへのツアー・ガイドといったところだろうか．もし本書（特に上巻）を読んでいて難しく感じるところがあれば，同書を併読いただくと迷宮を抜けるヒントが得られるかもしれない．

3　本書（上巻）の概要と読み方

上巻は 4 部で構成されている．各部ごとにその概要と，読む上の注意点を述べておこう．

◉第 I 部　一般的な予備知識

第 1 章「数理論理学の起源」，第 2 章「無限集合」，第 3 章「問題発生！」は，集合論の基礎知識を説明しながら，ラッセルのパラドックスの発見とその対処のための公理的集合論の誕生までの数理論理学史を，スマリヤンらしくパズルなどを交えつつ楽しく説明してくれる．私が不思議に思ったことは，本書の中心的話題となる不完全性定理の発見に至る歴史が語られていないことである．端的にはヒルベルトの名がまったく登場せず，数学基礎論的な問題意識が説明されないので，不完全性定理の意義も理解しにくいように思う．

第 4 章の「数学の基礎知識」は，数学的帰納法のバリエーションやケーニヒの補題など，数理論理学の議論においてとくに有用な数学的原理が簡明に説明されている．他の数学分野でもしばしば使われる原理であるが，取り上げて説明を聞く機会は少なく，大学院生でもこの辺の知識があやふやな人は結構いる．ただし，ここを完璧に理解しなければ，先がまったくわからなくなるということはないので，気楽に読み進めればいいだろう．

◉第 II 部　命題論理

第 5 章「命題論理事始め」では，真理値表をベースにして命題論理の論理式の扱い方を丁寧に説明してくれる．第 6 章「命題論理のタブロー法」では，タブローによる証明法が導入される．ある論理式 X に対して，否定 $\sim X$ から始まる閉タブローが見つかれば，X が恒真であることが示されたことになり，それをもって X は証明されたという．見つかった閉タブローは証明のようなものではあるが，タブロー法では「証明」とは何かを考えるよりも，そのような閉タブローを見つけるアルゴリズムに重点が置かれる．他方，第 7 章「公理論的命題論理」では，「証明」の概念が厳密に定義され，タブロー法を仲介させて，公理系の完全性（証明可能性と恒真性の同値）が証明される．

◉第 III 部　一階述語論理

第 8 章「一階述語論理事始め」では，パズルを使って一階論理の考え方をうまく説明している．ただ，本書では「構造」の概念を明示的に取り扱わず，領域 U とその上での述語記号の解釈という曖昧な捉え方をしている．たしかにゲーデルの完全性定理も，発表当時は，反証できない文は（適当な解釈によって）充足可能であるという表現をしていた．しかし，今日では構造やモデルの考え方が普及しており，それをあえて使わないのはかなり頑固といえるだろう．それから，第 III 部の一階論理では等式や関数記号を扱っていないのだが，これも構造を明示的に用いない立場に関連していると思われる．すると，第 IV 部のペアノ算術はこの枠組みから外れるのである．

述語論理では公理系が先に第 8 章で導入され，タブロー法による証明は第 9 章で解説される．関数記号がない場合のタブロー法は命題論理の簡単な拡張であるが，もし関数記号が入ると，規則 C の任意のパラメータ a が任意の項 t に変わり，これによってタブローを生成する系統的手順は著しく複雑になる．第 9 章のタイトル「重要な結果」は，正則性定理，あるいはそれから導かれる定理 1 のことである．[S2] では「一階論理の基本定理」と呼ばれていたこの定理は，おおよそ

一階論理の恒真性 ＝ トートロジー ＋ 正則集合（量化公理）

を主張するものであり，要するに量化詞を加える推論規則は不用だということである．この事実から，一階論理の完全性は命題論理の完全性に容易に還元できる（問題 8）．

◉第 IV 部　体系の不完全性

各章のタイトルを見てみよう．第 10 章「一般的状況での不完全性」，第 11 章「一階算術」，第 12 章「形式体系」，第 13 章「ペアノ算術」，第 14 章「進んだ話題」となっている．第 10 章は，不完全性定理の証明への非形式的な導入もしくは概略なのだが，本質的なことは結構厳密に書いてあるので，ここを読みこなすのも初心者にはかなり高いハードルかもしれない．第 11 章の一階算術というのはペアノ算術のような演繹理論のことではなく，一階論理の言葉遣いで議論する算術ということである．それでも，算術の真理が算術的に定義できないというタルスキの定理を証明することができる．だが，タルスキの定理には，論理式の符号化（ゲーデル数化）が必要で，それを足し算と掛け算だけで定義するために，クワインの二値法という特殊な二進表記のようなものが使われる．この巧妙な技法は面白い性質をいろいろ持っているが，中国剰余定理などの数論的事実に基づく，ゲーデルのオリジナルな符号化より際立って簡単ということではなさそうである．第 12 章「形式体系」は文字列の体系を扱い，そこでゲーデルの第一不完全性定理の一種が導かれる．第 13 章「ペアノ算術」では，ペアノ算術 PA と呼ばれる演繹理論が導入され，それが前章の形式体系に適合することを示して，PA に対する不完全性定理を導く．第 14 章では，第二不完全性定理およびその関連の定理を扱うのだが，ここの問題点は次の「やや専門的なコメント」で述べる．

4　やや専門的なコメント

◉一階論理と完全性定理について

上にも述べたように，ゲーデルが完全性定理を証明した当時は，反証できない命題は（適当な解釈によって）充足可能であるという考え方をしていた．しかし，1960 年代頃からは，言語 L に対する構造 M を与えて，真理概念をそれに相対化して定義するようなモデル理論の考え方が普及し始めた．そして，完全性定理といえば，与えられた数学理論 T を満たす任意の構造で成り立つ論理式と，T から形式的に演繹される論理式が一致するという主張に解されるようになった．たとえば，今日ペアノ算術を扱う場合は，第 III 群の公理図式だけが理論固有の公理であって，残りは演繹に必要な論理的装置と考える．論理的装置は完全性定理によって完璧であると見なせるので，理論固有の公理だけに注目することができ，議論の見通しがよくなるのである．ところが，本書では数学部分と論理部分を分ける仕組みができおらず，第 III 部の一階論理の話をそのまま第 IV 部のペアノ算術の議論に適用できない．歴史的にはラッセルの『プリンキピア・マテマティカ』がそのような混合体系で，ヒルベルトはそこから一階論理を抜き出してその完全性を問うたのだ．

◉ゲーデルの第一不完全性定理について

現在第一不完全性定理と呼ばれているのは，ゲーデルの原論文の定理 VI であり，それは次のような主張である．

> （体系 P を包含する）ω 無矛盾かつ（原始）再帰的な理論に対しては，$\forall vR$ も $\sim\forall vR$ も証明できないような（原始）再帰的関係 R が存在する．

ここで，ゲーデルの P はペアノ算術 PA ではなく，高階算術の理論である．要するに，算術を含む理論はどう強めても完全にはならないということであった．

この定理に近い本書の主張は第 12 章の定理 G であるが，PA がこの定理の条件を満たすことを示すにも第 13 章で結構長い議論が必要になっているので，定理 G の主張がどれほど一般的なものなのか判然としない．

ω 無矛盾性に代わり，最近広く用いられている概念は **1 無矛盾性**である．これは，証明される Σ_1 文は真であるという主張で，Σ_1 健全性ということもる．ω 無矛盾性より真に弱く，単純無矛盾性よりは真に強い．不完全性定理等の記述で，ω 無矛盾性を仮定しているところは，大概証明に影響なく 1 無矛盾性に置き換えることができる．ちなみに，1970 年代以降次々と発見された PA 等からの独立命題は，体系の 1 無矛盾性と同値になっているものが多い．

◉ゲーデルの第二不完全性定理について

第二不完全性定理は原論文の定理 XI で，次のような主張であった．

> （体系 P を包含する）任意の（原始）再帰的で無矛盾な理論 κ は，「κ

が無矛盾である」という文を証明できない．

この定理の成立は「κ の無矛盾性」，ないしは「κ の証明可能性」を表現する論理式に依存しており，厄介な問題が内在している．いま，κ において証明される文のゲーデル数を表す論理式を $P(x)$ とし，矛盾を表す文のゲーデル数を $\bar{f}$ としたときに，$\sim P(\bar{f})$ が「κ が無矛盾である」ことを表しているかどうかわからない．これにはクライゼルの反例が有名だが，最近亡くなったロシアの詩人エセーニン=ヴォーリピンの次の例はもっとわかりやすい．$P'(x) \equiv P(x) \wedge x \neq \bar{f}$ とおくと，$P'(x)$ も証明可能な文のゲーデル数を表すが，明らかに $\sim P'(\bar{f})$ は証明可能である．

ここで定義した $P'(x)$ は，証明可能性述語の条件 P_2 を満たしていない．P_2 が成り立つためには，その述語は証明可能な文を表すだけでなく，分離規則が反映されるような「証明」全体の構造をもたなければならないのである．これと同じ技術的問題は [S3] にもあり，『記号論理学雑誌』の書評でも指摘されていたからスマリヤンも知っていたはずだ．だからといって，説明を変え始めると全体の語り調子に影響が生じるので，あえてそのまま問題点を放置しているのかもしれない．また，これも同書評で指摘されたことだが，条件 P_1 の説明に ω 無矛盾性の仮定を持ち出すのはわかりにくい (p. 332)．ここは，1 無矛盾性に置き換えて読むことをお勧めする．

5 翻訳について

本書の翻訳は，これまでスマリヤンの本を多数訳されてきた川辺治之氏が担当している．川辺氏の訳文はいつも正確で読みやすく，監訳者の私の役目は専門用語と専門的な言い回しに関して相談に乗ることくらいだった．また，原文自体にもやや不正確なところがいくつかあり，それらの修正に関しては脚注等で断っているところもあるが，大概は明らかな誤植として断りなく訂正した．また，原書の索引が使いにくく，不完全にも思えたので，川辺氏と編集部に大幅な増補をしてもらった．

私事で恐縮だが，私は学生時代にスマリヤンの [S1] を読み，そのときに十分は理解できなかったが，自分の研究の方向性を決める上で大きな影響を受けた．そのことは，拙著「述語論理入門」（田中編『ゲーデルと 20 世紀の

論理学 第 2 巻』（東大出版会 2016）所収）にも書かせていただいた．手前味噌だが，その解説は [S1] の議論をかなり分かりやすく再構成したつもりである．それから，私の出版活動の出発点がスマリヤンの弟子フィッティングが書いた『計算理論と論理プログラミング』（丸善 1989）の共訳であったことも付記しておきたい．そういう背景があったので，今回の監訳という役目も喜んでお引き受けし，ここにこのような文章を書かせていただけるのも大変光栄に思う．

最後に，川辺氏と私の連携が効果的かつ楽しく進められたのは，日本評論社の担当編集者飯野玲氏のご苦労によるところが大きく，彼なしにはこの訳書がこれほどスムーズに世に出ることはなかったと思う．ここに同氏に厚く御礼申し上げたい．

では，また下巻でお目にかかれれば幸いです．

2017 年 8 月
田中一之

文献

[1] Boole, George, *An Investigation of the Laws of Thought*, reprinted by Cambridge University Press, 2009.

[2] Boolos, George, *The Unprovability of Consistency: An Essay in Modal Logic*, Cambridge University Press, 1979.

[3] Brouwer, L. E. J., "On the Domains of Definition of Functions" [1927]. published in van Heijenoort, Jean, ed., *From Frege to Gödel: A Source Book in Mathematical Logic, 1879-1931*, Harvard Univ. Press, pp. 199-215. 1967.

[4] Cantor, Georg, "Grundlagen einer allgemeinen Mannigfaltigkeitslehre" ("Foundations of a General Theory of Aggregates"), *Mathematische Annalen*, 1883.

[5] Church, Alonzo, *Introduction to Mathematical Logic*, Princeton University Press, 1956.

[6] Fraenkel, A. A., *Abstract Set Theory*, 2nd Edition, North Holland, 1961.

[7] Frege, Gottlob, *Begriffsschrift, eine der arithmetischen nachgebildete Formelsprache des reinen Denkens*. Halle a. S.: Louis Nebert, 1879. Translation: *Concept Script, a formal language of pure thought modelled upon that of arithmetic*, by S. Bauer-Mengelberg in Jean Van Heijenoort, ed., 1967. *From Frege to Gödel: A Source Book in Mathematical Logic, 1879-1931*. Harvard University Press.（邦訳：藤村龍雄訳，概念記法――算術の式言語を模造した純粋な思考のための一つの式言語，『フレーゲ著作集 1 概念記法』勁草書房，1999）

[8] Gödel, Kurt, Über formal unentsheidbare Sätze der "Principia Mathematica" und verwandter Systeme I, *Monatshefte für Mathematik und Physik*, 1931. Vol. 38. pp. 173-198.（邦訳：林晋・八杉満利子訳・解説『不完全性定理』岩波書店，2006．また，田中一之著『ゲーデルに挑む：証明不可能なことの証明』東京大学出版会，2012 にもゲーデル公認の英語改訂版からの全訳および解説がある．）

[9] Henkin, Leon, "A problem concerning provability, Problem 3," *Journal of Symbolic Logic*, 1952. Vol. 17, p. 160.

[10] Hilbert, David and Bernays, Paul, *Foundations of Mathematics* (*Grundlagen der Mathematik*), Springer Verlag, 1939. Vol. 1 1934, Vol. 2.（邦訳：吉田夏彦・渕野昌訳『数学の基礎』シュプリンガー・ジャパン，2007）

[11] Jerislow, R. G., "Redundancies in the Hilbert-Bernays derivability conditions for Gödel's second incompleteness theorem," *Journal of Symbolic Logic*, 1973. Vol. 38, pp. 358-367.

[12] Kleene, Stephen Cole, *Introduction to Metamathematics*, D. Van Nostrand Company, Inc. 1952.

[13] Kreisel, Georg and Sacks, Gerald E., "Metarecursive Sets," *Journal of Symbolic Logic*, 1965. Vol. 30 (3):318-338.

[14] Leblanc, Hugues and Snyder, D. Paul, "Duals of Smullyan Trees," *Notre Dame Journal of Formal Logic*, 1972. Vol. 13(3):387-393.

[15] Łukasiewicz, Jan, *Selected Works.* North-Holland, Edited by L. Borkowski. 1970.

[16] Löb, Martin Hugo, "Solution of a problem of Leon Henkin," *Journal of Symbolic Logic*, 1955. Vol. 20, Number 1, pp. 115-18.

[17] Mendelson, Elliott, *Introduction to Mathematical Logic*, Wadsworth and Brooks, 1987.

[18] Peano, Giuseppe, "Sul concetto di numero," *Rivista di Matematica*, 1891. *Vol.* 1, pp. 87-102.

[19] Quine, W. V., "Concatenation as a Basis for Arithmetic," *The Journal of Symbolic Logic*, 1946. Vol. 11, #4, pp. 105-114.

[20] Robinson, Raphael M., "An essentially undecidable axiom system," *Proceedings of the International Congress of Mathematicians*, Cambridge University Press, 1950, pp. 729-730.

[21] Rosser, J. Barkley, "Extensions of some Theorems of Gödel and Church," *Journal of Symbolic Logic*, 1936. Vol. 1, pp. 87-91.

[22] Rosser, J. Barkley, *Logic for Mathematicians*, McGraw Hill, 1953.

[23] Smullyan, Raymond, *Theory of Formal Systems*, Princeton University Press. 1961.

[24] Smullyan, Raymond, *First-Order Logic*, Springer Verlag, 1978.

[25] Smullyan, Raymond, *Gödel's Incompleteness Theorems*, Oxford University Press. 1992.（邦訳：高橋昌一郎訳『ゲーデルの不完全性定理』丸善，1996）

[26] Smullyan, Raymond, *The Magic Garden of George B. And Other Logic Puzzles*, Polimetrica International Scientific Publisher Monza, Italy,

2007. World Scientific Publishing, 2015.（邦訳：川辺治之訳『スマリヤン先生のブール代数入門：嘘つきパズル・パラドックス・論理の花咲く庭園』共立出版，2008）

[27] Smullyan, Raymond, *Logical Labyrinths*, A. K. Peters, Ltd., 2009.（邦訳：川辺治之訳『スマリヤン記号論理学：一般化と記号化』丸善，2013，村上祐子訳『スマリヤン数理論理学：述語論理と完全性定理』丸善，2014）

[28] Smullyan, Raymond, *The Gödelian Puzzle Book*, Dover, 2013.（邦訳：川辺治之訳『スマリヤンのゲーデル・パズル：論理パズルから不完全性定理へ』日本評論社，2014）

[29] Tarski, Alfred, "Pojęcie prawdy w językach nauk dedukcyjnych", Towarszystwo Naukowe Warszawskie, Warszawa, 1933. (Text in Polish in the Digital Library WFISUW-IFISPAN-PTF.) 1936 年のドイツ語訳は "Der Wahrheitsbegriff in den formalisierten Sprachen"（「形式的言語における真偽の概念」）という表題であり，略して "Wahrheitsbegriff" と呼ばれることもある．英訳は *Logic, Semantics, Metamathematics: papers from 1923 to 1938* 初版（J. H. Woodger 訳，Clarendon Press, 1956）を待たねばならなかった．

[30] Tarski, Alfred, "Der Wahrsheitsbegriff in den formalisierten Sprachen der deductiven Disziplinen," *Studia Philosophica*, 1936. Vol. 1, pp. 261-405.

[31] Tarski, Alfred, *Undecidable Theories*, North Holland Publishing Company, 1953.

[32] Whitehead, Alfred North and Russell, Bertrand, *Principia Mathematica*, Cambridge University Press, 1910. Vol. 1.（邦訳（Preface と Introduction のみ）：岡本賢吾・戸田山和久・加地大介訳『プリンキピアマテマティカ序論』哲学書房，1988）

[33] Zermelo, Ernst (1908), "Untersuchungen über die Grundlagen der Mengenlehre I", Mathematische Annalen 65 (2): 261-281. English translation: Heijenoort, Jean van, "Investigations in the foundations of set theory", From Frege to Gödel: A Source Book in Mathematical Logic, 1879-1931, Harvard Univ. Press, pp. 199-215. 1967.

[34] Zwicker, William S., "Playing Games with Games: The Hypergame Paradox," The American Mathematical Monthly, Vol. 94, No. 6, Jun.-Jul., 1987, pp. 507-514.

索引

た

な

は

ま

や

著●レイモンド・M・スマリヤン
Raymond M. Smullyan
1919年，ニューヨーク生まれ．1959年，プリンストン大学にてPh.D.を取得．
数学者，専門は数理論理学．
著書 *What is the Name of This Book?*
（邦訳『この本の名は？——嘘つきと正直者をめぐる不思議な論理パズル』，日本評論社）
が斬新な論理パズルの本としてマーチン・ガードナーに紹介され，一躍有名となる．
その後もパズルの書籍を多数執筆．ピアニスト，奇術師としての顔も持つ．
邦訳著書に『パズルランドのアリス（1, 2）』（早川書房），
『スマリヤンの決定不能の論理パズル』（白揚社），
『シャーロック・ホームズのチェスミステリー』（毎日コミュニケーションズ），
『スマリヤンのゲーデル・パズル』（日本評論社）など多数．
2017年，97歳で逝去．

監訳●田中一之
たなか・かずゆき
1955年生まれ．カリフォルニア大学バークレー校でPh.D.を取得．
現在，東北大学大学院理学研究科数学専攻教授．専門は数学基礎論．
著書に『ゲーデルに挑む』（東京大学出版会），
『ゲーデルと20世紀の論理学』（全4巻，編著，東京大学出版会），
『数学のロジックと集合論』（共著，培風館），
『数の体系と超準モデル』（裳華房）などがある．

訳●川辺治之
かわべ・はるゆき
1985年，東京大学理学部数学科卒業．現在，日本ユニシス株式会社上席研究員．
訳書に『群論の味わい』『AHA! ひらめきの幾何学』（共立出版），『記号論理学』（丸善出版），
『この本の名は？』『箱詰めパズル ポリオミノの宇宙』（日本評論社）などがある．

スマリヤン 数理論理学講義（すうりろんりがくこうぎ） 上巻
不完全性定理の理解のために

2017年 9月25日　第1版第1刷発行

著者————レイモンド・M・スマリヤン
監訳者———田中一之
訳者————川辺治之
発行者———串崎 浩
発行所———株式会社　日本評論社
〒170-8474　東京都豊島区南大塚3-12-4
電話　(03) 3987-8621［販売］
(03) 3987-8599［編集］
印刷————藤原印刷株式会社
製本————株式会社　松岳社
装丁————図工ファイブ

ISBN978-4-535-78772-8